Les archives fluviales du bassin-versant de la Beuvronne

(Seine-et-Marne, Bassin parisien, France)

Perception et impacts des modifications climatiques et des occupations humaines depuis 15 000 ans

Paul Orth

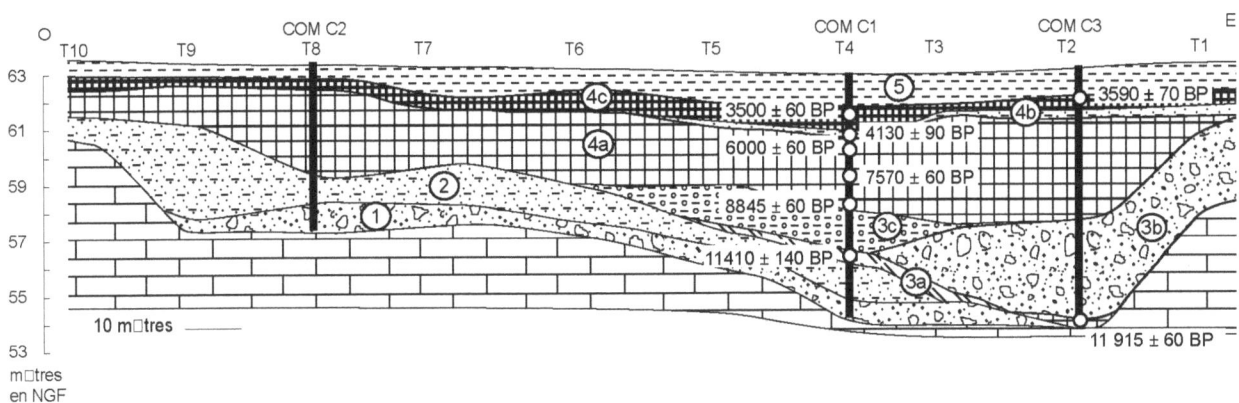

BAR International Series 1357
2005

Published in 2016 by
BAR Publishing, Oxford

BAR International Series 1357

Les archives fluviales du bassin-versant de la Beuvronne
(Seine-et-Marne, Bassin Parisien, France)

ISBN 9781841718026 paperback
ISBN 9781407327877 e-format
DOI https://doi.org/10.30861/9781841718026
A catalogue record for this book is available from the British Library

BAR Publishing is the trading name of British Archaeological Reports (Oxford) Ltd.
British Archaeological Reports was first incorporated in 1974 to publish the BAR
Series, International and British. In 1992 Hadrian Books Ltd became part of the BAR
group. This volume was originally published by Archaeopress in conjunction with
British Archaeological Reports (Oxford) Ltd / Hadrian Books Ltd, the Series
principal publisher, in 2005. This present volume is published by BAR Publishing,
2016.

BAR

PUBLISHING

BAR titles are available from:

BAR Publishing
122 Banbury Rd, Oxford, OX2 7BP, UK
EMAIL   info@barpublishing.com
PHONE   +44 (0)1865 310431
FAX   +44 (0)1865 316916
www.barpublishing.com

Cet ouvrage est la publication d'une thèse soutenue en Décembre 2003 à l'Université de Paris I - La Sorbonne. Cette version est une version corrigée du texte original. Elle a bénéficié des remarques et des conseils des membres du Jury qui auront ainsi contribué à l'amélioration de sa qualité. À ce titre, je tiens à les remercier. Cette version s'est également enrichie de nouvelles données, des datations, qui n'étaient pas disponibles au moment de la soutenance. Certaines hypothèses ont ainsi pu être écartées tandis que certaines interprétations ont été validées. Je tiens aussi à signaler l'ajout d'une nouvelle référence, c'est-à-dire un article associant les principales personnes qui se sont investies dans ce travail.

Ce travail n'aurait pu exister sans la participation d'Agnès Gauthier et de Nicole Limondin-Lozouet qui ont réalisé l'étude des biomarqueurs, les pollens et les malacofaunes. Elles m'ont non seulement fait bénéficier de leurs connaissances et de leurs critiques mais elles ont replanté et repeuplé les fonds de vallée de la Beuvronne. Sans cet apport vital, la lecture de cet ouvrage ne serait que trop aride et surtout stérile. Je leur adresse mes plus vifs remerciements.

Mes remerciements s'adressent à Stéphane Kunesch pour l'aide qu'il m'a apporté en sédimentologie ainsi que pour les discussions et les réflexions portant sur les limites des méthodes employées. Pour cela et pour beaucoup d'autres choses, je tiens à lui manifester mon amitié.

Je tiens également à remercier Daniel Brunstein pour son aide précieuse (critiques, conseils et dépannage) et sa disponibilité désormais légendaire au sein du laboratoire.

Cette thèse ne serait pas ce qu'elle est sans les conseils avisés de Vincent Jomelli, véritable directeur artistique dont je me suis inspiré pour les illustrations. Je ne peux que lui présenter mes excuses de ne pas avoir été à la hauteur de son talent.

Enfin, je tiens tout particulièrement à remercier Jean-François Pastre, véritable architecte de ce travail. Pour tout.

Sommaire

Introduction

Depuis une quinzaine d'années, les études portant sur les modifications quaternaires des environnements du Bassin parisien se sont multipliées. Ces études se sont essentiellement focalisées sur les formations superficielles tant des interfluves que des fonds de vallée. Initiées par des précurseurs comme Belgrand (Belgrand, 1869) ou Dollfus (Dollfus, 1879), poursuivies au milieu du siècle par Tricart (1950) puis, à partir des années 1970, par le Centre de géomorphologie de Caen dont les travaux ont permis de notables avancées (Lautridou, 1985, Lécolle, 1989), toutes ces études ont démontré le potentiel et la qualité des formations superficielles comme enregistreurs des modifications climatiques et des variations corrélatives de la biocénose. Les résultats obtenus ont permis de mettre en place un cadre chronostratigraphique de référence pour l'Europe du Nord-Ouest au Pléistocène supérieur et moyen (dans une moindre mesure). Les modalités du façonnement des reliefs et des dépôts morphosédimentaires associés sont désormais bien connues. En effet, la morphologie du Bassin parisien se prête bien à la conservation des enregistrements sédimentaires grâce à des systèmes de pente favorables et à la modération des processus érosifs. Les études actuelles tentent de répondre aux demandes croisées ou conjointes de différentes communautés scientifiques comme celles des géomorphologues, des archéologues ou des environnementalistes. Si les travaux réalisés depuis plus d'un siècle ont fait progressé nos connaissances, de nombreux points restent mal connus ou doivent être réinterprétés. Les études régionales deviennent plus thématiques ou s'intéressent à des périodes-clés, interglaciaires, glaciaires ou aux périodes de transition climatique (Antoine, 1990 ; Antoine et al., 1998 ; Pastre et al., 1997 a-c, 2002 a-b, 2003 a-b ; Limondin-Lozouet et al., 2002). L'intérêt suscité par les relations Hommes/Milieux génère aussi de nombreuses recherches dans un nouveau champ disciplinaire (la géoarchéologie) dont l'objet est de mieux cerner les liens et les interactions entre des groupes humains et leurs milieux environnants (Bravard et al., 1992 ; Leroyer, 1997).

Cette thèse s'inscrit dans cette double perspective. Elle se focalise sur le Tardiglaciaire et l'Holocène. Elle vise à compléter les travaux réalisés dans les grandes vallées du centre du Bassin parisien comme les vallées de la Seine, de l'Oise et de la Marne (Leroyer, 1997, Pastre et al., 1997a-c, 2000, 2003). L'étude des séquences sédimentaires de ces grandes vallées confirme les potentialités paléoenvironnementales des archives fluviales. Les réponses morphosédimentaires des fonds de vallée mettent en évidence les impacts des modifications climatiques sur le milieu et sur la dynamique fluviale (Antoine et al. 2000 ; Pastre et al., 2002 a-b, 2003 a-b). Les variations climatiques provoquent des modifications dans le degré et la nature du couvert végétal qui participe à la stabilisation des versants et donc à la fourniture sédimentaire. De plus, le climat contrôle aussi partiellement les débits des rivières. Dans les grandes vallées, les réponses morphosédimentaires aux changements environnementaux sont désormais bien connues (Leroyer, 1997 ; Antoine et al., 2000, Pastre et al., 2002 a et b). Toutefois, certains points méritent encore une attention particulière comme le Bølling ou l'Allerød. Les enregistrements de ces deux interstades du Tardiglaciaire sont encore relativement rares et parfois tronqués. Les données disponibles montrent aussi une assez grande variabilité soit dans la nature des réponses morphosédimentaires qui semblent dépendre du contexte local soit dans les cortèges biocénotiques. Si, en général, la stabilisation des milieux est avérée (Leroyer, 1997 ; Antoine et al., 2000, Pastre et al., 2002 a et b ; 2003), des subdivisions à l'intérieur de ces interstades ont été mises en évidence (Preece et al., 1999 ; Limondin-Lozouet et al., 2002, 2003). Ces questions qui se posent avec plus de pertinence pour le Bølling que pour l'Allerød pourraient également s'appliquer aux stades froids du Dryas récent voire du Dryas ancien. De plus, on est encore à la recherche de l'expression de fluctuations de courte durée et de forte intensité comme le Dryas moyen (Antoine et al., 1998, 2000).

À partir de 10 000 BP, le réchauffement climatique qui survient à l'Holocène entraîne une métamorphose fluviale importante (Dansgaard et al., 1993 ; Stuiver et Brazuinas, 1993). Les régimes hydrologiques se régularisent en liaison avec une fermeture du milieu grâce à l'extension d'une couverture végétale arborée (Leroyer, 1997 ; Pastre et al., 2003). Cette période témoigne aussi des mutations affectant les modes de vie des sociétés humaines établies dans le Bassin parisien qui abandonnent progressivement des systèmes de chasse et de cueillette encore pratiqués au Mésolithique au profit d'activités agro-pastorales puis exclusivement agricoles du Néolithique jusqu'à nos jours (Leroyer, 1997, Pastre et al., 1997 a-c, 2000, 2003). On assiste à une transformation des milieux qui deviennent de plus en plus anthropisés. Les impacts des activités agro-pastorales puis céréalières sont grandissants. Ces modifications des usages du sols vont changer les conditions d'écoulement des versants aux lits fluviaux et entraîner des changements dans les réponses morphosédimentaires en fond de vallée. Mais encore une fois, le climat n'est ni uniforme ni monotone. Or l'enchevêtrement des signaux climatiques et anthropiques voire l'ubiquité des réponses morphosédimentaires à ces deux facteurs de causalité gênent la perception de leur impact respectif. Une période charnière de l'Holocène est à ce titre particulièrement intéressante : la transition du Néolithique Moyen à l'âge des métaux soulève à ce titre de nombreuses questions. Durant cette période, les sociétés humaines deviennent des sociétés d'agriculteurs et leur extension devient importante (Talon et al., 1991). La pression anthropique sur le milieu s'alourdit (Pastre et al., 2003). Mais à partir de 4000 BP, les conditions climatiques se dégradent aussi (Magny, 1995 ; Jonhson et al., 2001) jusqu'à 2000 BP. De plus, dans les grandes vallées du Bassin parisien, si ces grandes tendances sont bien reconnues, on remarque encore de fortes variations entre les différentes séquences morphosédimentaires étudiées. Or, trop souvent l'étude des remplissages fluviatiles des grandes vallées ne permet guère d'appréhender le poids des facteurs locaux puisque les coupes étudiées et les sondages réalisés sont généralement des synthèses de l'évolution morphodynamique d'un bassin-versant souvent complexe.

Toutes ces raisons ont justifié l'étude systématique d'un bassin-versant de petite taille et structuralement homogène. Le choix d'étudier les archives fluviales du petit bassin-versant de la Beuvronne, situé au cœur du Bassin parisien, vise à s'affranchir des problèmes d'emboîtement d'échelle spatiale et morphodynamique posés dans les grands réseaux hiérarchisés drainant des régions hétérogènes. La taille du bassin-versant (170 km2) permet d'envisager une lecture à l'échelle locale des réponses morphosédimentaires aux modifications environnementales. Le choix de ce bassin-versant s'est imposé grâce à la richesse et à la forte dilatation de ses enregistrements sédimentaires qui ont mis en évidence sa bonne réactivité aux modifications environnementales. La comparaison des résultats obtenus avec le corpus de connaissances portant sur les grandes vallées permettra d'envisager alors une représentation plus large, régionale voire globale, de ces réponses.

Pour parvenir à nos fins, une approche résolument pluridisciplinaire s'est imposée. Les enregistrements fluviatiles ont fait l'objet d'analyses sédimentologiques (granulométrie, spectroscopie infrarouge et quantification de la matière organique) couplées à l'étude des biomarqueurs (pollens et malacofaunes). Au total, 8 transects ont été sondés et 16 carottes ont été extraites dont quatre ont fait l'objet d'une analyse sédimentaire à haute résolution. L'identification des dégradations environnementales dans les archives des fonds de vallée repose sur la quantification du quartz par spectrométrie infrarouge qui précise au mieux l'ampleur et l'intensité d'une crise sédimentaire, parfois masquée dans des faciès organiques. L'étude des pollens (Agnès Gauthier, CNRS-UMR 8591) et des mollusques (Nicole Limondin-Lozouet, CNRS-UMR 8591) caractérise les modifications paléoécologiques en relation avec les fluctuations environnementales qui affectent aussi bien les interfluves que les fonds de vallée.
Le croisement des données stratigraphiques, sédimentologiques et des indicateurs paléoécologiques ainsi que l'étude des inventaires archéologiques apporte des éléments de discussion nouveaux concernant les poids respectifs des causalités externes, climatiques ou anthropiques, sur les réponses morphosédimentaires enregistrées à l'échelle du bassin-versant de la Beuvronne. Les résultats obtenus permettent ainsi de reconstituer l'évolution de l'environnement local et régional pendant 15 000 ans. Les impacts respectifs du climat et de l'Homme sont réévalués

grâce à de nouvelles datations qui définissent un cadre chronologique plus précis et grâce à une appréhension portant sur une période enregistrée en continu. Les objectifs de ce travail tentent donc de clarifier les points évoqués et de compléter les connaissances acquises dans les grands corridors fluviaux dans cette région.

I : Présentation générale du bassin-versant de la Beuvronne en Plaine de France

1 : Le cadre géographique du bassin-versant de la Beuvronne

Le bassin-versant de la Beuvronne qui se situe au cœur du Bassin parisien, sous climat océanique, draine la partie orientale de la Plaine de France (Fig. 1).

L'Est de la Plaine de France est un plateau de basse altitude dont la surface topographique est faiblement inclinée vers le sud-est. Les altitudes moyennes des surfaces sont de 110 mètres au nord-est et décroissent pour atteindre une altitude moyenne de 80 mètres au sud-est. La planéité de l'ensemble est relativement constante à l'exception des buttes périphériques et des thalwegs.

Dominant le plateau, les buttes périphériques sont les seuls reliefs marquants du paysage. Deux ensembles de buttes dominent le paysage. À l'est, les buttes de la Goële atteignent 180 mètres. Au sud, les collines de l'Aulnaye culminent à 210 mètres (Fig. 2).

Les versants qui raccordent ces reliefs à la surface du plateau sont convexo-concaves et possèdent de faibles pentes. Le dénivelé n'excède pas 90 mètres. Les pentes ne sont jamais supérieures à 13 %. On remarque une légère dissymétrie dans les versants.

Les versants exposés au nord et au nord-est ont des profils plus tendus que les versants exposés au sud et au sud-ouest. La concavité de ces derniers est plus accentuée et la valeur des pentes peut y atteindre 17 % (Figs. 2 et 3).

La partie orientale de la Plaine de France est drainée par le bassin-versant de la Beuvronne. Ce bassin-versant est constitué de trois drains principaux : la Beuvronne, la Biberonne et le Ru des Cerceaux. Il appartient au système hydrographique de la Marne (Figs. 1 et 2).

1.1 : Morphométrie du bassin-versant de la Beuvronne

Le bassin-versant de la Beuvronne draine l'est de la Plaine de France, c'est à dire la partie orientale du plateau et les versants sud et sud-ouest des buttes (périphériques) de la Goële (Fig. 2). Il est composé de deux artères hydrographiques principales : la Biberonne à l'ouest et la Beuvronne, à l'est. Elles confluent à l'aval de Compans (Fig. 2). En suivant la classification de Horton, la Beuvronne est une rivière d'ordre trois à la confluence de la Marne.

La Beuvronne reçoit un émissaire de rive droite, le Ru des Cerceaux d'ordre 1, à Claye-Souilly.

La forme du bassin-versant de la Beuvronne est de type

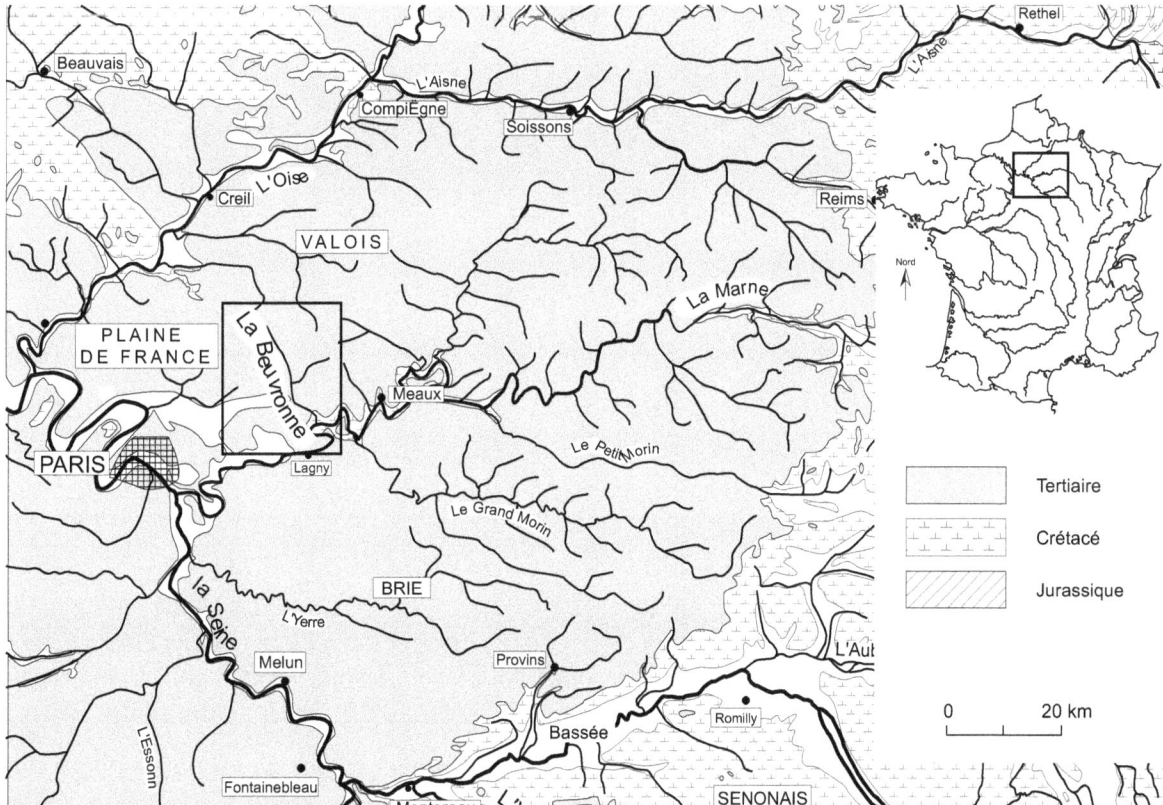

Figure 1 : Localisation du bassin-versant de la Beuvronne

arborescent, relativement circulaire (Fig. 2). Le rapport entre la plus grande longueur sur la plus grande largeur est de 1,4. Dans cette disposition, le bassin-versant de la Beuvronne a une aire de 210 km^2.

Le *relief ratio* (Rr = H/L), le rapport entre le dénivelé et la distance du point culminant à l'exutoire du bassin-versant, est de 0,008.

La densité de drainage, calculée comme étant la somme de la longueur de tous les drains sur l'aire, est de 0,21 km$^-$^{1}/km^2.

Les profils longitudinaux des vallées de la Beuvronne et de la Biberonne sont globalement concaves (Figs. 3 et 26). Le profil longitudinal de la Beuvronne, sur l'ensemble du tracé, a une pente d'une valeur de 3,5 ‰.

concavité très marquée. La pente a une valeur de 6,1 ‰ (Figs. 3 et 26). Le tracé de la vallée est rectiligne (Fig. 2).

La section moyenne du bassin-versant de la Beuvronne correspond au secteur situé entre la confluence de la Beuvronne et de la Biberonne et le coude qui oriente le tracé vers l'est-sud-est, à Claye-Souilly. Cette section a un profil plus doux et rectiligne. La valeur de la pente n'est en moyenne que de 2,2 ‰ (Figs. 3 et 26). Elle présente quelques ruptures de pente qui correspondent à des méandres. Trois trains de méandres se succèdent (Fig. 2). La longueur d'onde moyenne est de 928 mètres. La plus grande longueur d'onde est de 1200 mètres. La plus courte est de 750 mètres. L'amplitude des méandres oscille entre

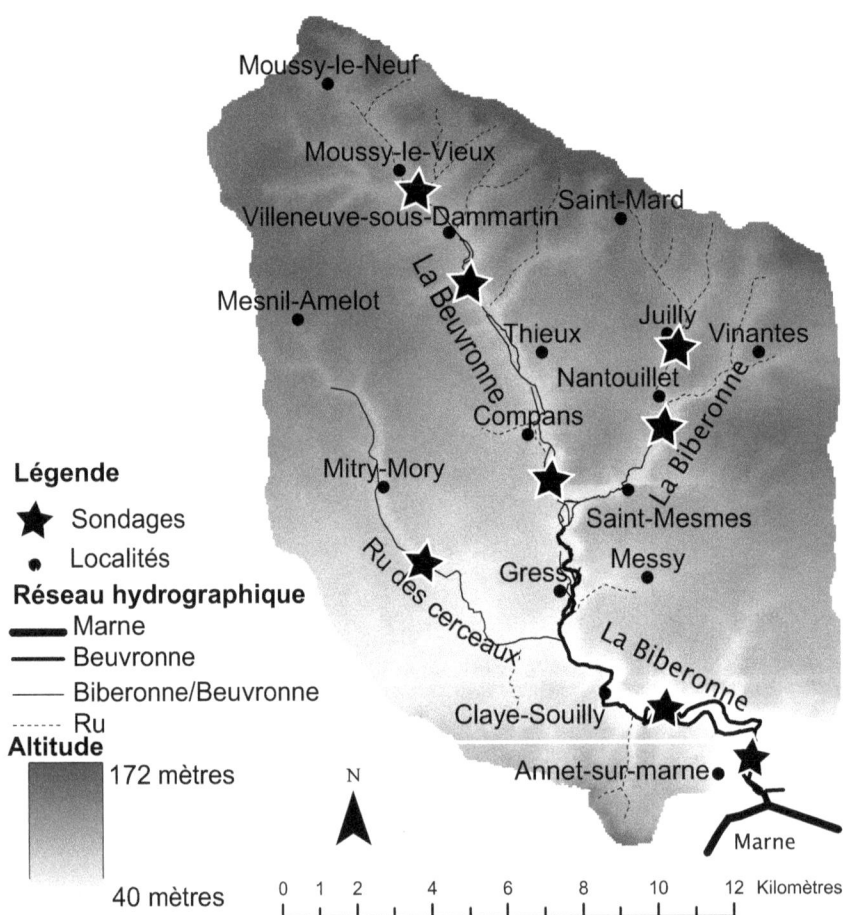

Figure 2 : Topographie du bassin-versant de la Beuvronne

La pente de la Biberonne, des têtes de vallée à la confluence avec la Beuvronne, possède une valeur moyenne de 2,2 ‰.

Trois sections s'individualisent dans le bassin-versant (Fig. 2).
Dans la vallée de la Beuvronne, à l'amont, des têtes de vallée à Nantouillet, le profil longitudinal présente une

350 et 400 mètres. Le rayon de courbure moyen d'un méandre est de 300 mètres en moyenne. Les écarts à la moyenne sont faibles.

Dans la section aval de la Beuvronne, de Claye-Souilly à la confluence avec la Marne, le profil longitudinal est faiblement concave. La pente possède une valeur de 1,6 ‰. La vallée y forme aussi des méandres. Trois trains de méandres se suivent. Mais les longueurs d'onde y sont supérieures puisqu'elles atteignent 1300 mètres (Fig. 2). La plus petite longueur d'onde est de 1050 mètres. L'amplitude des méandres est de 350 à 400 mètres. Le rayon de courbure des méandres est plus important. Le plus grand rayon de courbure est de 500 mètres et le plus petit de 310 mètres.

Dans la vallée de la Biberonne :

Des têtes de vallées à Villeneuve-sous-Dammartin, le profil en long de la vallée est légèrement concave et possède une pente de 5,3 ‰ (Figs. 3 et 26). Le tracé de la vallée est rectiligne (Fig. 2).

De Villeneuve-sous-Dammartin à la confluence de la Beuvronne, le profil en long de la vallée devient convexe et la pente faiblit. Elle possède une valeur de 2,8 ‰ (Figs. 3 et 26).

Dans le Ru des Cerceaux :

La pente longitudinale est légèrement concave et elle ne présente pas de rupture de pente majeure. La valeur de la pente est plus faible : elle est de 2,1 ‰ (Figs. 3 et 26).

Les coupes topographiques des vallées du bassin-versant de la Beuvronne nous renseignent sur l'encaissement des vallées et sur la géométrie du système de pente qui relie le plateau aux lits majeurs (Figs. 3 et 5) :

Dans les sections amont, il convient de différencier les têtes de vallée peu encaissées des sections aval où l'encaissement est plus marqué (Figs. 3 et 5). Les pentes des versants deviennent plus fortes et la dissymétrie des versants s'accentue. À Moussy-le-Vieux, vallée de la Biberonne, comme à Juilly, dans la Beuvronne, nous nous situons en tête de vallée. Le thalweg est encaissé de 15 à 20 mètres par rapport à la surface topographique du plateau. Les versants des vallées ont des pentes de faible déclivité. Il existe une légère dissymétrie entre les versants ouest et les versants est. Ces derniers ont des valeurs de pente inférieures à celles de leurs vis-à-vis orientés à l'ouest. À Moussy-le-Vieux, le versant de rive droite, à l'ouest, est incliné de 5 à 7 % contre 9 à 12 % pour le versant de rive gauche, à l'est. À Juilly, la même opposition de versant existe. Les versants tournés à l'est, en bordure du Ru du Rossignol et du Ru de l'Abîme, ont des déclivi-

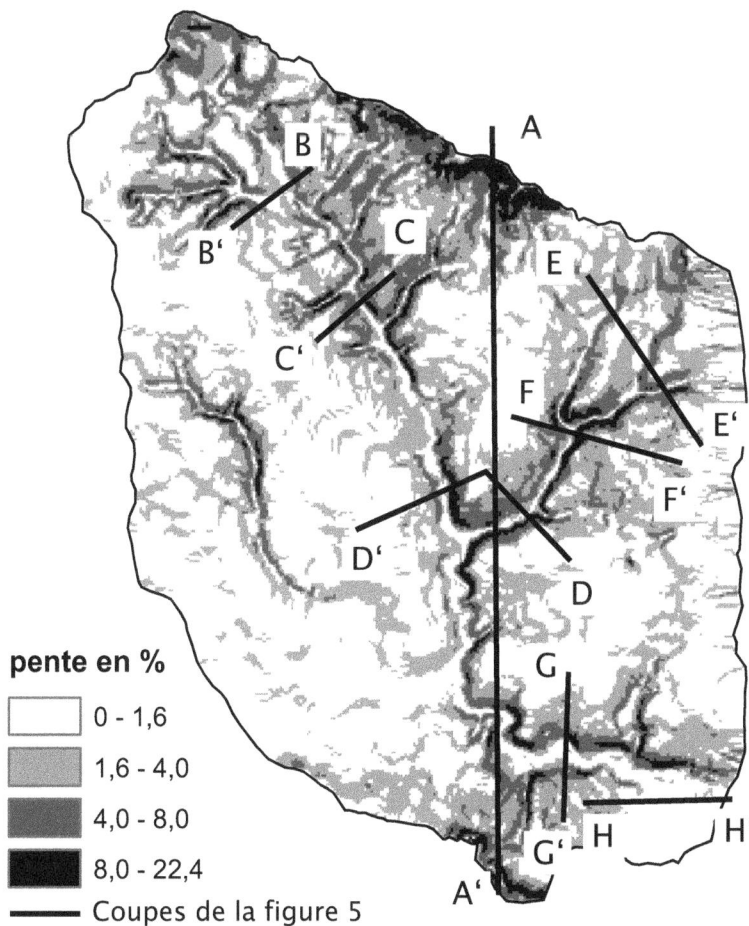

Figure 3 : Le système de pente du bassin-versant de la Beuvronne

tés de 2 à 3 % contre respectivement 5 et 8 % pour les versants exposés à l'ouest. À cette opposition de valeur répond aussi une opposition de forme. Tous les versants exposés à l'ouest sont convexo-concaves, voire franchement concaves comme le versant ouest du Ru de l'Abîme ou celui de la Biberonne, à Moussy (Fig. 3). Les versants orientaux ont une géométrie plus rectiligne ou légèrement concave. La genèse de ces profils dissymétriques dans le Bassin parisien est attribuée au rôle de l'exposition lors des péjorations froides du Quaternaire (Tricart, 1952; Pomerol, 1968).

De Villeneuve-sous-Dammartin jusqu'à la confluence de la Beuvronne et de la Biberonne, l'incision est plus marquée (Figs. 3 et 5). De plus, l'opposition des versants est systématique. Ainsi, les versants orientés vers l'Ouest sont franchement convexes. La rupture de pente entre le plateau et l'amont des versants des vallées est brutale. La valeur des pentes augmente (Fig. 3). À Villeneuve-sous-Dammartin, les versants orientés vers l'ouest, convexes, ont des pentes de 5 % à 18 % contre 2 % à 7 % pour les versants ouest de la vallée. Ces derniers présentent une géométrie convexo-concave (Figs. 3 et 5). À l'aval de Villeneuve-sous-Dammartin, les versants convexes de rive gauche ont des pentes plus fortes. À Nantouillet, elles atteignent 18 % et, à Compans, 16 % environ. Les versants de rive droite, convexo-concaves, présentent des pentes dont la valeur oscille entre 2 % à Compans et 3,2 % en rive droite de la Beuvronne à Saint-Mesmes. Là, la section de la vallée est atypique pour le secteur puisque les versants y sont symétriques. Les deux versants ont la même géométrie, à savoir convexo-concave, et la même valeur (Figs. 3 et 5). On remarque que les versants de rive gauche de la Biberonne présentent un replat situé à mi-pente qui en interrompt le profil. Il s'agirait de rectifications anthropiques des versants. Ces replats sont les tracés d'anciens canaux de dérivation qui alimentaient les moulins repartis le long de la Beuvronne et de la Biberonne.

Dans la section moyenne du bassin-versant de la Beuvronne, l'encaissement du thalweg devient moins important, comme à Gressy par exemple où il atteint 17 mètres (Figs. 3 et 5). Les pentes des versants sont convexo-concaves et elles ont des valeurs qui varient entre 2 et 4 % en rive droite contre 12 et 22 % en rive gauche (Fig. 3).

Dans la section aval du bassin-versant, la largeur de la vallée augmente (Figs. 3 et 5). La Beuvronne emprunte la dépression attribuée à une possible paléovallée quaternaire de la Marne et qui borde le nord des buttes de l'Aulnaye. À Claye-Souilly, les versants sont convexo-concaves. Néanmoins, les versants de rive droite ont une convexité plus marquée que leur vis-à-vis qui présente un profil légèrement concave. Les pentes des versants

varient de 9 à 18 % (Fig. 3). Dans cette section, l'encaissement de la Beuvronne est faible (Figs. 3 et 5). À Annet-sur-Marne, la Beuvronne s'écoule sur une plaine alluviale large qui a été en partie façonnée par la Marne.

1.2 : Le climat de la Plaine de France

Le climat actuel de la Plaine de France est bien représentatif du climat du Bassin Parisien.

La position géographique de la Plaine de France la situe dans un secteur de transition climatique. Le climat est un climat océanique séquanien avec des influences semi-continentales (Bournerias, 1979). Les vents dominants sont des vents d'ouest charriant les masses d'air océanique.

Les températures annuelles moyennes oscillent entre 10,4 °C et 11°C. Le sud-est de la Plaine de France est plus chaud que sa partie Nord-est. L'été est la saison la plus chaude. Les températures de juillet sont les plus élevées. En moyenne, elles varient entre 17 et 19 °C (Bournerias, 1979). Janvier est le mois le plus froid. Les températures journalières moyennes oscillent entre 1 et 3 °C. En moyenne, Il y a 60 jours de gel par an. L'amplitude thermique annuelle est de 15 à 16 °C.

La Plaine de France est une région modérément arrosée. Le total des précipitations atteint en moyenne 600 à 700 mm par an. Il existe un faible contraste pluviométrique entre l'ouest et l'est de la Plaine de France. À l'ouest, les précipitions moyennes varient entre 600 et 700 mm alors que la partie est du Parisis ne reçoit que 550 à 600 mm de précipitation annuelle (Bournerias, 1979).

Elles se répartissent entre une saison plus arrosée qui débute en juillet et s'achève en octobre. Durant cet intervalle, les précipitations sont essentiellement dues aux orages de convection thermique. Le minimum pluviométrique se situe entre février et avril.

Une faible partie des précipitations est neigeuse. Les jours de neige ne sont pas, en moyenne, supérieurs à 10 par an. Il est rare que la couverture neigeuse se maintienne plus de trois jours.

1.3 : La végétation de la Plaine de France

Grande région de culture céréalière, le couvert forestier de la Plaine de France a été très largement défriché. Les paysages sont ouverts. Les plateaux offrent une morphologie agraire d'openfield constituée de vastes parcelles d'exploitation. Seuls les buttes périphériques et les fonds de vallée sont boisés. Mais le couvert forestier "naturel" est largement enrichi par une végétation anthropique importée (Bournerias, 1979).

La Plaine de France appartient au domaine atlantico-européen (Bournerias, 1979). Ce domaine est divisé en districts. Celui du Parisis, correspond au secteur franco-atlantique, A2, lui-même subdivisé en deux sous-secteurs. La Plaine de France est partagée entre ces deux sous-secteurs. La partie occidentale du plateau se situe dans le sous-secteur ligérien tandis que la partie orientale du Parisis se trouve dans le sous-secteur séquanien supérieur.

Le séquanien occidental appartient au district d'Ile de France.

Sur les interfluves, les formations végétales représentatives de cet ensemble sont une association de chênes, de hêtres, de charmes et de tilleuls.

La partie septentrionale du sous-secteur ligérien A2b, c'est à dire l'Est de la Plaine de France, se compose d'une chênaie pubescente, de pelouses riches en espèces thermophiles médio-européennes et méridionales. Le chêne sessile et le châtaignier sont assez abondants. Le hêtre est présent dans quelques massifs forestiers.

Les séries présentes dans le bassin-versant de la Beuvronne sont les séries médio-européennes (série du chêne pédonculé et série du hêtre) et la série atlantique.

Dans les fonds de vallée, la végétation est représentée par les séries des eaux et des bords des eaux. Mais dans le bassin-versant de la Beuvronne, en fonction de la localisation et des usages du sol, la végétation se présente sous la forme d'une véritable mosaïque.

Les séries les plus fréquemment rencontrées sont celle de l'aulnaie-peupleraie à grandes herbes, plus ou moins dégradée et celle des peuplements denses de grands carex (Bournérias, 1979).

La série de l'aulnaie-peupleraie à grandes herbes se compose de Peupliers plantés qui forment une futaie peu dense. Cette futaie domine un sous-étage composé d'un ensemble qui peut prendre l'aspect d'une roselière. À Villeneuve-sous-Dammartin, l'aulnaie-peupleraie est en cours de régénération grâce au reboisement de peupliers ainsi qu'à Claye-Souilly.

Les peuplements denses de grands carex se rencontrent parfois comme dans le Ru des Cerceaux. Les *carex* dominants sont soit des géophytes à rhizome, donnant des peuplements denses et réguliers, soit des *hémicryptophytes* formant des grosses touffes à pousse verticale (Bournérias, 1979).

Dans certaines sections, comme à Compans, la végétation forestière est remplacée par des prés.

1.4 : Géologie du bassin-versant de la Beuvronne

Le bassin-versant de la Beuvronne s'inscrit dans les assises tertiaires qui s'échelonnent de l'Eocène moyen à l'Oligocène inférieur. Les principaux reliefs du bassin-versant de la Beuvronne sont sculptés dans ces formations. À ces formations anté-quaternaires s'ajoutent toutes les formations superficielles héritées du Quaternaire qui nappent les principaux éléments du relief. Leur érosion va produire les différentes composantes minéralogiques qui vont alimenter les nappes alluviales de la Beuvronne.

L'étude de ces formations vise à apprécier leurs potentialités sédimentaires dans la catena morphodynamique.

1.4.1 : Les formations tertiaires du bassin-versant de la Beuvronne

1.4.1.1 : Les assises tertiaires du bassin-versant de la Beuvronne

La stratigraphie des formations affleurantes s'échelonne de l'Eocène moyen à l'Oligocène inférieur (Fig. 4). Elle correspond aux cycles sédimentaires du Lutétien, du Bartonien et du Stampien (Pomerol, 1968 ; Pomerol et Feugueur, 1986).

Dans la Plaine de France et le bassin-versant de la Beuvronne, l'Eocène est représenté par le Lutétien inférieur, moyen et supérieur (Fig. 4).

Le Lutétien inférieur débute par des dépôts grossiers, détritiques, meubles ou parfois grésifiés. Ils contiennent de la glauconie et des grains de quartz et de feldspaths, du silex et des galets aplatis; Dans le nord du Bassin parisien, la glauconie se substitue à des calcaires à *Nummulites laevigatus* (Pomerol, 1968 ; Pomerol et Feugueur, 1986).

Le Lutétien moyen est représenté par un calcaire fin à Milioles dont les faciès sont dolomitiques.

Le Lutétien supérieur est une succession de marnes et de calcaires dénommée "Marnes et caillasses". C'est un faciès laguno-marin avec des dépôts de silice, de dolomie, sépiolite et attapulgite (Blondeau, 1965 ; Pomerol, 1968). La dolomie va servir de marqueur minéralogique lors de la quantification des carbonates dans les sédiments de fonds de vallée de la Beuvronne. Cette série a une puissance d'une dizaine de mètres. Elle n'affleure pas à la surface du plateau. À l'aval, les Calcaires du Lutétien arment le plancher des vallées du bassin-versant qui ont entaillé la surface substructurale.

Le cycle du Bartonien débute avec l'Auversien qui affleure en fond de vallée et s'achève avec l'épisode ludien qui succède à l'épisode marinésien (Fig. 4)(Pomerol, 1968 ; Pomerol et Feugueur, 1986).

L'Auversien est constitué par les Sables et les Grès de Beauchamp. Cette formation a une puissance qui oscille entre 6 et 15 mètres. Elle affleure dans les fonds de vallée et principalement sur les versants des vallées dans les sections aval. Le faciès est sableux, essentiellement quart-

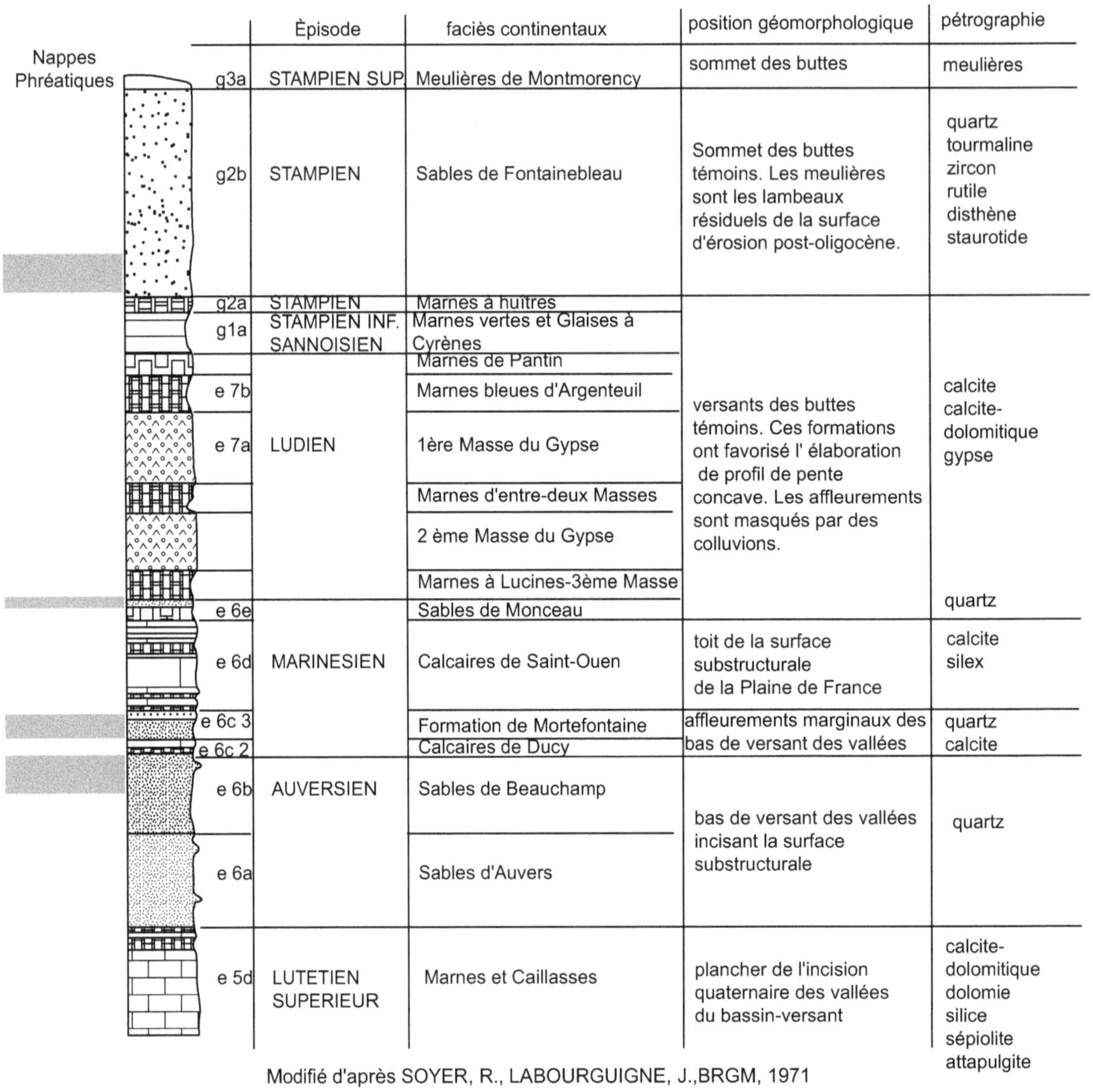

	Èpisode	faciès continentaux	position géomorphologique	pétrographie
g3a	STAMPIEN SUP.	Meulières de Montmorency	sommet des buttes	meulières
g2b	STAMPIEN	Sables de Fontainebleau	Sommet des buttes témoins. Les meulières sont les lambeaux résiduels de la surface d'érosion post-oligocène.	quartz tourmaline zircon rutile disthène staurotide
g2a	STAMPIEN	Marnes à huîtres		
g1a	STAMPIEN INF. SANNOISIEN	Marnes vertes et Glaises à Cyrènes	versants des buttes témoins. Ces formations ont favorisé l'élaboration de profil de pente concave. Les affleurements sont masqués par des colluvions.	calcite calcite-dolomitique gypse
e 7b	LUDIEN	Marnes de Pantin		
		Marnes bleues d'Argenteuil		
e 7a		1ère Masse du Gypse		
		Marnes d'entre-deux Masses		
		2 ème Masse du Gypse		
		Marnes à Lucines-3ème Masse		
e 6e		Sables de Monceau		quartz
e 6d	MARINESIEN	Calcaires de Saint-Ouen	toit de la surface substructurale de la Plaine de France	calcite silex
e 6c 3		Formation de Mortefontaine	affleurements marginaux des bas de versant des vallées	quartz
e 6c 2		Calcaires de Ducy		calcite
e 6b	AUVERSIEN	Sables de Beauchamp	bas de versant des vallées incisant la surface substructurale	quartz
e 6a		Sables d'Auvers		
e 5d	LUTETIEN SUPERIEUR	Marnes et Caillasses	plancher de l'incision quaternaire des vallées du bassin-versant	calcite-dolomitique dolomie silice sépiolite attapulgite

Nappes Phréatiques

Modifié d'après SOYER, R., LABOURGUIGNE, J.,BRGM, 1971

Figure 4 : Stratigraphie des assises tertiaires du bassin-versant de la Beuvronne

zeux (Figs. 4 et 5).

L'épisode marinésien et marqué par le dépôt de la formation laguno-marine d'Ezanville (Fig. 4). Il s'agit de sables marneux, de sables argileux et d'argiles. Ce cycle se poursuit avec les Calcaires de Ducy qui ont une épaisseur de 1 à 2 mètres. Ils sont très hétérogènes et comme les Sables de Mortefontaine, ils n'affleurent que très localement. Les Sables de Mortefontaine reposent sur les Calcaires de Ducy. Ce sont des sables fins avec quelques niveaux grésifiés. La puissance de cette formation est faible. Elle n'excède pas 2 mètres. Les affleurements sont rares.

Les Calcaires de Saint-Ouen se présentent sous la forme de marno-calcaires blanchâtres. La partie supérieure des calcaires offre des bancs plus durs, sublithographiques, à cassure conchoïdale, ainsi que des lits de silex. La puissance des Calcaires de Saint-Ouen peut atteindre la dizaine de mètres. Ils affleurent sur le plateau, à la faveur de l'érosion des formations superficielles quaternaires (Fig. 5).

Géomorphologiquement, la série la plus importante du Marinésien est la formation des Calcaires de Saint-Ouen qui arme la surface substructurale. Elle joue un rôle central dans le dispositif morphostructural de la Plaine de France (Fig. 4).

Les Sables de Monceau sont de minces placages de sables transgressifs sur les Calcaires de Saint-Ouen. Ce sont des sables plus ou moins argileux dont les niveaux sont de très faible puissance à l'exception des remblaiements des dépressions exokarstiques à la surface des Calcaires de

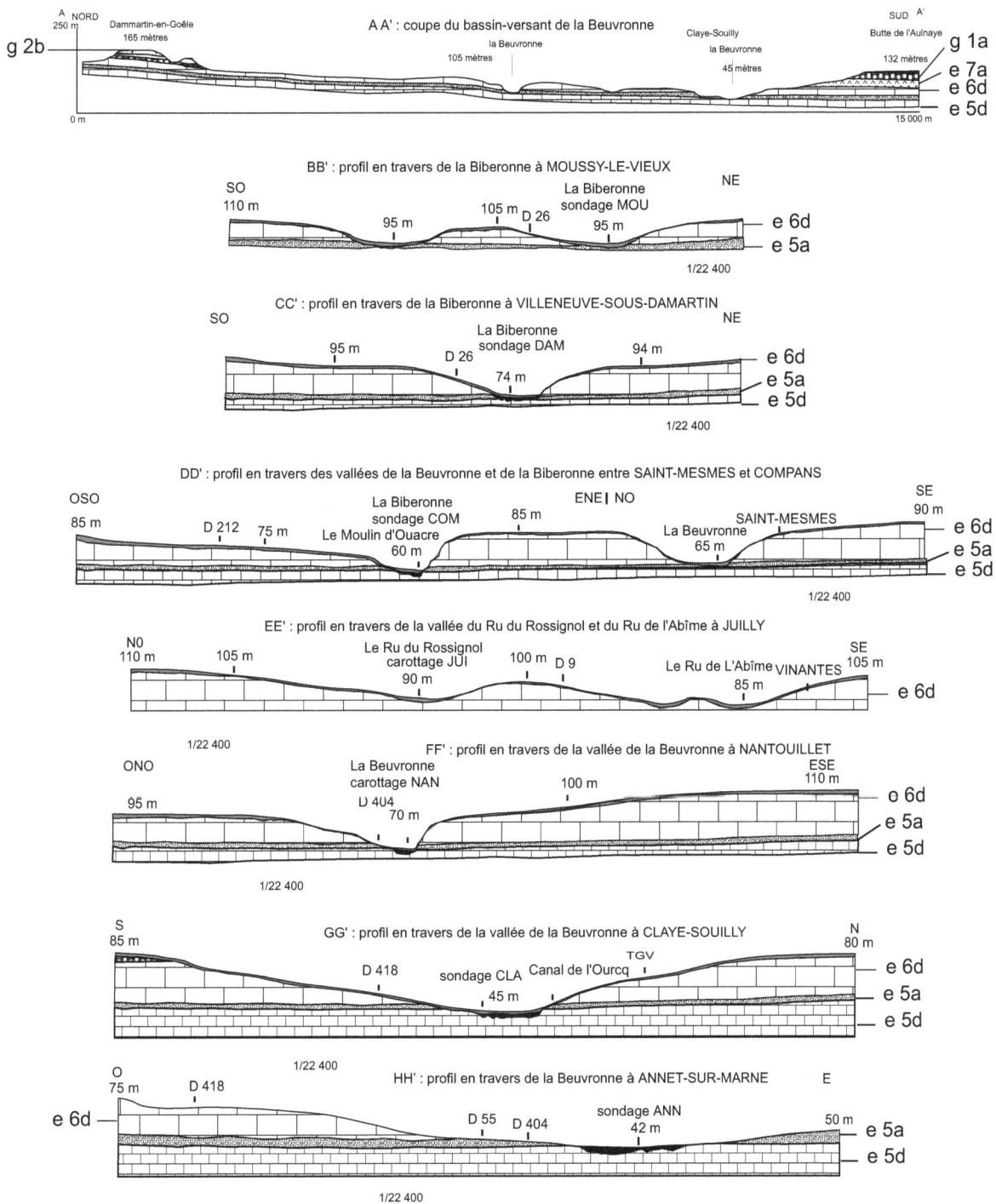

Figure 5 : Coupes géologiques dans le bassin-versant de la Beuvronne

Saint-Ouen. Les Sables de Monceau du Marinésien marquent la fin du Bartonien moyen et l'épisode marinésien.

L'épisode ludien aboutit au dépôt des Marnes à Lucines et se poursuit par la deuxième masse ou Masse moyenne des gypses d'une dizaine de mètres d'épaisseur, puis par les Marnes de l'Entre-deux-Masses, succession de bancs très lités de marno-calcaires, de calcaires dolomitiques ou gypseux d'une puissance de 6 à 7 mètres (Fig. 4). Vient enfin la première Masse de gypse qui peut atteindre une puissance de 20 mètres et qui achève la sédimentation lagunaire. Elle se présente en bancs massifs bien stratifiés. Ces assises se retrouvent à la base des versants des buttes périphériques de la Plaine de France (Fig. 4). Mais la surface des affleurements est faible. De plus, ils sont fréquemment nappés par des dépôts quaternaires colluviaux ou lœssiques. Ces marnes ne sont bien visibles qu'à la faveur des fronts de taille, dans les carrières.

La fin de l'épisode ludien est représentée par les Marnes bleues d'Argenteuil et les Marnes blanches de Pantin.

À l'Oligocène débute le cycle du Stampien (Fig. 4).

La série du Stampien débute avec le Stampien inférieur, le Sannoisien, représenté par le faciès des Argiles vertes de Romainville et les Glaises à Cyrènes. Elles peuvent atteindre une épaisseur cumulée de 10 mètres. Ces formations se retrouvent sur les flancs des versants des buttes périphériques de la Plaine de France. Elles favorisent l'élaboration de versants au profil doux et de faible déclivité.

Le Stampien se poursuit ensuite avec la formation des Marnes à huîtres. À la base de ce faciès marneux, on trouve le Calcaire de Brie (Fig. 4). Celui-ci est bien représenté dans la Brie, au sud de la Marne, mais il tend à disparaître vers le nord. Les affleurements les plus septentrionaux se trouvent dans la butte de Saint-Witz. Sur les buttes de l'Aulnaye, le calcaire de Brie est affleurant à la faveur des fronts de taille des carrières situées entre Claye-Souilly et Villevaudé.

Le Stampien *sensu stricto* est constitué par les Sables de Fontainebleau. Ces sables coiffent l'ensemble des buttes de la Goële. Ils sont constitués de quartz et d'un cortège de minéraux lourds résistants à l'altération dominé par la tourmaline, suivie du groupe zircon-rutile, du disthène et de la staurotide (Pomerol et Feugueur, 1986).

Le Stampien supérieur est en position sommitale. Les faciès correspondants sont les Meulières de Montmorency. Les meulières arment les affleurements relictuels du sommet des buttes périphériques de la Plaine de France, notamment le sommet des buttes de Montgé, à la périphérie orientale de la Plaine de France (Fig. 4). La puissance actuelle des affleurements du Stampien supérieur n'est plus que de 1 à 2 mètres.

1.4.1.2 : Structure des assises tertiaires

Les séries tertiaires sont affectées par des accidents tectoniques d'orientation NO-SE (Blondeau et al., 1965 ; Pomerol et Feugueur, 1986). Elles sont faiblement ondulées. Les plis de faible ampleur, d'origine varisque, affectent toutes les séries. Le bassin-versant de la Beuvronne est encadré par deux synclinaux d'inégale importance. Au nord-est, le synclinal du Thérain n'affecte pas le pendage des couches. En revanche, la fosse de Saint-Denis, elle, commande la direction et la valeur du pendage. Le pendage est faiblement incliné vers le sud-sud-ouest (Fig. 5). Il semblerait que les phases de plissement aient perduré, avec une intensité moindre, jusqu'au Plio-Quaternaire (Lautridou, 1985).

1.4.2 : Les formations superficielles du bassin-versant de la Beuvronne

Si les assises géologiques du bassin-versant de la Beuvronne sont identiques à celles de la Plaine de France, les formations superficielles qui la drapent présentent quelques différences en fonction de leur situation géomorphologique. Des interfluves aux thalwegs, on passe schématiquement de formations de versant à une couverture limono-lœssique sur le plateau puis à des formations alluviales dans les drains.

Les potentialités agricoles des formations superficielles de la Plaine de France en ont fait la richesse. La couverture limoneuse du plateau est une des meilleures terres arables de France de part ses caractéristiques texturales et minéralogiques. Ces dernières sont aussi la cause de sa fragilité. Elle forme un stock qui va en premier lieu alimenter les apports dans les artères hydrographiques lors des périodes de péjoration climatique ou/et de déstabilisation environnementale.

1.4.2.1 : Les lœss du bassin-versant de la Beuvronne

Les formations lœssiques de la France du Nord-Ouest sont désormais bien connues (Lautridou et al., 1983 ; Lautridou, 1985). Elles ont fait l'objet d'une révision et d'une synthèse chronostratigraphique récente (Antoine et al., 1998). Elles appartiennent au fuseau loessique de l'Europe du Nord-Ouest qui s'étire de la Normandie à la Flandre connues (Lautridou et Sommé, 1983 ; Lautridou, 1985).

Elles se définissent comme une « … formation limoneuse, d'origine éolienne, qui s'inscrit en France dans un cycle morphogénétique de climat froid et aride, et dont les modalités varient en fonction des conditions climatiques régionales.» (Lautridou, 1985).

Les faciès de ces formations peuvent être très divers. La définition sédimentaire des lœss, en France du nord-ouest, les caractérise comme des sédiments d'origine éolienne, dominés par une fraction limoneuse comprise entre 10 et 50 µm (Lautridou, 1985). La proportion de sables ou d'argiles est variable en fonction des secteurs étudiés. Elle peut être plus ou moins importante mais reste néanmoins inférieure à celle des limons qui représente entre 65 et 70 % de la fraction totale du sédiment. La fraction argileuse est dominée par les argiles fines.

Les lœss sont souvent pauvres en carbonate de calcium quand ils n'en sont pas complètement dépourvus. Les minéraux dominants sont le quartz, accompagné d'un cortège de feldspaths, de muscovite, de biotite altérée, marginalement de glauconie et d'un très faible pourcentage d'oxydes de fer. Le cortège de minéraux lourds est constitué d'épidote-amphibole et grenat. Les minéraux argileux sont représentés par de la smectite, de l'illite et de la kaolinite.

Les lœss du bassin-versant de la Beuvronne sont connus par des sondages ponctuels effectués à la tarière et grâce à des coupes réalisées lors de travaux d'aménagement. Les lœss de la Plaine de France semblent identiques à ceux du bassin-versant de la Beuvronne.

s'étend du Saalien au Weichsélien supérieur. Le Weichsélien est représenté par deux ensembles.

Le Weichsélien supérieur est composé d'un niveau lœssique homogène de 80 cm de puissance. Le Weichsélien moyen est représenté un complexe de sols boréo-arctiques, parfois gleyfiés, d'une puissance 550 cm, dévelop-

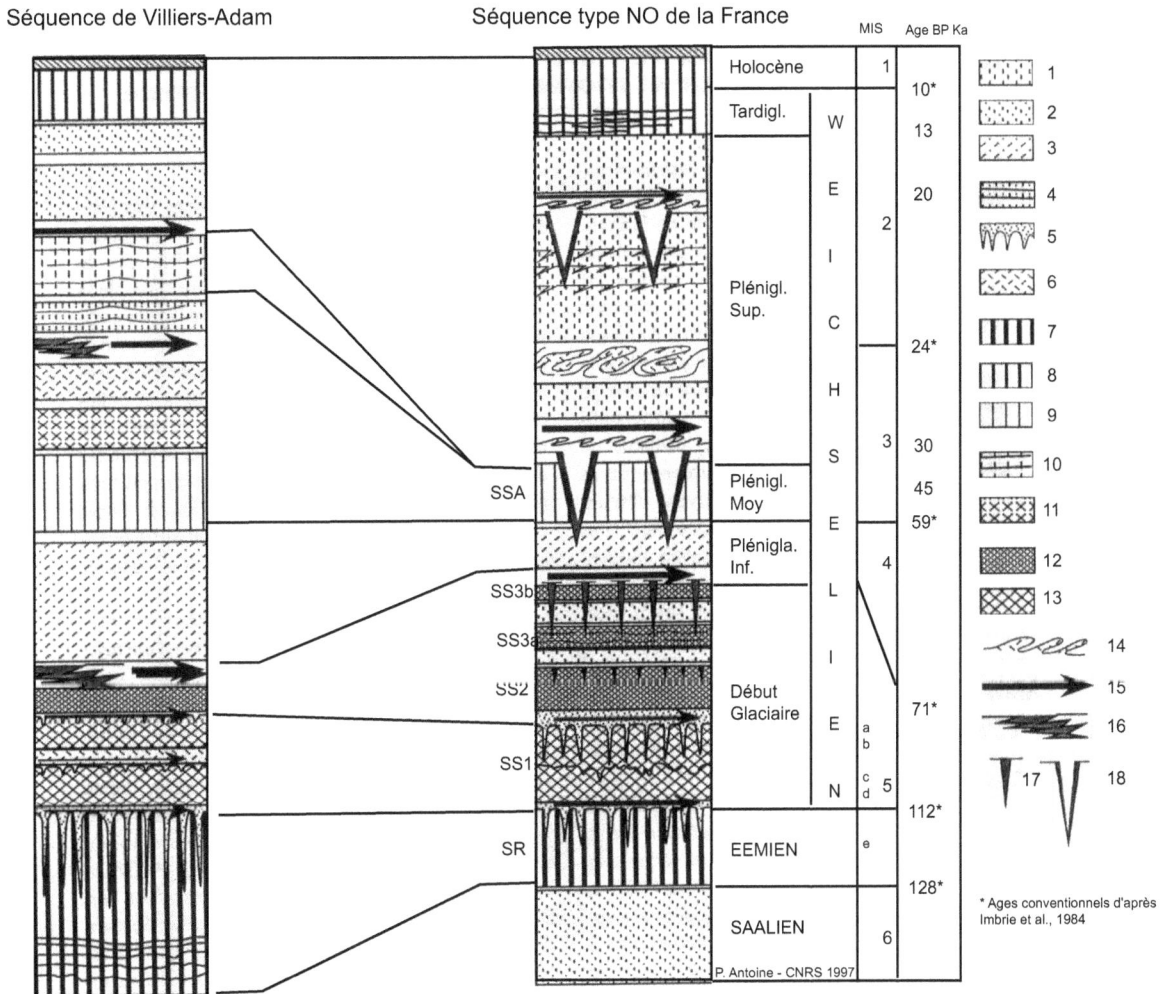

D'après Bahain et Drwila, 1996 et P. Antoine, 1996

1. loess calcaire. 2. Loess non calcaire autochtone. 3. Loess calcaire hétérogène et loess : sables limoneux. 4. Sables et limons ruisselés et lités. 5. Horizon Bt de sol brun lessivé polyphasé (SR). 6. Gley/horizons hydromorphes. 7. Horizon Bt de sol brun (SR). 8. Horizon Bt de sol brun lessivé (surface). 9. Horizon de sol lessivé boréal/Sol brun arctique 10. Horizon de sol boréal plus ou moins remanié. 11. Sol humifère de type prairie arctique. 12. Sol isohumique steppique. 13. Sol gris forestier. 14. Horizons cryoturbés/horizon à langues. 15. Principales érosions. 16. Structures de fusion liées à un thermokarst. 17. Fentes de type sol veins. 18. Grandes fentes à coin de glace.
CCS : Complexe de sols de Saint-Sauflieu (sols SS1 à SS3b). SR : sol de Rocourt. SSA : Sol de Saint-Acheul.

Figure 6 : Stratigraphie de la séquence loessique de "Chamesson" et corrélation avec la séquence type du Nord-Ouest de la France

La séquence de référence de la Plaine de France se situe à l'ouest de la Plaine de France, à Villiers-Adam (Bahain et Drwila, 1996). Cette séquence du «Chamesson» est bien dilatée (Fig. 6). Elle a une épaisseur de 17 mètres et

pés sur des limons sablo-argileux. Le Weichsélien inférieur est un complexe de sols steppiques ou gris forestier moins épais.

L'interglaciaire Eémien se caractérise par un horizon Bt

de sol brun lessivé d'une puissance de 2 mètres.

L'ensemble sédimentaire du Saalien est une interstratification de niveaux lœssiques plus ou moins carbonatés atteignant 650 cm d'épaisseur.

Cette séquence est une des séquences de référence pour l'Europe du Nord-ouest. Elle complète les séquences de référence de Saint-Pierre-Les-Elbeufs ou Achenheim. Son intérêt, dans l'étude qui nous concerne, est de souligner l'importance de la sédimentation éolienne du Saalien dans la Plaine de France en comparaison avec celle du Pléniglaciaire supérieur (toutefois non négligeable). Dans la Plaine de France, la recharge lœssique du Weichsélien supérieur est moins importante qu'en France septentrionale. Elle s'accompagnerait également d'une diminution

sur le plateau drainé par la Beuvronne oscille entre 40 cm et 350 cm (Figs. 7 et 8). Cette puissance varie en fonction du contexte géomorphologique. Les épaisseurs les plus importantes couvrent les parties planes de la région. Les séquences lœssiques sont également bien dilatées dans des pièges topographiques et sur les versants sous le vent comme la séquence du Chamesson. Les couvertures de moindre épaisseur se situent toutes dans des secteurs de pente, de part et d'autre des versants de vallée ou sur les versants des buttes périphériques (Fig. 5), contextes favorables à leur érosion.

Six coupes nous donnent une idée de la stratigraphie de la couverture limoneuse dans la Plaine de France (Lebret et Halbout, 1991). Elles ont été relevées au Plessis-Gassot, à

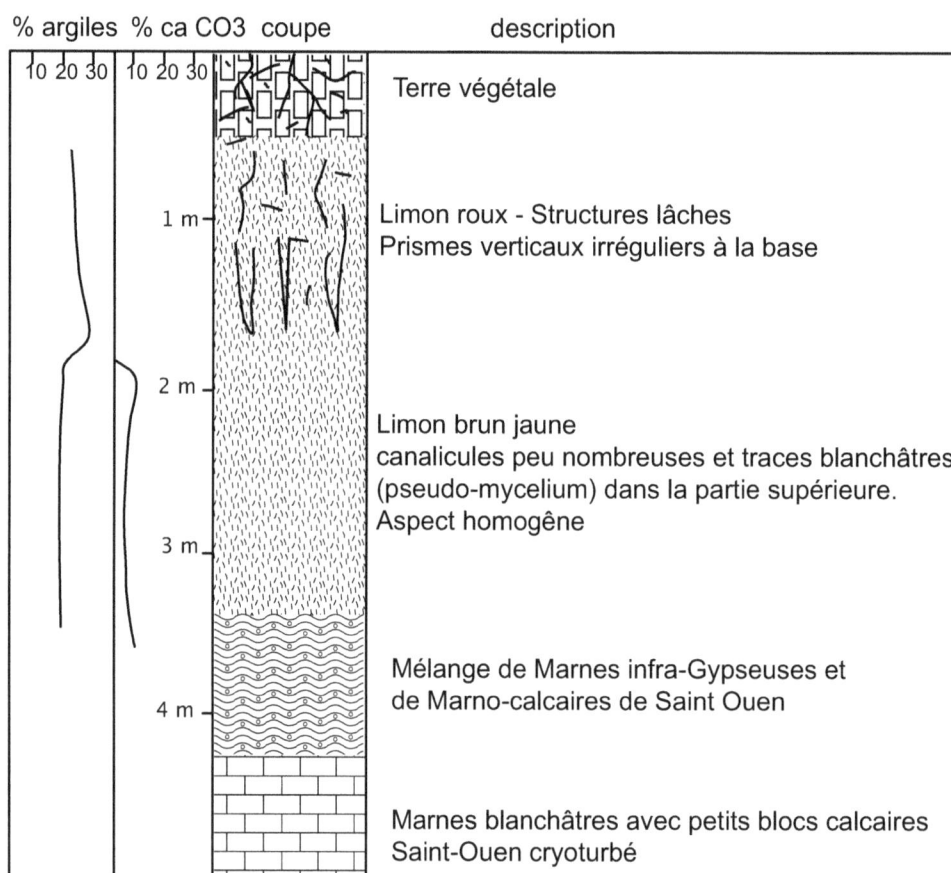

Figure 7 : Séquence loessique de la Plaine de France carbonatée (d'après Audric, 1974)

probable des apports sableux d'origine locale et se situerait en position d'abri par rapport aux vents dominants (Cavalier et Damiani, 1969). De plus, la dilatation de cette séquence permet d'observer l'importance de la pédogenèse durant l'Eémien.

L'épaisseur moyenne des lœss dans la Plaine de France et

Marly-la-Ville, à Survilliers et à Chennevières-les-Louvres soit dans la partie occidentale de la Plaine de France. Leur puissance varie de 200 cm à 480 cm. Elles permettent de définir la succession type suivante :

Un horizon Ap d'une épaisseur moyenne de 40 cm développé sur un limon loessique.

À partir de 40 cm, un limon brun, loessique et argileux, supporte l'horizon Bt du sol brun lessivé de surface. Il peut également s'agir d'un limon jaune brunâtre (10 YR 6/6), argileux à structure prismatique. La puissance de cet horizon est variable. Elle oscille entre 120 et 150 cm.

Sous-jacent à ce niveau, s'observe un limon loessique et argileux, affecté par une structure prismatique. Il peut s'agir d'un limon brun- rougeâtre (7,5 YR 6/4), relativement identique au précédent.

À la base de la séquence lœssique se place un lœss brun jaunâtre, à structure prismatique et débit polyédrique. Il est fortement rubéfié. Il semblerait que ce niveau soit un horizon Bt d'un paléosol brun lessivé probablement éemien.

À la base, un cailloutis calcaire et des gélifracts siliceux reposent sur les assises tertiaires.

À Roissy, les études d'Audric permettent d'appréhender la couverture limoneuse sur plusieurs km^2 (Audric, 1973, 1974 ; Audric et Bouquier, 1976). Elles livrent quelques informations quantitatives sur la nature des lœss (Figs. 7 et 8). Les affleurements ont une puissance relativement constante de 4 mètres en moyenne. Deux types de séquences existent. Des profils carbonatés s'opposent à des profils complètement décarbonatés (Figs. 7 et 8).

Le premier type de séquence lœssique est une superposition de deux niveaux limoneux (Fig. 7). Le premier niveau est constitué par un lehm qui repose sur un lœss. L'épaisseur moyenne du lehm est de 2,5 mètres. Sous le sol actuel, un limon brun roux aéré a une structure polyédrique. Il est décarbonaté. 65 % des grains présentent une granulométrie variant entre 80 et 10 µm. Les argiles ne forment que 20 à 35 % de la fraction granulométrique, taux qui augmente avec la profondeur jusqu'à un maximum de 2 mètres. Puis, cette fraction granulométrique diminue.

Le second type de séquence lœssique est complètement décarbonaté (Fig. 8). Les teneurs en argiles avoisinent les 25 % en moyenne. Le cortège minéralogique typique est composé de quartz, de feldspath, d'illite, de smectite et de kaolinite.

Les séquences décarbonatées présentent de nombreux faciès. L'aspect, bien qu'homogène et non lité, montre des successions irrégulières de passées argileuses ou silteuses. Cette hétérogénéité se retrouve dans la granulométrie. Audric distingue deux sous-types de séquence décarbonatée.

Le premier sous-type correspond aux séquences dont la granulométrie totale est toujours identique à celle de lœss caractéristiques et dans lesquelles la fraction argileuse est inexistante.

Le deuxième sous-type présente un spectre granulométrique mal trié mais avec une proportion d'argiles qui atteint 35 %. Audric distingue également de nombreux cas intermédiaires. De plus, par rapport aux séquences carbonatées, la variation granulométrique, en relation avec la profondeur, n'est plus régulière. On ne trouve ni zone d'accumulation, ni horizon B.

Les données recueillies sur les séquences lœssiques du Val d'Oise et de la Plaine de France montrent que les lœss des niveaux supérieurs semblent complètement décarbonatés. Cette décarbonatation dépend du degré d'altération syngenétique et/ou de leur pédogenèse (Lautridou, 1985). En surface, les taux de silice, essentiellement sous forme de quartz, peuvent atteindre jusqu'à 80 % de la fraction totale. Dans les niveaux non altérés ou non pédogenisés, ces taux chutent à moins de 60 % en moyenne.

Les lœss sous-jacents, non altérés, contiennent jusqu'à 25 % de carbonate, essentiellement sous forme de calcite. La courbe du quartz est inversement proportionnelle à celle de la calcite (Lebret et Halbout, 1991 ; Audric, 1973, 1974 ; Audric et Boquier, 1976).

Dans la Plaine de France, les lœss sont pour la plupart altérés ou pédogenisés comme l'a montré Audric. Leur teneur en calcite est faible. Des échantillons de lœss reposant sur le plancher tertiaire de la vallée de Biberonne, montrent le même résultat par diffractométrie aux rayons X. L'échantillon est essentiellement composé de quartz, avec de la calcite en faible proportion, et un cortège de minéraux lourds dominé par la tourmaline. Le colmatage limoneux de la tête de vallée de la Biberonne, à Moussy, confirme ces analyses. Les limons sont dépourvus de calcite sur l'ensemble du profil .

Les analyses de la fraction argileuse inférieure à 2 µm soulignent la spécificité des lœss de la Plaine de France occidentale (Lebret et Halbout, 1991). Dans le Val d'Oise, le cortège des minéraux argileux est partout dominé par la smectite dont les teneurs varient entre 60 et 70 %. L'illite est représentée à hauteur de 25 à 10 %. Enfin, la quantité de kaolinite est en moyenne de 10 % mais elle peut atteindre 15 %.

Au cœur de la Plaine de France, les analyses de lœss de Roissy montrent une inversion partielle de ces rapports (Audric, 1973, 1974 ; Audric et Boquier, 1976). Ce sont les illites qui dominent dans le cortège argileux, devant les smectites et la kaolinite. Ces argiles néoformées, d'origine pédogénique, témoignent d'une altération plus poussée des lœss. Le degré d'altération plus poussé, exprimé par les illites dominantes dans le cortège argileux, et la rubéfaction des lœss traduiraient la reprise d'un stock local à chaque cycle morpho-climatique. D'après Lebret et Halbout (1991), "Les sédiments lœssiques de la Plaine de France ont pour origine la déflation des sédiments tertiaires locaux…éolisés en « circuit fermé », cycle après cycle". Or la séquence de Chamesson, à Villiers-Adam invalide cette hypothèse (Fig. 6). Les apports du dernier cycle éolien rechargent bien la couverture superficielle de la Plaine de France.

L'étude stratigraphique des coupes de la Plaine de France

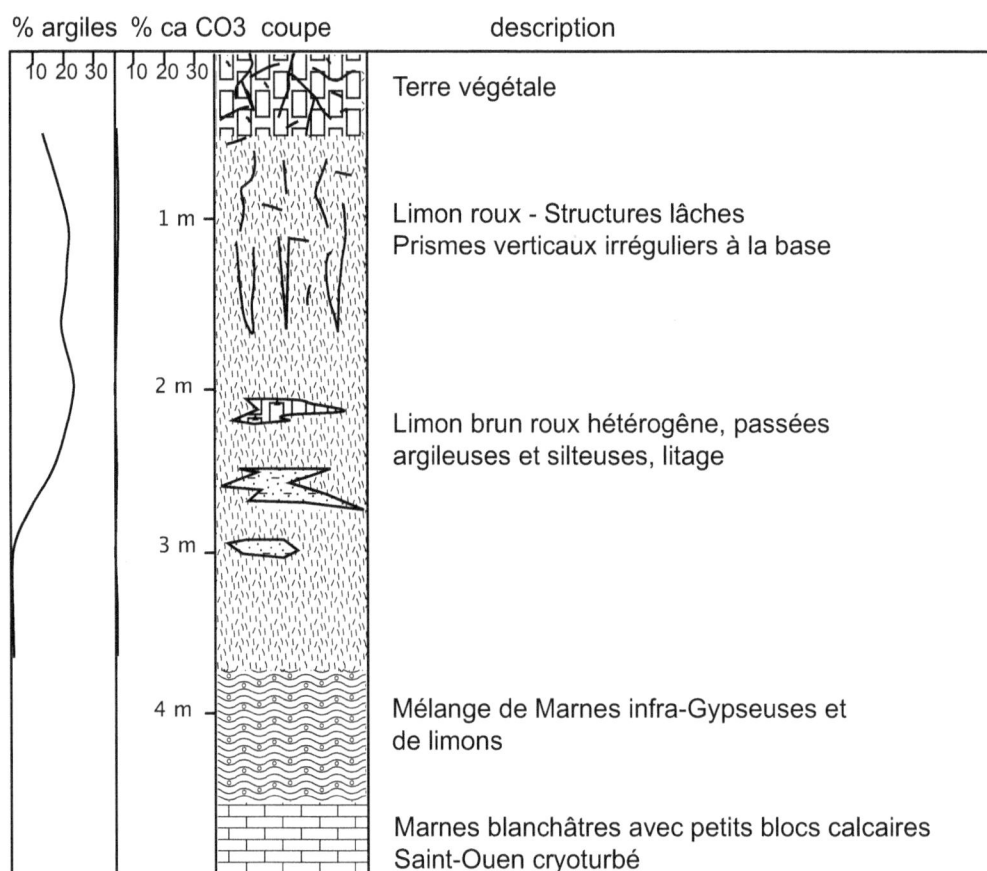

% argiles   % ca CO3   coupe   description

Figure 8 : Séquence loessique de la Plaine de France décarbonatée (d'après Audric, 1974)

et les analyses minéralogiques ont permis à leurs auteurs d'établir une chronostratigraphie de la mise en place des formations lœssiques.

Elle semble valable pour l'ensemble du plateau de la Plaine de France au vu de la constance des enregistrements sédimentaires et de l'homogénéité des faciès observés (Lebret et Halbout, 1991).

Sur les assises tertiaires, érodées ou altérées, reposent souvent un cailloutis calcaire et des gélifracts siliceux issus du démantèlement des buttes périphériques. Ces colluvions grossières, emballées dans une matrice sablo-limoneuse, sont attribuées au Weichsélien ancien et moyen. Elles éroderaient les formations de l'Eémien.

Cette formation supporte les limons de couverture attribués au Weichsélien supérieur. Ces limons épouseraient la topographie en glacis façonnée au début du Pléniglaciaire supérieur. En établissant une corrélation avec le dépôt des derniers niveaux lœssiques dans la France du Nord-ouest, l'ultime remobilisation éolienne de la couverture limoneuse de la Plaine de France se mettrait en place entre 25 et 15 Ka environ (Antoine et al., 1998) Ces lœss sont ensuite systématiquement altérés par un sol brun lessivé.

L'image de la couverture limoneuse de la Plaine de France qui se dégage de ces données suggère une mosaïque de différentes séquences limoneuses plus ou moins décarbonatées qu'à une couverture uniforme. Il est exclu d'envisager une couverture homogène aux caractéristiques minéralogiques et granulométriques constantes. Lautridou et Audric soulignent les transitions latérales et verticales entre des horizons carbonatés qui passent progressivement à des horizons décarbonatés. Pour Lautridou, cette décarbonatation est syngénétique au dépôt (Lautridou, 1985). Audric met en relation la décarbonatation avec des conditions édaphiques spécifiques, définies par des flux hydriques de subsurface. La décarbonatation se serait poursuivie par des processus pédogeniques ultérieurs (Audric, 1974). Il convient de prendre en compte le calage chronologique réalisé à Villiers-Adam des différents apports limono-lœssiques. La recharge sédimentaire au Pléniglaciaire supérieur ne semble pas très importante en comparaison des apports saaliens. Ces derniers ont été, tout au moins en surface, profondément altérés par une pédogénèse polyphasée à l'Eémien. Plusieurs générations de lœss se superposent. L'hétérogénéité de la couverture lœssique semble ainsi être de règle dans la Plaine de France.

1.4.2 : Les formations superficielles des versants du bassin-versant de la Beuvronne

Dans le bassin-versant de la Beuvronne, deux types de versant existent. Il est judicieux de distinguer les versants des buttes oligocènes périphériques des versants des vallées qui entaillent les Marno-Calcaires de Saint-Ouen et les Sables auversiens. Il n'a pas été possible d'observer les dépôts de pente des buttes périphériques du fait de la rareté des coupes. Malgré tout, les observations de Lebret et Halbout (1991) sur ces formations nous donnent une idée de la nature de ces dépôts.

Dans le Val d'Oise, la stratigraphie des formations de versants des buttes tertiaires montre qu'au sommet des affleurements, un horizon limono-argileux présente des traces d'altération vraisemblablement polyphasées (Lebret et Halbout, 1991). Il peut être localement remplacé par des niveaux limono-sableux, d'origine loessique, enrichis par des granules millimétriques de meulière.
Sous ce niveau s'est développé un important colluvionnement. Une matrice argileuse ou limono-sableuse emballe un cailloutis dont les plus gros éléments peuvent atteindre 70 cm de longueur (Lebret et Halbout, 1991). Les clastites sont des fragments de meulière. Ces niveaux reposent sur le substrat tertiaire dont le toit est altéré.
Le développement de ces versants semble polyphasé. Il débute par le démantèlement des affleurements de meulière. Le façonnement des versants se serait poursuivi par ruissellement et fluage des formations détritiques riches en meulière. Ces versants auraient été modelés en glacis lors du Quaternaire. Les limons de couverture auraient ensuite empâté ce modelé (Lebret et Halbout, 1991).
Dans le bassin-versant de la Beuvronne, les formations superficielles des versants des buttes de la Goële ou de l'Aulnaye ne ressemblent pas à celles décrites précédemment. Les formations à blocs de meulière décrites par Lebret et Halbout n'ont pas été observées.
Les affleurements sont de nature limono-sablo-argileuse mais sont partiellement alimentés par des apports loessiques. Ce sont des limons de couverture, pollués par des rognons de silex et des fragments lithoclastiques de Calcaire de Saint-Ouen affleurant grâce aux labours profonds.
Les limons de couverture semblent reposer le plus souvent directement sur le toit de la surface substructurale.
Les formations à blocs issues des buttes oligocènes auraient pu être évacuées durant le Weichsélien supérieur avant le dernier cycle éolien. L'intensité de cette crise érosive aurait décapé les assises tertiaires de leur couverture post-eémienne (Lebret et Halbout, 1991).
Ainsi, lors de leur dernier remaniement éolien, les limons de couverture se seraient déposés sur des glacis d'érosion, élaborés antérieurement, taillés, en amont, dans les affleurements du Stampien et, en aval, dans les marno-calcaires de Saint-Ouen.
Les versants des vallées présentent d'autres types de formation superficielle qui ont les mêmes caractéristiques quelles que soient les sections du bassin-versant.
Ces formations superficielles sont argilo-limoneuses, humifères et d'origine lœssique. La matrice limoneuse emballe des fragments de marno-calcaire de Saint-Ouen et des rognons de silex. Il n'est pas évident de savoir si cette formation n'est pas le remaniement de dépôts antérieurs. D'après les tariérages effectués, les faciès semblent homogènes et constants. Toutefois, les observations de terrain révèlent une opposition entre la couverture superficielle des versants orientés vers l'ouest et celle des versants orientés vers l'est.

Les premiers, convexo-concaves et de pente forte, présentent en amont une épaisseur de limons lœssiques pédogénisés inférieure au mètre, en moyenne. Ils reposent directement sur les marno-calcaires altérés de Saint-Ouen.
Dans la partie médiane du versant, l'épaisseur de cette formation se réduit à 40 cm en moyenne. On observe, entre les limons et le substrat tertiaire un mince lit, de quelques centimètres d'épaisseur de limon-graveleux.
Au pied des versants, l'épaisseur des limons colluvionnés augmente. Elle peut atteindre 2 mètres. La transition avec les limons de débordement en fond de vallée n'est pas perceptible. Ces deux formations s'imbriquent latéralement.

Les versants orientés vers l'est ont des profils plus doux. Les pentes sont concaves et de moindre valeur. Elles sont également plus longues. Aussi, la couverture limoneuse y est plus épaisse. Sur les plateaux, en bordure des versants de la vallée, l'épaisseur des limons atteint 2 mètres. Les limons sont d'origine loessique, humifère, et comportent un horizon Ap d'une vingtaine de centimètres d'épaisseur. Ils se distinguent par une relative pauvreté en fragments grossiers.
L'épaisseur de ces limons décroît le long de la pente. Cette épaisseur n'excède pas 40 cm. Ils se raccordent aux limons de débordement, en fond de vallée, dont l'épaisseur varie suivant les lieux mais reste toujours supérieure à celle des parties médianes des versants. L'empâtement en pied de versant est un trait général des vallées du bassin-versant de la Beuvronne.
Le profil de la couverture superficielle des versants est classique. La distinction est nette entre une zone d'ablation, une zone de transport et une zone d'accumulation. Il est à noter qu'aucun affleurement du Tertiaire n'a été directement observé sur les versants. Les sédiments du Tertiaire semblent, le plus souvent, masqués par les limons colluvionnés. Sur certains versants érodés, le Tertiaire est très proche comme à Juilly, à Nantouillet ou sur le versant de rive droite de la Biberonne à Compans. Il est subaffleu-

rant sur les versants les plus érodés par les pratiques agricoles.

1.4.3 : Hydrogéologie du bassin-versant de la Beuvronne

Les débits de la Beuvronne et de la Biberonne sont alimentés par deux types d'apport hydrologique. Les premiers sont fournis par les nappes phréatiques, les seconds par le ruissellement direct des précipitations.

Les nappes phréatiques se rechargent par le biais de l'infiltration des précipitations à la faveur du régime pluviométrique régional. Ces infiltrations correspondent au montant des précipitations auxquelles il faut soustraire l'évapotranspiration réelle. Or les moyennes annuelles des précipitations oscillent entre 550 mm et 700 mm d'eau par an. Malheureusement, il n'est pas possible d'établir un bilan hydrologique à l'échelle de la Plaine de France. Trois nappes phréatiques alimentent le bassin-versant de la Beuvronne (Diffre et Pomerol, 1979 ; Wyns et Monciardini, 1979 ; Pomerol et Fougueur, 1986). Les principaux aquifères se situent dans les assises sableuses du Tertiaire (Fig. 1).

L'aquifère le plus élevé est celui des Sables de Fontainebleau, du Stampien moyen. Le plancher de cet aquifère est constitué par les Marnes du Stampien et du Stampien inférieur. Or, dans le bassin-versant de la Beuvronne, les sables du Stampien n'affleurent qu'au sommet des buttes de la Goële et de l'Aulnaye. Il n'existe pas d'émergence importante entre les Sables de Fontainebleau et les Marnes du Stampien. La nappe des Sables de Fontainebleau ne contribue que très peu ou pas du tout, au soutien des débits de la Beuvronne ou de la Biberonne. En revanche, quelques-unes des exurgences sur les versants des buttes de la Goële et des buttes de l'Aulnaye, au sud, se situent à la limite des Marnes vertes et Glaises à Cyrènes du Stampien inférieur et des assises du Ludien. Il faut alors penser à des infiltrations, soit des eaux de la nappe de Fontainebleau, soit à des infiltrations des eaux météoriques à la faveur de discontinuités structurales dans ces niveaux. La porosité et la conductivité hydrique des marnes supragypseuses et des niveaux gypseux permettraient la formation de micro-nappes.

La seconde nappe phréatique constitue l'aquifère des Sables de Monceau. C'est une micro-nappe perchée dépendante de niveaux argileux. Le plancher de cet aquifère est formé par les Marno-Calcaires de Saint-Ouen. Sur les cartes, tant géologiques que topographiques, il n'est pas fait mention d'émergence dans ce niveau. Nos observations de terrain corroborent ces informations. La micro-nappe des Sables de Monceau, si elle alimente le bassin-versant, le fait de manière marginale.

L'aquifère des Sables auversiens joue par contre un rôle important dans l'hydrologie de la Biberonne et de la Beuvronne. Il se situe à la base des sables, au contact avec les Marnes et les Calcaires du Lutétien Supérieur. Les émergences de cet aquifère se situent là où affleurent les Sables, soit sur les versants en amont de la Biberonne comme à Moussy et Villeneuve-sous-Dammartin, soit en fond de vallée comme à Compans.

La nappe en charge de l'Yprésien au contact des Argiles du Soissonnais et du Lutétien alimente aussi les débits de la Beuvronne et de la Biberonne par des exurgences semi-artésiennes à travers les fractures du Lutétien. Cette nappe joue certainement un rôle assez important dans l'alimentation du bassin-versant quoique peu observable à l'exception des sources qui sourdent dans la vallée du Ru des Cerceaux au sud de Mitry Mory.

Conclusion partielle

Le bassin-versant de la Beuvronne s'inscrit dans un paysage ouvert typique du bassin parisien marqué par un faible relief. Le substratum est armé par des formations tertiaires qui forment aussi les principaux aquifères. Ces derniers sont alimentés par des précipitations modérées caractéristiques d'un climat de transition océanique séquanien avec des influences océaniques et semi-continentales. Les formations superficielles limono-loessiques se présentent comme une mosaïque complexe faite de plusieurs générations d'apports éoliens dont les plus importants se mettent en place au Saalien. Elles forment les principaux stocks sédimentaires qui vont transiter dans les drains du bassin-versant étudié.

II : Stratigraphie, minéralogie et marqueurs biologiques des fonds de vallée du bassin-versant de la Beuvronne : méthodes et résultats

1 : Méthodologie de l'étude des formations superficielles du bassin-versant de la Beuvronne

La méthodologie retenue pour la réalisation de ce travail combine deux approches : des investigations de terrain et des analyses de laboratoire.

Les investigations sur le terrain visent à reconstituer la morphostratigraphie des formations superficielles étudiées grâce à des sondages. Elles permettent aussi le prélèvement de carottes destinées aux analyses.

Plusieurs méthodes d'étude ont été mises en œuvre pour caractériser les échantillons prélevés et interpréter leur signature morphosédimentaire. L'analyse sédimentologique des échantillons a été réalisée au laboratoire de sédimentologie du Laboratoire de Géographie Physique de Meudon.

1.1 : Les méthodes de terrain

Les formations superficielles du bassin-versant de la Beuvronne ne sont pas facilement observables. Les coupes naturelles sont en effet rares. Seule la réalisation de grands travaux comme l'extension de l'aéroport de Roissy a permis l'étude de coupes dans les limons de couverture. Pour les sédiments de fond de vallée, il a fallu recourir à des techniques de sondage et de carottage qui pallient les problèmes liés à l'épaisseur des dépôts oscillant entre 6 et 11 mètres et les problèmes liés aux nappes phréatiques de fond de vallée dont le toit se situe entre 1 et 2,5 mètres de profondeur voire moins.

1.2 : Les sondages à la tarière en fond de vallée

En l'absence de coupe naturelle, la restitution de la géométrie des dépôts de fond de vallée ne peut se faire que grâce à la réalisation de transects à la tarière. Ces transects réalisés perpendiculairement à l'axe des vallées permettent de restituer la géométrie en travers des formations alluviales.

Au total, 8 transects ont été réalisés dans différentes sections type du bassin-versant de la Beuvronne.

Le matériel employé est une sondeuse autotractée Sédidrill d'une puissance de 14 chevaux. La tête de rotation est actionnée par un moteur hydraulique. Elle entraîne une tarière hélicoïdale de 10 cm de diamètre. Chaque tarière mesure 1,5 mètres de longueur. Des clavettes permettent l'accouplement des tarières. La lecture stratigraphique se fait sur la dernière tarière enfoncée. Cependant, la rotation déstructure les sédiments et induit une légère

distorsion des épaisseurs. Quelques niveaux peuvent être complètement perturbés; le litage est perturbé et les niveaux peu épais sont plus ou moins mélangés. Malgré tout, cette méthode donne une idée suffisante de la stratigraphie et elle a l'intérêt d'être relativement rapide. Compte tenu de ces limites, aucun prélèvement d'échantillon n'a été effectué à partir de ce mode d'investigation.

Le deuxième inconvénient relatif à cette méthode tient au caractère ponctuel du sondage. Des variations latérales de faciès dans les nappes alluviales peuvent être ignorées ou ininterprétables si l'espacement entre deux sondages est trop important. Pour pallier ce handicap, il est judicieux de choisir un espacement de 10 mètres au maximum. L'espacement optimum serait de 5 mètres. Mais la largeur des vallées, parfois supérieure à 400 mètres, nous contraint à assouplir cette règle.

L'espacement choisi lors de la réalisation des transects dans le bassin-versant de la Beuvronne a été conditionné par le temps qui nous était imparti lors de chaque campagne de sondage.

Aussi, à Annet-sur-Marne, le pas, entre chaque sondage, est de 50 mètres, dans la partie médiane de la vallée. Sur les marges de la plaine alluviale, il est de 100 mètres (Fig. 24). De plus, le transect n'est pas perpendiculaire mais oblique par rapport à l'axe de la vallée.

À Claye-Souilly, les parties médianes de la plaine alluviale ont été prospectées avec une résolution de 10 mètres. Les marges de la vallée l'ont été avec un espacement de 20 mètres (Fig. 21)

À Nantouillet, l'espacement choisi est constant sur toute la largeur de la vallée. Il est de 10 mètres entre chaque sondage stratigraphique (Fig. 18)

À Villeneuve-sous-Damartin, l'espacement entre chaque sondage est de 10 mètres (Fig. 12).

À Mitry-Mory, la largeur de la vallée nous a imposé un espacement de 20 mètres (Fig. 25).

À Compans, l'espacement entre les sondages varie de 10 à 20 mètres (Fig. 14).

Malgré des espacements importants dans les sections larges du bassin-versant, la restitution de la stratigraphie est relativement satisfaisante. La profondeur des sondages à la tarière dépend de l'épaisseur des sédiments. Nous nous sommes efforcés d'atteindre les lits rocheux tertiaires des zones prospectées. Les sondages à la tarière les plus profonds ont atteint une côte de 11 mètres sous la surface topographique. Les moins profonds descendent à 3 mètres de profondeur.

1.3 : Les techniques de carottage en fond de vallée

Le carottage remédie à l'un des deux inconvénients du sondage à la tarière. Il prélève les sédiments sans engendrer de perturbation. Les niveaux peuvent être extraits intacts. Ils ne sont pas déstructurés par les effets de la rotation. Cet avantage a pour contrepartie une manipulation plus délicate et plus longue. C'est à partir des carottes que s'effectue l'échantillonnage.

La sondeuse utilisée est la même que précédemment mais la tête de rotation est remplacée par un marteau hydraulique. Celui-ci permet un prélèvement par percussion/battage lorsque les sédiments sont compacts (limons, argiles, cailloutis…). Quand les sédiments sont meubles (tourbe, limon organique), le prélèvement est réalisé par simple pression.
Les carottiers utilisés sont :
des carottiers de battage en acier épais (type CB) dans le cas des formations limoneuses les plus dures ou mixtes.
des carottiers à parois minces (type APM Mazier ou CM2 Bonne Espérance).
Ils échantillonnent les formations superficielles par pression simple ou par percussion (battage) à l'aide du marteau hydraulique.
Les carottiers mesurent entre 1,3 et 1,4 mètres de long et ont un diamètre de 8 cm. Le carottier utilisé est enfoncé grâce à la translation du porte-outil fixé sur le mât de la sondeuse. Ils contiennent une gaine en PVC d'un mètre de long et de 78 mm de diamètre interne dans laquelle se loge la carotte de sédiment. Elle est ensuite extraite du carottier et stockée jusqu'à son ouverture après avoir été hermétiquement fermée avec des bouchons plastiques scellés par un ruban adhésif.
Afin d'éviter les phénomènes d'éboulement dans le trou et donc de pollution, nous avons dû employer à plusieurs reprises la technique de tubage qui consiste à gainer le trou du carottage avec un tube d'acier de 10 cm de diamètre. Les parois du trou de carottage sont ainsi étayées.

L'emplacement des carottages est choisi en fonction des reconnaissances stratigraphiques à la tarière. Les endroits retenus sont ceux qui présentent les séquences les plus dilatées ou offrent des enregistrements sédimentaires particuliers. Chaque transect a fait l'objet de plusieurs campagnes de carottage. Nous nous sommes efforcés d'atteindre le substratum à chacun des carottages.
En tête de vallon, l'étroitesse de la vallée réduit l'intérêt de sondages préalables. Aussi un seul carottage a été réalisé pour chaque site choisi.
Au total, 17 carottages ont été effectués.

2 : Les analyses sédimentologiques

Les analyses sédimentologiques (granulométrie, quantification de la matière organique, minéralogie par Rayons X et spectroscopie IFR) ont porté sur 380 échantillons, prélevés en continu dans 4 carottes.
La reconstitution de l'évolution du système fluvial se fonde sur l'analyse de marqueurs sédimentaires et sur la stratigraphie. Le cortège sédimentologique permet de discerner les phases rhexistasiques des phases biostasiques. La géométrie de la plaine alluviale nous indique les ajustements de la rivière en réponse aux modifications des variables externes.

2.1 : Buts et intérêts de la méthode

Les périodes de forte activité morphogénique favorisent l'érosion des formations géologiques tertiaires et quaternaires qui forment la Plaine de France. Trois grands types d'affleurement existent : les sables tertiaires quartzeux, les calcaires tertiaires et les lœss. Les analyses sédimentologiques servent à discerner les apports respectifs de chacune de ces formations. L'un des signaux d'une activité morphogénique plus ou moins forte est le quartz. Le ruissellement sur les versants érode des formations géologiques qui dans ce contexte carbonaté sont bien identifiées. Chaque occurrence de sables quartzeux ou de limons quartzeux signe une reprise des écoulements chargés en particules détritiques. Il peut s'agir d'une remobilisation d'alluvions en fond de vallée ou d'apports latéraux qui proviennent des versants.
Pour le carbonate détritique, l'interprétation est plus délicate. Les sources sédimentaires carbonatées sont plus nombreuses.

Les apports de quartz dans le chenal peuvent avoir deux origines :
La première source de quartz se situe dans les sables tertiaires. Il peut provenir des sables quartzeux de l'Auversien et du Marinésien ainsi que des sables du Stampien sur les buttes périphériques.
La seconde source de quartz contenu dans les alluvions peut provenir de la couverture limoneuse quaternaire qui recouvre le plateau. Les proportions de quartz qu'elle contient sont variables mais non négligeables.

La granulométrie seule permet de discriminer les apports sableux en provenance des assises tertiaires des apports microquartzeux, inférieurs à 50 µm, provenant des lehms ou des lœss. Les sables soufflés contenus dans les lehms sont, par cette méthode, assimilés aux apports en provenance du Tertiaire. Ces deux sources ne s'excluent pas. Les deux formations peuvent être simultanément sollicitées et homogénéisées par triage en fonction de la dynamique fluviatile.

Deux sources de carbonates existent : l'une est détritique et provient de l'érosion des assises calcaires, marneuses et des lœss et l'autre est biogénique.
Les carbonates détritiques peuvent être constitués de calcite (marno-calcaires de Saint-Ouen, lœss, tufs) ou de calcite magnésienne (marnes et caillasses du Lutétien). D'après les analyses réalisées sur des échantillons de

Calcaires de Saint-Ouen, ces derniers ne sont composés que de calcite. Le quartz est à l'état de trace. La calcite contenue dans les lœss du bassin-versant atteint une proportion de 25 %. Il est possible de distinguer les apports en provenance des Calcaires lutétiens grâce à leur teneur en calcite magnésienne. Lorsque les alluvions en sont dépourvues, alors la granulométrie et le faciès des sédiments permettent de discriminer les apports en provenance des Calcaires de Saint-Ouen, souvent grossiers, des apports limono-argileux de la couverture superficielle du plateau. Mais cette lecture est souvent difficile.

Le carbonate d'origine biogénique est essentiellement de la calcite. Il est le résultat de la précipitation de la calcite contenue dans les eaux riches en CaCO3 dissous et de sa fixation par les algues et les bactéries.

Les tufs ne peuvent pas signer une érosion des versants. En revanche, ils peuvent être érodés et remobilisés. Les granules calcaires de tufs signent alors une érosion du lit fluvial lui-même. L'analyse par spectroscopie IFR de l'origine de la calcite est donc ambiguë. Toutefois, le parallélisme entre les courbes de quartz et de calcite permet de reconnaître la nature des apports carbonatés. Lorsque les deux courbes sont parallèles, il est fort probable que la calcite soit d'origine détritique. A contrario, une opposition de phase entre la courbe de ces deux minéraux traduit plutôt deux processus différents. En revanche, l'étude du contexte stratigraphique et du faciès permet cette distinction.

2.2 : La technique d'échantillonnage

Sur les 17 carottes étudiées, seules quatre ont été prélevées en continu. L'échantillonnage porte sur une moitié de carotte. L'autre moitié est conservée comme témoin ou réserve en cas d'analyse supplémentaire.
Le pas d'échantillonnage est variable. Les couches homogènes sont prélevées par tranche de dix centimètres, en continu. Dans les séquences montrant une légère variation de faciès, les prélèvements ont été faits tous les cinq centimètres.

2.3 : La granulométrie

L'analyse granulométrique des sédiments repose sur des protocoles standards. Après destruction de la matière organique, les différentes populations granulométriques sont séparées par tamisage à sec ou humide. Le pourcentage relatif de chaque classe est calculé par pesée.
Les seuils granulométriques par tamisage à sec retenus sont les suivants :
> à 20 mm
> à 5 mm
> à 2 mm

Par tamisage humide, la maille du tamis est de 50 μm. Cette discrétisation nous donne le pourcentage de la fraction grossière, essentiellement sableuse et supérieure à 50 μm.
La fraction granulométrique inférieure à 50 μm représente le pourcentage de limons et d'argiles. La granulométrie des argiles et des limons a été réalisée grâce à l'utilisation d'un Sédigraph 5100 appliquant la loi de Stockes.
Les échantillons tourbeux jugés trop organiques n'ont pas été traités.

Pour la granulométrie de la carotte de Moussy, nous avons utilisé un granulomètre laser de type Coulter LS230 avec un faisceau laser de 5-mW à 750-nm. Cette mesure a été effectuée après destruction de la matière organique.
Les carbonates n'ont pas été détruits avant la mesure granulométrique. Or une partie des carbonates provient d'édifices tufacés. Les résultats granulométriques des séquences riches en tufs ne sont pas représentatifs de processus morphodynamiques. Ils indiquent tout au plus la taille des nodules calcaires. La présence de calcite biogénique réduit donc la pertinence de l'analyse puisque les résultats portent sur un mélange de population qui associe les carbonates biogéniques et les carbonates détritiques. Toutefois, il est possible de discerner ces deux apports grâce à l'analyse des faciès.

2.4 : La quantification de la matière organique

Pour quantifier la matière organique par perte au feu, la méthode simple et largement utilisée dans de nombreuses études sédimentologiques consiste à brûler la matière organique et à mesurer la différence entre le poids initial et le poids après combustion (Aaby, 1986).
Après homogénéisation de l'échantillon, une quantité constante de 600 mg est prélevé et placée dans une étuve à 110 °C pendant 24 heures afin d'éliminer toute humidité. L'échantillon est alors pesé. La combustion de la matière organique est réalisée dans un four chauffé à 550 °C pendant quatre heures. Le résidu est pesé.
Le pourcentage de matière organique est le rapport de la fraction consumée rapportée au poids de l'échantillon pesé à sec.

2.5 : La quantification minéralogique par spectroscopie infrarouge

La spectrométrie infrarouge permet la caractérisation des constituants des roches, qu'ils soient cristallins ou non. Le principe physique de la spectroscopie repose sur le principe de l'interaction entre une énergie irradiante, le rayonnement électromagnétique du domaine infrarouge, avec la matière (Farmer, 1974 ; Pichard et Fröhich, 1986 ; Fröhlich, 1993). L'énergie irradiante est du même ordre de grandeur que celle des vibrations des atomes et/ou des groupements d'atomes. Lors du passage des ondes électromagnétiques du domaine infrarouge à travers la matière, il y a perte d'énergie par diffusion et surtout par absorption. L'absorption du photon incident se produit lorsque son énergie est égale à celle d'un des modes de vibration inter atomique. Cette perte par absorbance intéresse seulement certaines longueurs d'onde où plusieurs domaines de fréquences manquent. Il s'agit du spectre infrarouge.

La masse de chacun des vibrateurs dans la matière, atome ou ion, et leurs distances conditionnent l'énergie de vibration moléculaire. Or l'énergie du photon radiant est reliée à la fréquence de l'onde électromagnétique infrarouge. Les bandes d'absorption nous indiquent quelles sont les caractéristiques du corps traversé. Ainsi le spectre infrarouge définit tout groupement atomique, molécule ou cristal.

L'erreur sur la mesure dépend surtout de la taille des éléments du solide. Pour les solides, la loi d'absorbance se vérifie si leur diamètre est égal ou inférieur à 2 µm. La qualité de la préparation des échantillons est alors primordiale. D'elle dépend l'erreur sur la mesure qui semble constante et de l'ordre de 2 à 5 % au maximum.

Seules deux phases solides ont été mesurées dans les carottes. Il s'agit du quartz et de la calcite. La méthode analytique et quantitative, pour ces phases, a été éprouvée (Pichard et Fröhich, 1986).

Une mise en garde s'impose. Les méthodes de quantification de la matière organique par perte au feu et les méthodes de quantification minéralogique par spectroscopie infrarouge soulèvent quelques problèmes. Avec la méthode de quantification minéralogique par spectroscopie infrarouge, la prise en compte de la matière organique est très aléatoire. Il n'existe pas de spectre infrarouge bien défini de matière organique. Sa présence provoque un bruit de fond qui biaise la quantification réelle des minéraux analysés. En cumulant les résultats obtenus par ces deux méthodes portant sur des échantillons très organiques, les taux de matière organique, de quartz et de calcite dépassent parfois 100 %. Dans ce cas, les résultats doivent donc être interprétés avec prudence.

2.6 : Les analyses palynologiques

Les séquences sédimentaires étudiées par la palynologie proviennent du transect de Compans. La carotte COM C1 a été prélevée sur toute la hauteur de la colonne stratigraphique entre 766 cm de profondeur et la surface et la carotte COM C3 a été prélevée entre 930 et 900 cm de profondeur.

Les prélèvements ont été réalisés en moyenne tous les 7 cm et entre 3 et 5 cm pour les niveaux les plus intéressants. Ils ont subi un traitement chimique classique (acide fluor-

hydrique à 70%, acide chlorhydrique tiède à 50%, potasse tiède à 10%), (Faegri et Iversen, 1989). Après ce traitement chimique, les échantillons tourbeux ont été tamisés sur un tamis de 160 µm afin d'éliminer les gros débris végétaux et les échantillons minéraux ont subi une lévigation en liqueur dense (chlorure de zinc). Une partie du résidu final obtenu a été montée en lames de glycérine.

Les comptages et déterminations ont été effectués respectivement à l'objectif x25 ou x50 et x100. Un minimum de 300 grains dont au moins 100 en dehors du taxon dominant et au moins 20 taxons ont été comptés pour les 87 échantillons analysés. Les pourcentages polliniques pour les taxons terrestres ont été calculés à partir de la somme de base dont ont été exclues les herbacées aquatiques et Cyperaceae, les filicales, les indéterminés et indéterminables, les algues et les grains remaniés. Les pourcentages des herbacées aquatiques et Cyperaceae, du total du pollen arboréen (PA) et du total du pollen herbacé (PNA), ont été calculés à partir de la somme de base (SB), pollens + aquatiques. Les pourcentages des filicales, des indéterminés et des indéterminables ont été calculés à partir du nombre total (NT), pollens + aquatiques + filicales + indéterminés + indéterminables. Les pourcentages des algues ont été calculés à partir du nombre total + algues. Les pourcentages des pollens remaniés ont été calculés à partir du nombre total + algues + remaniés.

Les concentrations polliniques ont été calculées d'après la méthode volumétrique (Cour, 1974).

L'interprétation des différentes données polliniques en termes de végétation et d'action anthropique s'est basée sur l'étude de la représentation pollinique actuelle de chaque taxon particulier et des différentes formations végétales (Heim, 1970 ; Beaulieu, 1977 ; Huntley et Birks, 1983 ; Barthélémy, 1985 ; Reille, 1990 ; Jolly, 1994; Ruffaldi, 1994 ; Cambon, 1997). Les données polliniques obtenues à Compans permettent de retracer l'évolution de la végétation dans la vallée de la Biberonne ont été comparées et intégrées dans le cadre biostratigraphique régional existant pour le Bassin parisien ou dans un cadre un peu plus large (Planchais, 1970, 1976a et 1976b ; Munaut et Defgnée, 1997 ; Leroyer, 1997 ; Munaut, 1998 ; Gauthier, 1995a, 1995b 1998 et 2000 ; Antoine et al., 2000 ; Pastre et al., 2000 ; Limondin-Lozouet et al., 2002).

2.7 : Les datations

Pour caler chronologiquement les données sédimentaires et environnementales, il est impératif, dans ce type d'étude, de dater les niveaux repères. Ces niveaux sont ceux qui indiquent des ruptures ou des discontinuités dans le style de la sédimentation, dans le cortège pollinique ou malacologique. Le champ chronologique considéré (13 Ka BP-Actuel) et la richesse des sédiments en matière organique permettent d'utiliser largement la méthode du radiocarbone (14C) (Délibrias, 1985).

Site	Nature du prélèvement	Date en BP	Date corrigée	Référence
Compans	tourbe	3500 +/- 60 BP	3915 à 3630 Cal BP	Beta 142823
Compans	tourbe	3590 +/- 70 BP	4085 à 3695 Cal BP	Beta 142825
Compans	argile humifère	4130 +/- 90 BP	4860 à 4420 Cal BP	Beta 193197
Compans	tourbe	6000 +/- 60 BP	5040 à 4727 BC	Lyon-1758(Oxa)
Compans	tourbe	7570 +/- 60 BP	8430 à 8210 Cal BP	Beta 142822
Compans	tourbe	8855 +/- 45 BP	8208 à 7817 BC	Lyon-11064
Compans	bois	9190 +/- 70 BP	10545 à 10215 Cal BP	Beta 142822
Compans	argile humifère	11410 +/- 140 BP	13825 à 13010 Cal BP	Beta 142824
Compans	bois	11915 +/- 85 BP	12144 à 11862 BC	Lyon-1755(Oxa)
Claye-Souilly	tourbe	1700 +/- 70 BP	1730 à 1500 Cal BP	Beta 145192
Claye-Souilly	tourbe	2390 +/- 70 BP	2730 à 2320 Cal BP	Beta 145189
Claye-Souilly	limon humifère	3950 +/- 60 BP	4540 à 4240 Cal BP	Beta 145190
Claye-Souilly	tourbe	8840 +/- 70 BP	10180 à 9660 Cal BP	Beta 145191
Claye-Souilly	bois	10370 +/- 75 BP	10679 à 9827 BC	Lyon-1759(Oxa)
Villeneuve-sous-Dammartin	tourbe	600 +/- 45 BP	1296 à 1419 AD	LY-11065
Villeneuve-sous-Dammartin	tourbe	1545 +/- 30 BP	430 à 599 AD	Ly-11067
Villeneuve-sous-Dammartin	tourbe	9515 +/- 45 BP	9122 à 8651 BC	LY-11063
Villeneuve-sous-Dammartin	tourbe	10480 +/- 70 BP	10856 à 10215 BC	LY-11066
Nantouillet	limon tourbeux	1050 +/- 40 BP		gif-11063
Nantouillet	tourbe	1460 +/- 60 BP	1500 à 1280 Cal BP	Beta 193199
Nantouillet	tourbe	2830 +/- 70 BP	3150 à 2780 Cal BP	Beta 193198
Nantouillet	tourbe	8350 +/- 285 BP		gif- 11062

Figure 9 : Dates obtenues dans le bassin-versant de la Beuvronne

Cette méthode de datation est complétée par des datations relatives qui se fondent sur les cortèges polliniques ou malacologiques indicatifs de tel ou tel type d'environnement connu et daté par ailleurs.

Certaines séquences sédimentaires du bassin-versant de la Beuvronne n'ont pas été datées au 14C, faute de matière organique insuffisante. Aussi les données biostratigraphiques qui, non seulement livrent une riche information sur les environnements étudiés, permettent également de les situer dans le temps grâce à des cortèges biologiques spécifiques à certaines époques. Les données utilisées sont le résultat d'analyses palynologiques et malacologiques effectués par A. Gauthier et N. Limondin-Lozouet (UMR 8591). Au total, 26 dates ont été obtenues dans les différents transects (Fig. 9).

3 : Stratigraphie des enregistrements sédimentaires des fonds de vallée du bassin-versant de la Beuvronne

Les remplissages sédimentaires des fonds de vallée du bassin-versant de la Beuvronne s'étalent du Pléniglaciaire supérieur à l'Holocène récent. La sédimentation fluviatile du bassin-versant de la Beuvronne n'est ni homogène ni constante. L'analyse de la stratigraphie nous permet de mettre en évidence la nature des enregistrements sédimentaires, d'en cerner la variabilité en fonction du temps et de l'espace; chaque section du bassin-versant n'enregistrant

pas forcément les mêmes épisodes sédimentaires. La reconstitution stratigraphique nous dévoile l'emboîtement et la géométrie des nappes alluviales de la Beuvronne et de la Biberonne. Mais cette information doit être complétée par une analyse sédimentologique des composants qui les constituent.

Les résultats obtenus nous permettent de caractériser chacune des séquences par la nature de ses constituants. La spécificité de chaque niveau stratigraphique est ainsi mise en valeur. Nous pouvons alors cerner les différences et/ou les points communs entre les dépôts et les corréler ultérieurement à des processus morphodynamiques liés aux systèmes morphoclimatiques ayant présidés à leur mise en place.

Le choix des carottes analysées se fonde sur la richesse des séquences sondées et sur la qualité du prélèvement. Les carottes analysées proviennent des séquences de Moussy-le-Vieux, de Compans, de Nantouillet et de Claye-Souilly (Fig. 2).

Les enregistrements sédimentaires sont étudiés par artère hydrographique soit successivement : la Biberonne, la Beuvronne et le Ru des Cerceaux, et ce d'amont en aval.

3.1 : Stratigraphie du remplissage sédimentaire de la vallée de la Biberonne

La Biberonne prend naissance en amont de Moussy-le-

Vieux et s'achève à la confluence de la Beuvronne à l'aval de Compans (Fig. 2). Elle draine la partie occidentale du bassin-versant.

3.1.1 : La séquence de Moussy-le-Vieux

La séquence de Moussy se situe en tête de vallée, à une altitude de 91 mètres. Les versants sont armés par les Calcaires de Saint-Ouen, nappés par la couverture limoneuse du plateau (Figs. 4 et 5). La largeur de la vallée n'excède pas 30 mètres (Fig. 2). Le carottage, d'une profondeur totale de 500 cm, atteint les assises tertiaires (Figs. 10 et 11). Le plancher alluvial est constitué par les Sables de Beauchamp.

On observe la séquence suivante (fig. 11) :
   0-30 cm : sol actuel, horizon Ap
   30-160 cm : limon argileux, faiblement organique
   160-195 cm : argile limoneuse, faiblement organique
   195-205 cm : limon argileux, faiblement organique
   205-295 cm : argile limoneuse, faiblement organique
   295-305 cm : limon argileux, faiblement organique
   305-350 cm : argile limoneuse, faiblement organique
   350-390 cm : limon argileux humifère
   390-450 cm : sable limoneux anorganique de couleur beige clair
   450-500 cm : Sables quartzeux de Beauchamp

Les assises tertiaires sont composées d'un sable homométrique (Fig. 11) qui représente 75 % de la composition granulométrique totale. Il contient 15 % de limons et 5 % d'argiles et il est constitué de quartz à 90 %.

L'ensemble sédimentaire limoneux se met en place sur les Sables tertiaires. À partir de 450 cm de profondeur, la proportion de limons passe de 15 à plus de 80 % du total granulométrique. La fraction sableuse diminue irrégulièrement jusqu'à 200 cm de profondeur. Puis les teneurs en sables restent constantes malgré quelques pics isolés (Fig. 11).
La fraction argileuse augmente irrégulièrement de la base à 200 cm de profondeur. Les argiles y représentent 30 % du spectre granulométrique.À partir de 200 cm de profondeur, le taux d'argiles diminue et se stabilise autours d'une valeur moyenne de 15 % (Fig. 11).
La composition minéralogique de ces limons argilo-sableux est surtout quartzeuse. Dans la première moitié de l'enregistrement sédimentaire, la quantité de quartz diminue légèrement mais de manière irrégulière. Chaque pic de quartz correspond à une fraction plus sableuse.À partir de 200 cm de profondeur, le pourcentage de quartz se stabilise autour d'une valeur moyenne de 67 %. Cette séquence est dépourvue de calcite à l'exception du niveau situé entre 300 et 200 cm de profondeur. Mais là, le taux de calcite ne dépasse pas 15 % de la fraction minérale.

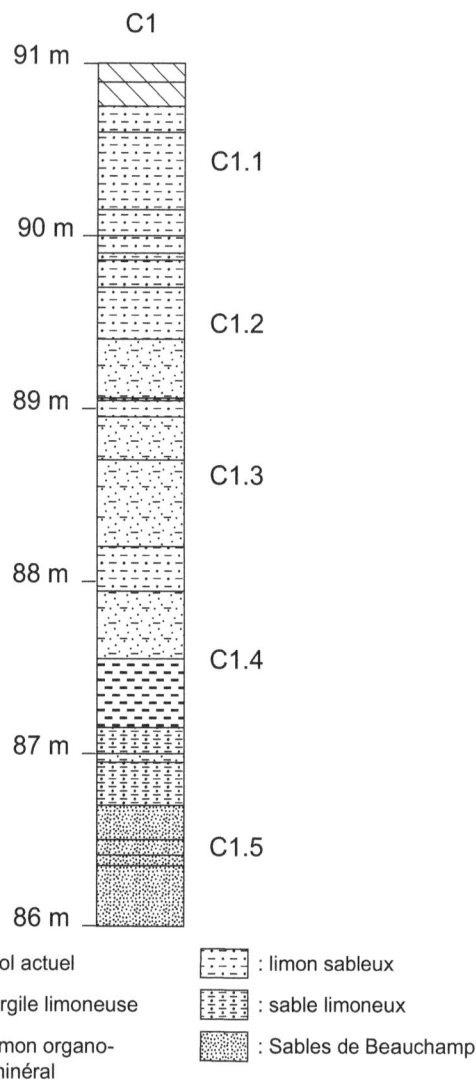

Figure 10 : La séquence sédimentaire de Moussy-le-Vieux (vallée de la Biberonne)

La courbe de susceptibilité magnétique est relativement parallèle à la courbe des argiles (Fig. 11). Puis, à partir de 200 cm de profondeur, elle s'atténue et reste relativement constante autour d'une valeur de 50 malgré quelques pics plus prononcés. Les valeurs élevées de susceptibilité magnétique dans les niveaux plus humifères renvoient à la présence d'oxydes ferriques contenus dans les horizons pédologiques érodés Ces pics isolés pourraient être mis en correspondance avec des niveaux de battance de la nappe phréatique dans lesquels les oxydes métalliques se concentreraient (Duchaufour, 1977).

Cette séquence peut être mise en parallèle avec l'érosion de la couverture superficielle du plateau. Le faciès des sédiments découle du remaniement de faciès typique de la couverture limoneuse pedogénisée de la Plaine de France. Le granoclassement positif de la base au sommet de la

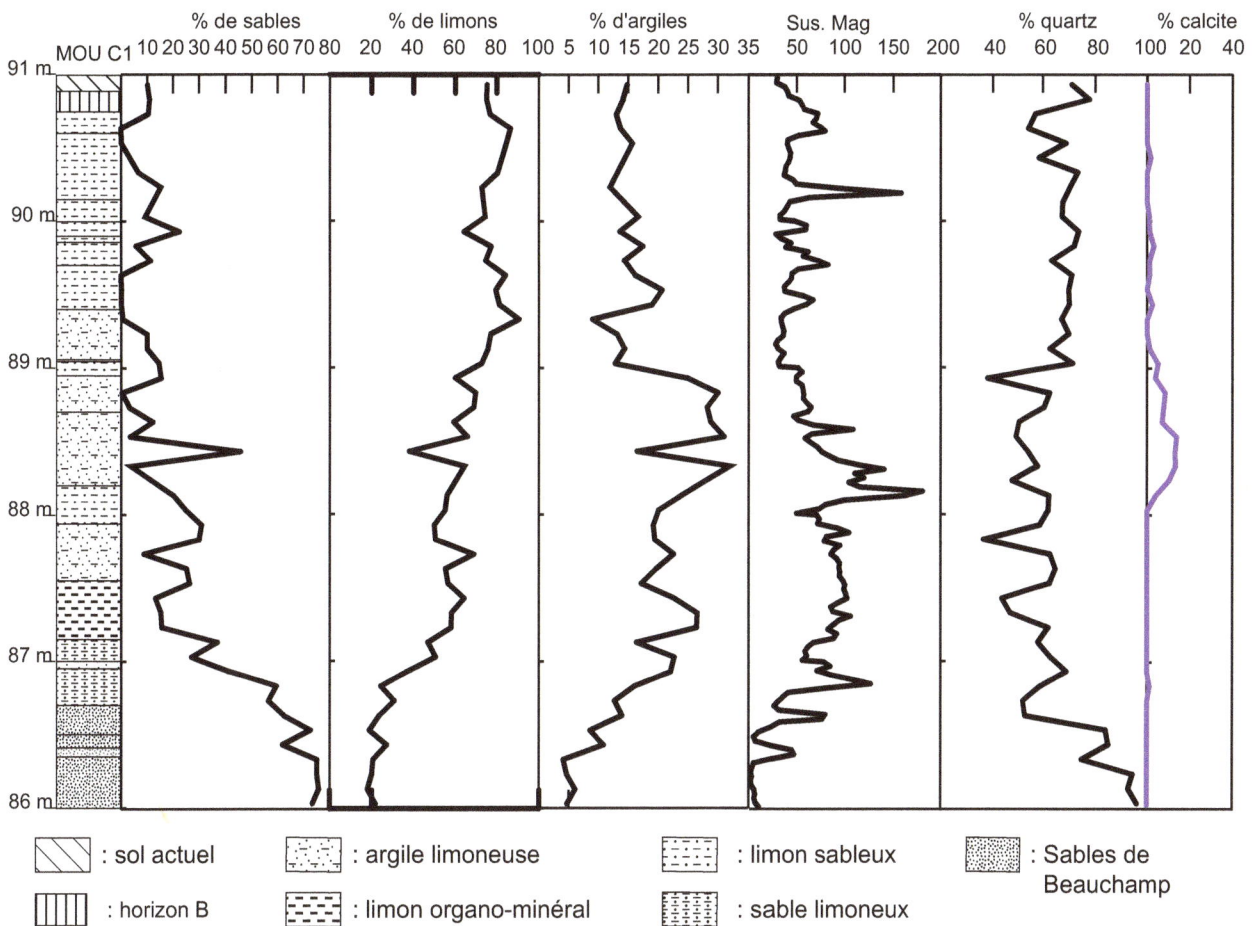

Figure 11 : Analyse sédimentologique de la séquence sédimentaire de Moussy-le-Vieux

séquence et la meilleure réponse de la susceptibilité magnétique dans les niveaux argileux caractérisent une sédimentation inverse de celle des profils de sol. La base de l'enregistrement sédimentaire correspond à l'érosion des horizons A développés sur la couverture limoneuse du plateau et la séquence se poursuit par le remaniement des horizons B. Puis, une fois le décapage de ces horizons pédologiques réalisé, c'est l'horizon C, limono-lœssique, qui est mobilisé. Il colmate l'ensemble de la vallée.

La stratigraphie de cette section est relativement homogène. Elle est marquée par un colmatage essentiellement minéral qui repose directement sur les sables tertiaires. La particularité de ce remplissage est la diminution du degré d'humification de la base au sommet de la séquence. Les limites entre chaque unité sont diffuses. La sédimentation semble continue.

Au vu de ces résultats, nous ne pensons pas qu'il existe de fortes variations latérales de faciès. Cette séquence ne contient aucun échantillon qui puisse être daté par radiocarbone. Toutefois, en comparant cette séquence aux autres séquences du bassin-versant de la Beuvronne, il est probable que le début du colmatage limoneux de cette tête

de vallée se place au Subboréal (voir infra).

3.1.2 : La séquence sédimentaire de la Biberonne à Villeneuve-sous-Dammartin

La séquence de Villeneuve-sous-Dammartin se situe à 4 kilomètres en aval du transect de Moussy, à une altitude de 73 mètres (Fig. 2). La largeur de la vallée est de 150 mètres (Figs. 2 et 5). L'espacement entre les tarières est de 10 mètres. Le remplissage est beaucoup plus dilaté et plus diversifié qu'à Moussy-le-Vieux. Son épaisseur maximale est de 750 cm.

Les versants qui dominent la vallée sont incisés dans les Calcaires de Saint-Ouen (Figs. 4 et 5). Le versant de rive gauche est convexe. Le dénivelé entre la surface du plateau et la vallée est de 20 mètres. Le versant de rive droite est rectiligne et offre le même dénivelé (Fig. 5).

Différentes formations tertiaires forment le plancher de la vallée (Figs. 12 et 13). En rive gauche de la Biberonne, entre les sondages T1 et T2, les Sables de Beauchamp ont été atteints. À une profondeur de 600 cm, un placage résiduel de Sables de Beauchamp a été traversé à la base du sondage T9.

Vers l'ouest, entre les sondages T7 et T13, à une profondeur de 700 cm, le plancher de la vallée s'inscrit dans les Marnes et Caillasses du Lutétien.

Le lit rocheux, entre les sondages T13 et T4 bis, est colmaté par des lœss dont l'épaisseur s'accroît vers l'ouest sud-ouest. Les lœss peuvent atteindre 3 mètres d'épaisseur.

La base de la séquence est représentée par une grave (unité stratigraphique 1) (Figs. 12 et 13). Cette unité est composée d'un cailloutis en structure "open-work", constitué de graviers calcaires subanguleux et émoussés et d'une fraction sablo-quartzeuse peu importante. Entre les sondages T2 et T4, la grave est bariolée, fortement oxydée. Dans le sondage T5, les marques d'oxydation y sont absentes.

DAM C3 et DAM C1, ils se situent clairement au-dessus de la grave. Le dépôt de la grave est donc antérieur à celui des lœss qui daterait du Pléniglaciaire supérieur (Antoine et al., 1998).

L'unité stratigraphique 3 n'est observée que dans la carotte DAM C3. C'est une unité argilo-humifère, noire, épaisse de 30 cm et qui évoque un paléosol (Figs. 12 et 13). Elle a été datée à 10 490 ± 70 BP (10 856 à 10 215 BC), date qui doit être légèrement rajeunie car la formation de sols durant le Dryas récent est inexistante.

L'unité stratigraphique 4 est caractérisée par une sédimentation essentiellement minérale (Figs. 12 et 13). Mais elle n'est pas homogène. En rive gauche, elle est représentée par des sables quartzeux, bien triés et lités. Dans la carotte DAM C3, les sables ont une puissance de 120 cm. Cet épisode sableux qui repose sur le paléosol (unité stratigraphique 3) ne se rencontre qu'entre les sondages T2 et T3.

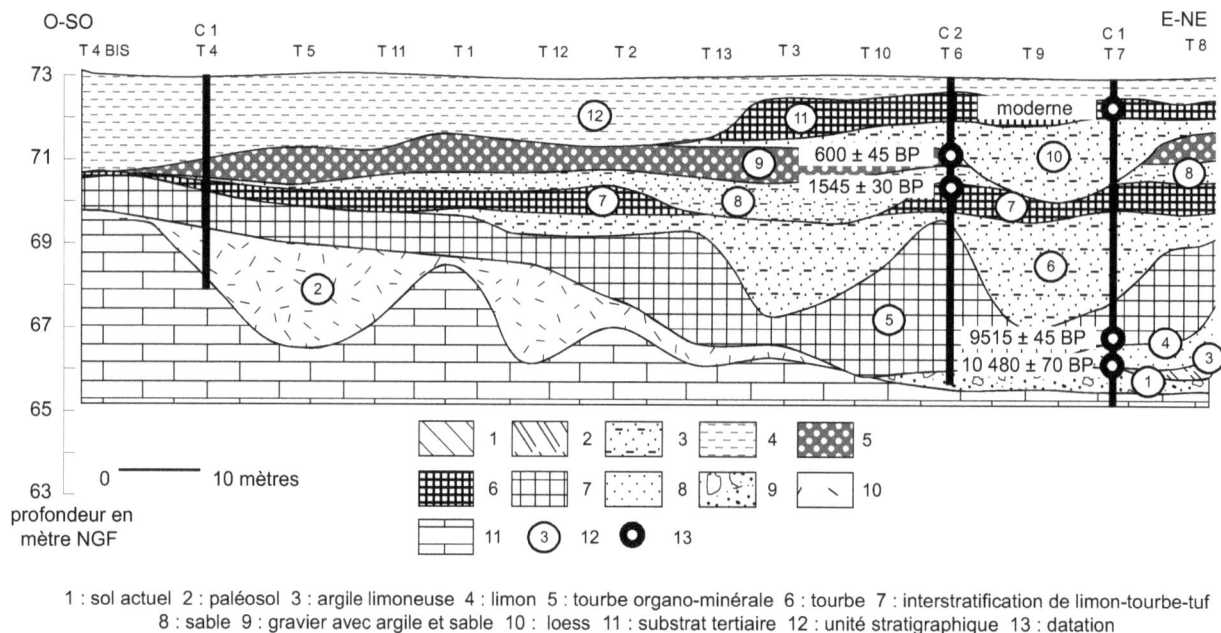

Figure 12 : Coupe des enregistrements morphosédimentaires à Villeneuve-sous-Dammartin
(vallée de la Biberonne)

1 : sol actuel 2 : paléosol 3 : argile limoneuse 4 : limon 5 : tourbe organo-minérale 6 : tourbe 7 : interstratification de limon-tourbe-tuf
8 : sable 9 : gravier avec argile et sable 10 : loess 11 : substrat tertiaire 12 : unité stratigraphique 13 : datation

L'unité stratigraphique 2 est formée de limons de couleur fauve à beige chamois (Figs. 12 et 13). Les faciès sont plus ou moins typiques des lœss sensu stricto. Vers le sommet, ces limons sont gleyfiés et de couleur bleu-verte. Ils sont bien représentés en rive droite, entre les sondages T7 et T13, là où le profil en travers est le plus doux. Dans le sondage T13, cette unité fait 150 cm d'épaisseur. Cette épaisseur décroît régulièrement vers le centre de la vallée.

Entre les sondages T8 et T14, les limons reposent directement sur le versant de la vallée. Mais dans les carottes

Interstratifiés au sein de cette formation sableuse, deux lits en rompent la continuité. Le premier est un lit de tuf calcaire beiges, épais de 7 cm, qui se situe à 660 cm de profondeur.

Le second se présente sous la forme d'un horizon tourbeux, d'une épaisseur centimétrique, à 720 cm de profondeur. La matière organique est bien humifiée. Les macrorestes végétaux ne sont pas identifiables.

Entre les sondages T1 et T14, l'ensemble sédimentaire 5 se caractérise par une interstratification d'unités tourbeuses plus ou moins limoneuses, de tufs et d'unités organo-minérales (Figs. 12 et 13). Les variations de faciès tant latérales que verticales sont très rapides. Il est difficile de reconstituer le dispositif morphostratigraphique dans cet ensemble. L'épaisseur des unités est également très variable. Elle varie de quelques centimètres à 75 centimètres.

Les trois carottes illustrent bien ces changements latéraux dans la sédimentation (Fig. 13).

Au centre de la vallée, à l'emplacement du sondage T5, l'ensemble 5 a une épaisseur de 4 mètres. Sur les marges de la vallée, elle n'est que de 150 cm et elle diminue vers la rive occidentale. Entre les sondages T2 et T3 et les son-

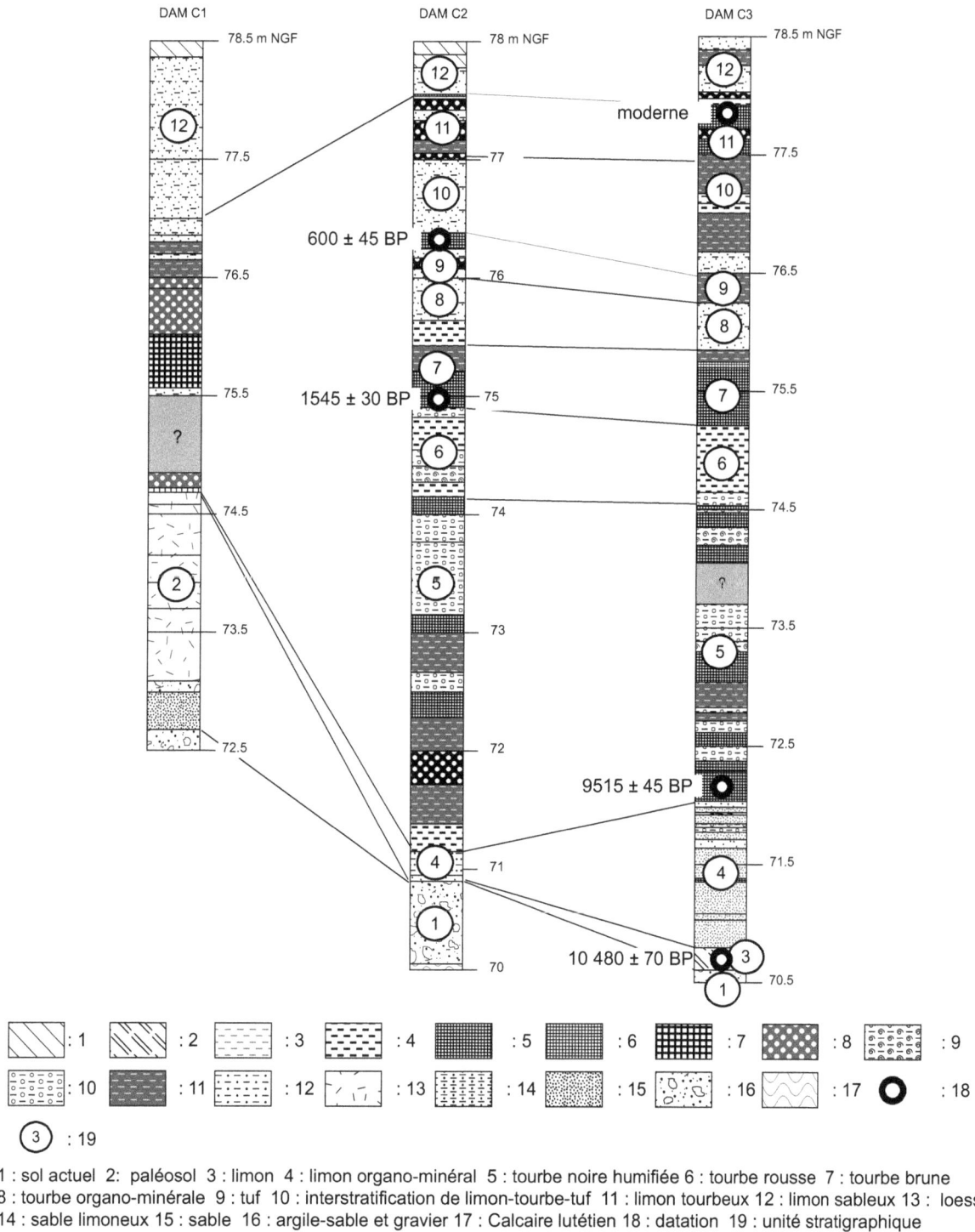

Figure 13 : Stratigraphie de la séquence sédimentaire de Villeneuve-sous-Dammartin

1 : sol actuel 2 : paléosol 3 : limon 4 : limon organo-minéral 5 : tourbe noire humifiée 6 : tourbe rousse 7 : tourbe brune 8 : tourbe organo-minérale 9 : tuf 10 : interstratification de limon-tourbe-tuf 11 : limon tourbeux 12 : limon sableux 13 : loess 14 : sable limoneux 15 : sable 16 : argile-sable et gravier 17 : Calcaire lutétien 18 : datation 19 : unité stratigraphique

dages T10 et T7, son toit est incisé de 200 à 250 cm par deux chenaux.

Toutefois, il semble que la stratigraphie générale présente, à la base, un premier épisode de tourbification. Cette tourbe est surmontée par des niveaux tufacés, plus ou moins tourbeux. Des apports limoneux interrompent la formation des tufs. Mais ces apports limoneux ne se rencontrent pas dans le centre de la vallée. Ils restent en position latérale. Dans le centre de la vallée, une sédimentation tourbeuse recouvre les tufs.

Une tourbe prélevée à la base de cette formation dans la carotte DAM C1 a livré un âge de 9515 ± 45 BP (9122 à 8651 BC).

L'ensemble sédimentaire 6 correspond au remplissage de deux chenaux bien exprimés entre les sondages T2 et T3 et entre les sondages T10 et T7 (Figs. 12 et 13). Le remplissage, de 200 à 300 cm d'épaisseur, est constitué de niveaux sablo-limoneux, limono-argileux voire limono-tourbeux. Cet ensemble se prolonge en rive gauche entre les sondages T8 et T11 où il se réduit à 30 à 40 cm d'épaisseur.

L'unité stratigraphique 7 est organique. Les faciès sédimentaires sont tourbeux ou limono-tourbeux (Figs. 12 et 13). D'une épaisseur qui varie entre 30 et 70 cm, cette unité se trouve entre les sondages T2 et T14. Elle est seulement interrompue entre les sondages T5 et T9.

Une tourbe prélevée à 285 cm de profondeur dans la carotte DAM C2 (Fig. 13) a livré un âge de 1545 ± 30 BP (430 à 599 AD).

L'unité stratigraphique 8 est constituée d'argiles limoneuses humifères (Figs. 12 et 13).

L'unité stratigraphique 9 exprime une phase de tourbification marquée par une alternance de niveaux limono-tourbeux et de tourbes (Figs. 12 et 13). La matière organique constitutive des tourbes est peu humifiée. Elle est généralement fibreuse mais pauvre en macrorestes ligneux. Les limons tourbeux contiennent une matière organique bien humifiée et diffuse. Constant et relativement homogène entre les sondages T2 et T13, ce niveau présente une épaisseur qui varie entre 70 et 90 cm. Il est érodé entre les sondages T3 et T4. Dans la carotte DAM C2, le sédiment échantillonné à 175 cm de profondeur a livré un âge de 600 ± 45 BP (1296 à 1419 AD).

L'unité stratigraphique 10 est argilo-limoneuse, riche en matière organique diffuse (Figs. 12 et 13). Elle marque le remplissage d'un chenal étroit mais relativement profond, délimité entre les sondages T10 et T7 (Fig. 13). Dans le sondage T6, la granulométrie montre un granoclassement vertical positif. Le sommet du remplissage est plus argileux qu'à la base. La base est limono-sableuse.

L'unté stratigraphique 11 se présente sous la forme d'un niveau organique hétérogène (Figs. 12 et 13). D'est en ouest, la transition entre des faciès tourbeux et des faciès limono-organiques est progressive. Cette unité présente donc une décroissance latérale de la quantité de matière organique. Entre les sondages T2 et T3, la tourbe est peu humifiée, pauvre en macrorestes ligneux. Entre les sondages T5 et T7, les faciès deviennent de plus en plus limoneux. La continuité de ce niveau est interrompue au niveau du sondage T8. L'épaisseur varie de 70 cm en rive gauche à 40 à 50 cm en rive droite.

Dans la carotte DAM C1, une tourbe, échantillonnée à 76 cm de profondeur, a livré un âge moderne, postérieur à 1956 ap. J.-C. (Fig. 13).

L'unité stratigraphique 12 est limono-argileuse et pauvre en matière organique (Figs. 12 et 13). Les variations de faciès sont peu importantes. Cette unité est homogène. Elle est bien représentée sur toute la largeur de la vallée entre les sondages T1 et T14 (Fig. 13). Elle se dilate dans la partie occidentale de la vallée où il atteint une épaisseur de 120 cm et devient aussi plus limoneux. Il supporte le sol hydromorphe actuel.

3.1.3 : La séquence sédimentaire de la Biberonne à Compans

Le transect réalisé à Compans, d'axe est-ouest, se situe au lieu-dit du "Moulin d'Ouacre" à 3 km en aval de Villeneuve-Sous-Dammartin (Fig. 2). Le fond topographique de la vallée est à 64 mètres d'altitude. L'emplacement du transect est dominé par un versant oriental convexo-concave d'un dénivelé de 25 mètres et par un versant occidental, au profil plus doux d'un dénivelé de 20 mètres (Figs. 3 et 5). Les versants sont armés par les marno-calcaires de Saint-Ouen (Figs. 4 et 5). La largeur de la vallée est de 220 mètres. L'espacement entre les sondages est de 20 mètres.

Dans le secteur le plus dilaté, le remplissage alluvial a une épaisseur maximum de 9,5 mètres (Figs. 14 et 14). Il est possible de définir 5 ensembles sédimentaires distincts qui couvrent une partie du Weichsélien supérieur, le Tardiglaciaire et l'Holocène (Figs. 14 à 15).

Le substratum tertiaire n'a été que ponctuellement atteint. Toutefois, il semble que nous soyons, comme à Villeneuve-sous-Dammartin, en limite de formation géologique.À la base du sondage T1, des sables quartzeux ont été atteints à 500 cm de profondeur (Fig. 15). Ils peuvent être attribués aux sables de Beauchamp. La base de la carotte COM C1 montre aussi des sables quartzeux, purs et homométriques. Ils contiennent 80 % de quartz et peu de calcite (Fig. 16). Ils sont surmontés par un niveau marneux. Il s'agit très probablement du toit des Sables de Beauchamp surmonté par la base des marno-calcaires de

Saint-Ouen. En revanche, dans la carotte COM C2, les Calcaires du Lutétien ont été atteints (Fig. 15).

L'unité stratigraphique 1 est constituée d'un cailloutis grossier à fragments calcaires provenant des Calcaires de Saint-Ouen et/ou des Calcaires du Lutétien reposant probablement sur le substrat tertiaire (Figs. 14 et 15). La plupart des éléments sont émoussés ou subanguleux. Entre les sondages T1 et T10, la puissance de cette unité est inférieure à 50 cm. Dans la carotte COM C1, son épaisseur est de seulement 5 cm. Dans la carotte COM C2, prélevée à l'emplacement du sondage T8, surmontant les Calcaires

Les teneurs en quartz de cette unité sont de 50 % ; celles de calcite sont de 10 % (fig. 11).

L'unité stratigraphique 3a correspond à une tourbe tufacée de couleur beige et de texture microfibreuse, assez pauvre en sable quartzeux ou calcaire formée dans un chenal (figs. 9 et 10, photos 8 à 10). Cette unité contient des cortèges malacologiques et palynologiques assez riches. Les fragments de bois prélevés à 946 cm de profondeur ont livré une date de 11 915 ± 85 BP (12 144 à 11 862 BC). Ce niveau se raccorde latéralement à un paléosol développé sur berge. Ce paléosol est bien exprimé dans la

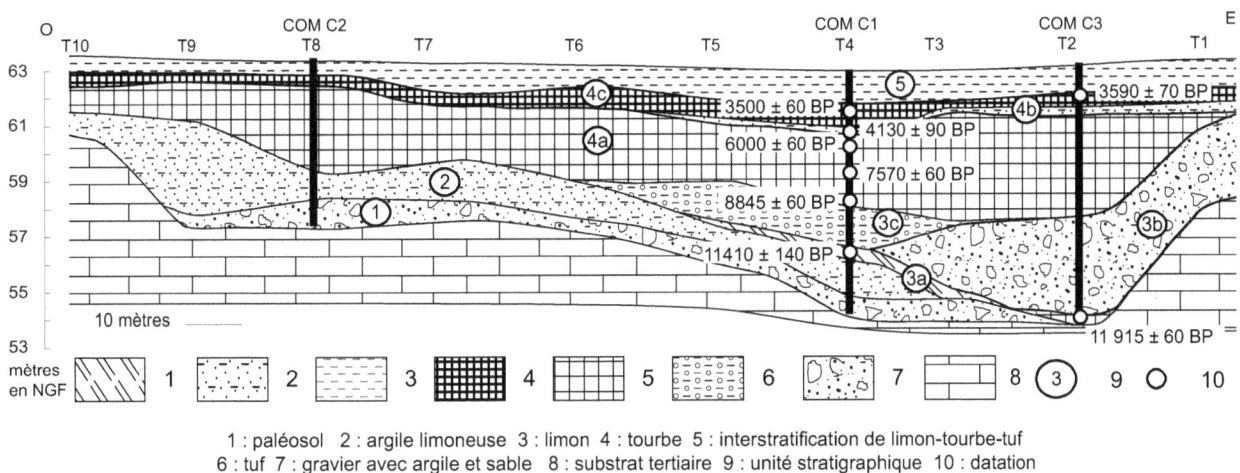

Figure 14 : Coupe des enregistrements morphosédimentaires à Compans
(Vallée de la Biberonne)

lutétiens, le cailloutis grossier n'est pas représenté. Il fait place à un sable limoneux qui emballe quelques éléments grossiers. Dans la carotte COM C3, prélevée à l'emplacement du sondage T2, ce cailloutis n'a pas non plus été retrouvé.

Ainsi, cette unité présente une décroissance granulométrique latérale. Au centre de la vallée, elle est franchement grossière et mince. Latéralement, elle s'enrichit en sables limoneux. En rive ouest, les sables limoneux forment une matrice qui emballe quelques éléments calcaires épars. Ce dispositif évoque la transition entre un chenal actif ayant un lit rocheux et les paléo-versants de la vallée où l'érosion mobilise la couverture superficielle dans laquelle s'incorporent des éléments plus grossiers issus du démantèlement des Calcaires de Saint-Ouen.

L'unité stratigraphique 2 est représentée par une des limons (50 %), de sables (20 %) et d'argiles (6 à 13 %). Elle est faiblement humifère (moins de 1%) (figs. 9, 10 et 11, photos 8 à 10). Le faciès et la composition granulométrique évoquent des limons lœssiques ayant évolué en gleys (Figs 14 à 16).

carotte COM C1. La datation radiocarbone obtenue sur la matière organique donne un âge de 11 410 ± 140 BP (13 825 à 13 010 Cal BP). Le sommet de ce paléosol est tronqué par une érosion. Il s'est développé sur des sédiments limono-sablo-argileux contenant 50 % de quartz en moyenne et moins de 10 % de calcite (Fig. 16). Ces constituants restent constants mais l'érosion du paléosol se traduit par l'extinction brutale de la courbe de quartz. En revanche, la quantité de matière organique passe de 2 % à 15 % (Fig. 16).

L'unté stratigraphique 3b se caractérise par une sédimentation grossière essentiellement minérale (Figs. 14 à 16). Elle n'a été rencontrée qu'entre les sondages T1 et T4. Dans la carotte COM C3, la puissance de cette unité est de 230 cm. De la base au sommet, la granulométrie présente un granoclassement positif. À la base, cette unitée est représenté par un cailloutis grossier en structure openwork. Il s'agit de clastites calcaires. Puis les faciès deviennent sableux et enfin sablo-limoneux (Fig. 16).

En rive gauche, elle se raccorde latéralement à une formation grossière, graveleuse dont les éléments sont subangu-

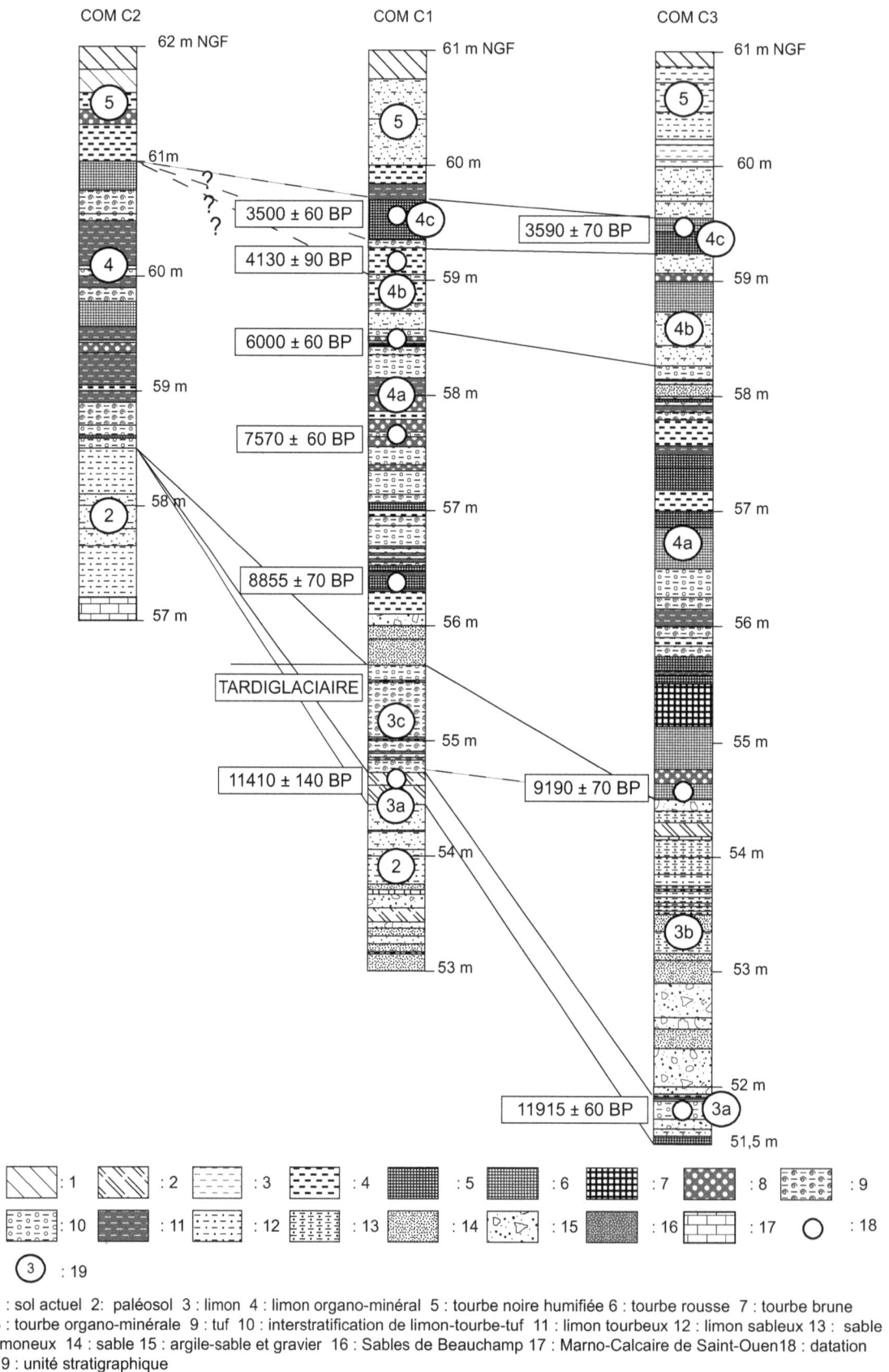

Figure 15 : Stratigraphie des enregistrements morphosédimentaires de Compans

leux (Fig. 14). Leurs faciès semblent plus colluvial qu'alluvial. Ces clastites évoquent une intense érosion du versant de rive droite sculpté dans les Calcaires de Saint-Ouen.

L'unité stratigraphique 3c marque un tuf calcaire à oncolites représenté entre les sondages T3 et T6 (Figs. 14 à 16). Dans la carotte COM C1, son épaisseur est de 80 cm. Il est de couleur blanche à beige. Il est composé presque

L'ensemble sédimentaire 4 est formé par une interstratification d'unités tourbeuses, de tufs et de minces unités argilo-limoneuses (Fig. 15). La matière organique des tourbes est bien humifiée. Les macrorestes ligneux sont abondants. Les tufs contiennent de nombreuses coquilles de mollusques fluviatiles. Entre les sondages T1 et T10, l'épaisseur maximum de cet ensemble atteint 300 cm. L'espacement entre les sondages rend les corrélations latérales difficiles. De plus, les transitions latérales de

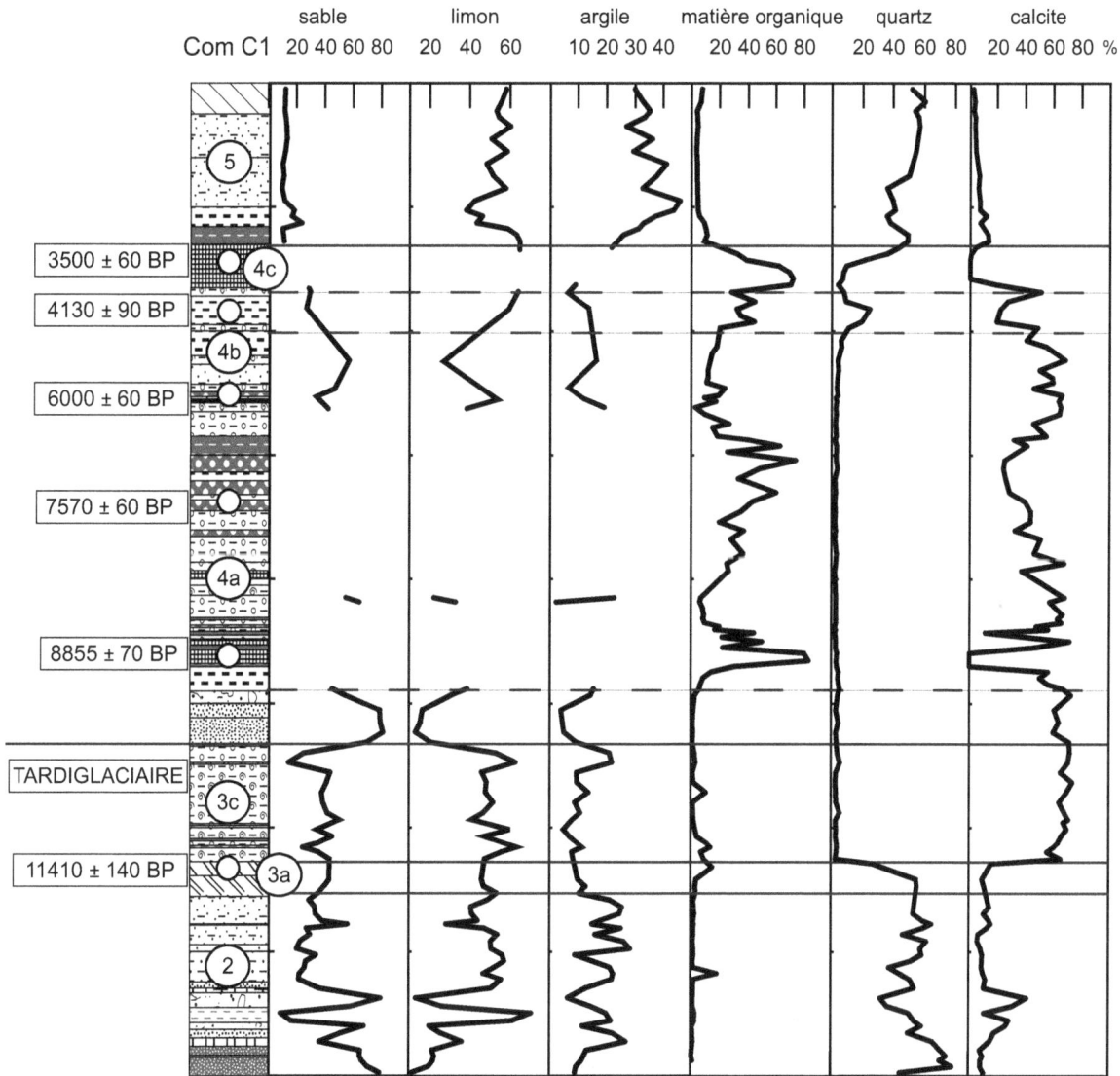

Figure 16 : Analyses sédimentologiques de la séquence de Compans (vallée de la Biberonne) : sondage COM C1

exclusivement de calcite dont les pourcentages moyens sont de 60 % (Fig. 16). Le quartz et la matière organique ont des taux toujours inférieurs à 3 %. Ce niveau repose en discordance érosive sur l'unité 3a.

faciès sont rapides et compliquent cette tâche. Dans la carotte COM C1, cette séquence sédimentaire débute par une unité sablo-tufacée de 25 cm d'épaisseur surmontée d'un lit graveleux peu épais, constitué de galets calcaires émoussés. Une tourbe qui repose sur le lit grossier a livré

37

une date de 8845 ± 70 BP (8208 à 7817 BC). Dans la carotte COM C3, un bois, à la base de la sédimentation organique, prélevé à 485 cm de profondeur, a livré un âge de 9190 ± 70 BP (10 545 à 10 215 Cal BP).

De 490 cm à 200 cm de profondeur, les courbes de calcite et de matière organique sont en opposition de phase (Fig. 16). Les tufs ont des teneurs moyennes en calcite de 70 %. En revanche, ils sont pauvres en matière organique dont les teneurs sont inférieures à 20 %.

Inversement, les tourbes sont pauvres en calcite. À 310 cm de profondeur, un niveau tourbeux, constitué à 80 % de matière organique, ne contient pas de calcite. Les tourbes tufacées, comme celles qui se situent à 310 cm de profondeur peuvent contenir jusqu'à 20 % de calcite. Quant au quartz, son taux reste faible. Les quantités de quartz sont inférieures à 3 % et le restent jusqu'à une profondeur de 200 cm. Si les faciès sédimentaires s'enrichissent en argiles et limons à partir de 250 cm de profondeur, la recharge en quartz ne se fait qu'à 200 cm de profondeur (Fig. 16).

Dans la carotte COM C1, des tourbes, à 310 cm de profondeur et 256 cm de profondeur, ont livré un âge de 7570 ± 60 BP (8625 à 8210 Cal BP) et de 6000 ± 60 BP (5040 à 4727 BC).

L'unité stratigraphique 4a est une mince couche limono-argilo-sableuse humifère. Située uniquement entre les sondages T2 et T4, elle n'excède pas 30 cm d'épaisseur. Les teneurs en limons augmentent de 40 à 60 %. La quantité de sables décroît. Elle passe de 45 à moins de 30 % (Figs. 14 à 16).

La courbe de quartz forme un premier pic qui s'amorce à 200 cm de profondeur et qui culmine à 25 %, à 185 cm de profondeur. Corrélativement, la teneur en calcite diminue. Elle atteint 20 % (Fig. 16).

Ce niveau a été daté à 4130 ± 90 BP (4860 à 4420 Cal BP). Ces premiers apports quartzeux sont interrompus par une nouvelle phase de tourbification.

L'unité stratigraphique 4b est une couche organique composée d'une tourbe noire, peu humifiée qui s'enrichit latéralement en limons . Les faciès deviennent alors tourbo-limoneux. Entre les sondages T1 et T10, l'épaisseur de ce niveau oscille entre 30 et 40 cm (Fig. 14).

Dans la carotte COM C1, à la base, la couche tourbeuse est composée de 75 % de matière organique. Les taux de calcite sont inférieurs à 3 %, voire nuls, et ceux du quartz sont inférieurs à 5 % . Puis, les courbes de quartz et de calcite indiquent une pollution de la tourbe par des apports minéraux. Les taux de quartz passent de moins de 5 % à plus de 40 % tandis que ceux de la calcite atteignent 10 %. La tourbe devient franchement limoneuse (Fig. 16). Dans les carottes COM C1 et COM C3, les tourbes ont été datées à 3500 ± 60 BP (3915 à 3630 Cal BP) et 3590 ± 70 BP (4085 à 3695 Cal BP).

L'unité stratigraphique 5 colmate l'ensemble du profil en travers de la vallée (Figs. 14 à 16). Sa texture est limono-argileuse. Elle est faiblement humifère. Entre les sondages T1 et T10, son épaisseur varie de 150 cm à 60 cm. Les taux de limons oscillent entre 40 et 60 %. Les argiles constituent de 29 et 45 % de la fraction granulométrique contre 12 % en moyenne pour les sables (Fig. 16).

La composition minéralogique est homogène. Les taux de quartz augmentent régulièrement de 40 à 60 %. La calcite connaît une évolution inverse. La quantité de calcite diminue régulièrement jusqu'à son sommet où elle n'entre qu'à hauteur de 3 % dans la composition minéralogique.

L'ensemble du colmatage sommital est pauvre en matière organique. Le taux de matière organique est inférieur à 5 % (Fig. 16).

Le sol actuel se développe sur cet ensemble.

3.2 : Stratigraphie des fonds de vallée de la Beuvronne

La Beuvronne est le drain principal du bassin hydrographique. Elle draine la partie nord-orientale ainsi que la partie moyenne et aval du bassin-versant (Fig. 2). Deux transects ont été réalisés en amont et deux autres en aval.

3.2.1 : La séquence sédimentaire de Juilly

Les conditions du carottage réalisé à Juilly, à 86 mètres d'altitude, sont proches de Moussy (Fig. 2 et 5). Le cadre morphologique est dominé par des versants entaillés dans les marno-calcaires de Saint-Ouen, surmontés par une couverture de limons plus ou moins argileux (Fig. 5).

Le carottage atteint 400 cm de profondeur. Aucune analyse n'a été effectuée sur la carotte. Les résultats présentés sont uniquement descriptifs (Fig. 17).

0-50 cm : limon gris, horizon Ap
50-125 cm : limon de couleur brune
125-150 cm : argile limoneuse, faiblement humifère
150-350 cm : argile faiblement humifère et cailloutis calcaire, subanguleux, épars
350-360 cm : argile limoneuse faiblement humifère
360-400 cm : Calcaires de Saint-Ouen

Dans cette carotte, la sédimentation est essentiellement minérale. La séquence est très pauvre en matière organique. La base du sondage est caractérisée par de nombreux fragments grossiers de calcaire (Fig. 17). L'absence d'éléments de datation ne permet pas de caler chronologiquement cette séquence. L'absence de niveaux organiques représentant la première moitié de l'Holocène et les données des autres sondages permettent d'attribuer sa mise en place durant la deuxième moitié du Subboréal.

JUI C1

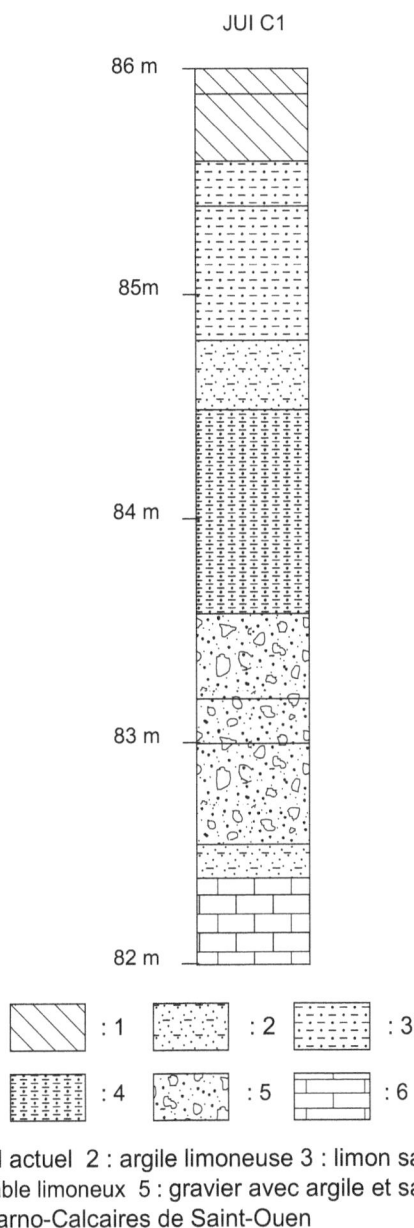

1 : sol actuel 2 : argile limoneuse 3 : limon sableux
4 : sable limoneux 5 : gravier avec argile et sable
6 : Marno-Calcaires de Saint-Ouen

Figure 17 : La séquence morphostratigraphique de de Juilly (vallée de la Beuvronne)

3.2.2 : La séquence sédimentaire de Nantouillet

Le transect de Nantouillet se localise dans la vallée de la Beuvronne, en aval du bourg de Nantouillet (Fig. 2). La largeur de la vallée est de 120 mètres (Fig. 2 et 5). Le fond topographique de la vallée est à une altitude de 70 mètres. Les versants qui surplombent la vallée sont modelés dans les Sables de Beauchamp couronnés par les Calcaires de Saint-Ouen (Figs. 4 et 5). Le lit rocheux de la vallée est entaillé dans les "Marnes et Caillasses" du Lutétien.

Dans ce transect, la profondeur maximum des sondages est de 9 mètres. Les carottages ont permis l'extraction de séquences sédimentaires de 7 et 8,5 mètres (Figs. 18 à 20).

L'unité stratigraphique 1 est une grave calcaire constituée de clastites émoussées, emballées dans une matrice sablo-quartzeuse (Figs. 18 et 19). Cette grave repose directement sur le substrat tertiaire dans les sondages T4, T5, T11, T12 et T13. Son épaisseur est irrégulière. Dans les sondages T4 et T5, elle offre une puissance de 75 cm. En rive droite, cette épaisseur diminue. Elle n'est plus que 15 à 20 cm entre les sondages T10 et T13. À l'emplacement du sondage T16, une passée graveleuse fait 50 cm d'épaisseur.

L'unité stratigraphique 2a repose directement sur la grave dans la presque totalité du transect (Figs. 18 et 19). Sa texture est limoneuse plus ou moins sablo-argileuse. Elle occupe le centre de la vallée entre les sondages T3 et T13. Son épaisseur est inférieure au mètre. Dans les carottes NAN C1 et NAN C2, elle est de 60 cm d'épaisseur.

Dans les sondages T15, T16 et T17, le faciès des sédiments change. Un lit sablo-quarzteux d'une trentaine de cm d'épaisseur est surmonté par un niveau argileux ou argilo-limoneux. Dans la carotte NAN C2, les sédiments sont composés de 50 à 40 % de sables (Fig. 20). Les quantités de limon varient de 32 à 41 %. Les taux d'argiles augmentent mais faiblement. À la base, les argiles représentent 13 % de la fraction granulométrique. Au sommet, ce pourcentage est proche de 20 %.

La composition minéralogique est dominée par le quartz (Fig. 20). Les quantités de quartz ne sont pas constantes. Deux pics s'individualisent et ils correspondent à des lits plus sableux composés de 60 % de quartz. Le premier pic, à 660 cm de profondeur contient 30 % de calcite tandis que le second pic, à 625 cm de profondeur, en contient près de 40 %. Les échantillons les moins riches en quartz en contiennent 40 %.

Les teneurs moyennes de calcite sont moyennes. À partir de 660 cm, les quantités de calcite augmentent. Elles passent de 5 à 40 % (Fig. 20). Ce niveau est pauvre en matière organique. Les pourcentages de matière organique sont inférieurs à 5 %.

L'unité stratigraphique 2b est reconnue entre les sondages T14 et T17 (Figs. 18 et 19). Elle est composée de limons argileux. Latéralement, les teneurs en argiles semblent augmenter suivant un gradient nord-ouest sud-est, c'est-à-dire du centre de la vallée vers la rive gauche.

L'épaisseur de ce niveau est de 150 cm en moyenne. Ces limons plus ou moins argileux semblent avoir ruisselé des versants.

L'ensemble sédimentaire 3 se caractérise par une inter-stratification de tourbes limoneuses, de tufs et d'unités argileuses organo-minérales (Figs. 18 et 19). Il s'étale sur toute la largeur de la vallée. Son épaisseur cumulée oscille entre 1 et 4 mètres. Cet ensemble se distingue par des teneurs en matière organique supérieures à celles du reste de la séquence sédimentaire (Fig. 20).

Les variations verticales et latérales de faciès sont rapides et brusques. Il est très difficile d'établir des corrélations entre les différents sondages malgré leur faible espacement. Ce complexe sédimentaire peut être divisé en trois sous-ensembles.

L'unité stratigraphique 3a se situe entre 620 et 550 cm de

que nuls. Les teneurs en calcite restent fluctuantes et les pics de calcite témoignent de la présence de tufs. Les taux de matière organique oscillent entre 10 et 35 %.

À partir de 450 cm de profondeur, l'ensemble sédimentaire 3 est toujours représenté par une interstratification de limons tourbeux et de tourbes tufacées (Figs. 18 et 19). Toutefois, des apports de quartz sont enregistrés dès 450 cm de profondeur (Fig. 20). C'est la réapparition du quartz qui permet d'individualiser cette unité stratigraphi-

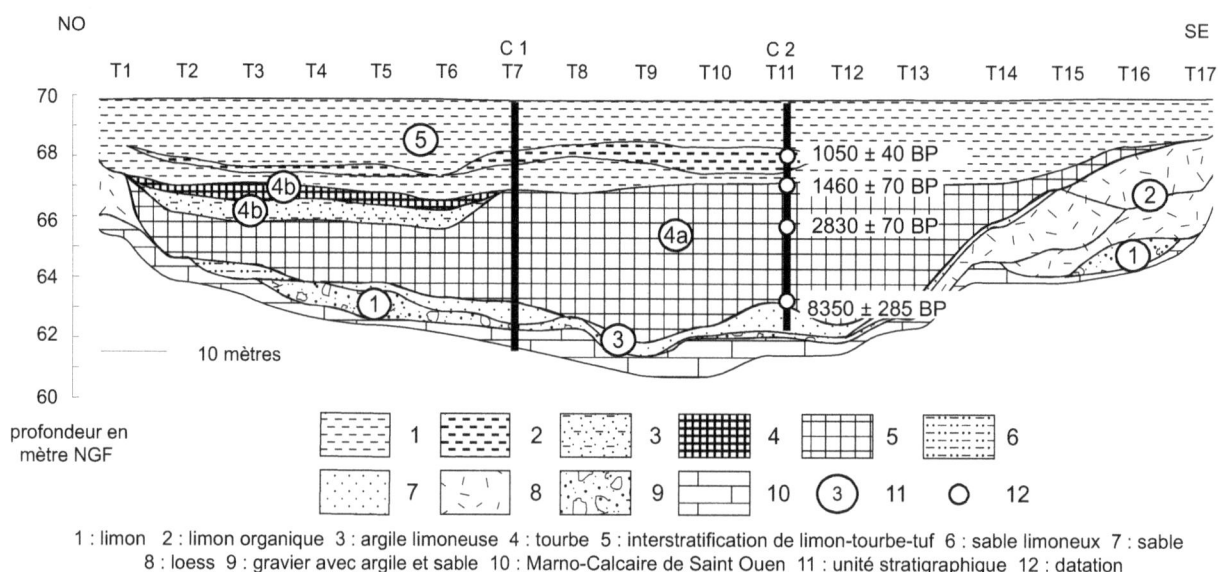

Figure 18 : Coupe des enregistrements morphostratigraphiques de Nantouillet (vallée de la Beuvronne)

1 : limon 2 : limon organique 3 : argile limoneuse 4 : tourbe 5 : interstratification de limon-tourbe-tuf 6 : sable limoneux 7 : sable 8 : loess 9 : gravier avec argile et sable 10 : Marno-Calcaire de Saint Ouen 11 : unité stratigraphique 12 : datation

profondeur (Figs. 19 et 20). Les teneurs en matière organique augmentent brutalement (Fig. 20). Elles passent de moins de 5 % à 55 % entre 620 cm et 590 cm. Cette unité qui s'enrichit en matière organique est aussi riche en quartz. Il forme encore près de 60 % du total minéralogique. Les taux de calcite restent proche de 40 % (Fig. 20). Les faciès sédimentaires deviennent de plus en plus tourbeux. À partir de 600 cm, les taux de matière organique oscillent entre 20 et 40 %. À 575 cm de profondeur, le premier tuf de cette séquence sédimentaire est marqué par un premier pic significatif de calcite qui culmine à 65 % (Fig. 20). Les teneurs de quartz sont fluctuantes. Le premier décimètre de ce niveau s'appauvrit en quartz; à 560 cm de profondeur, le taux de quartz passe de 60 à l'état de trace. À 550 cm de profondeur, un dernier apport de quartz est enregistré et il atteint moins de 40 % de la composition minéralogique.

À la base, une tourbe a été datée à 8350 ± 285 BP.

L'unité stratigraphique 3b est marquée une extinction complète du quartz à partir de 570 cm jusqu'à 450 cm de profondeur (Fig. 20). Les taux de quartz deviennent pres-

que. Ces apports ont été datés à 2830 ± 70 BP (3150 à 2780 Cal BP). Les sédiments s'enrichissent progressivement en quartz. Leurs teneurs passent de moins de 1 % à près de 20 %. Certains lits contiennent jusqu'à 55 % de quartz comme à 350 cm de profondeur où les taux de calcite sont d'ailleurs nuls. Les teneurs en calcite restent très fluctuantes (Fig. 20). Les tufs marquent des pics de calcite qui atteignent 80 % de la fraction minéralogique. On ne peut parler de tourbes véritables dans cette unité : si les taux de matière organique varient, ils ne dépassent pas 25 % et ne descendent pas à moins de 8 %. Une tourbe, à son sommet, a été datée à 1460 ± 70 BP (1500 à 1280 Cal BP).

L'unité stratigraphique 4a est constituée d'argiles humifères. La matière organique est diffuse (Figs. 18 à 19). Limitée entre les sondages T1 et T7, elle a une puissance de 80 cm environ. Elle marque des apports détritiques fins qui se mettent en place après une légère phase d'incision.

L'unité stratigraphique 4b présente des faciès sédimentai-

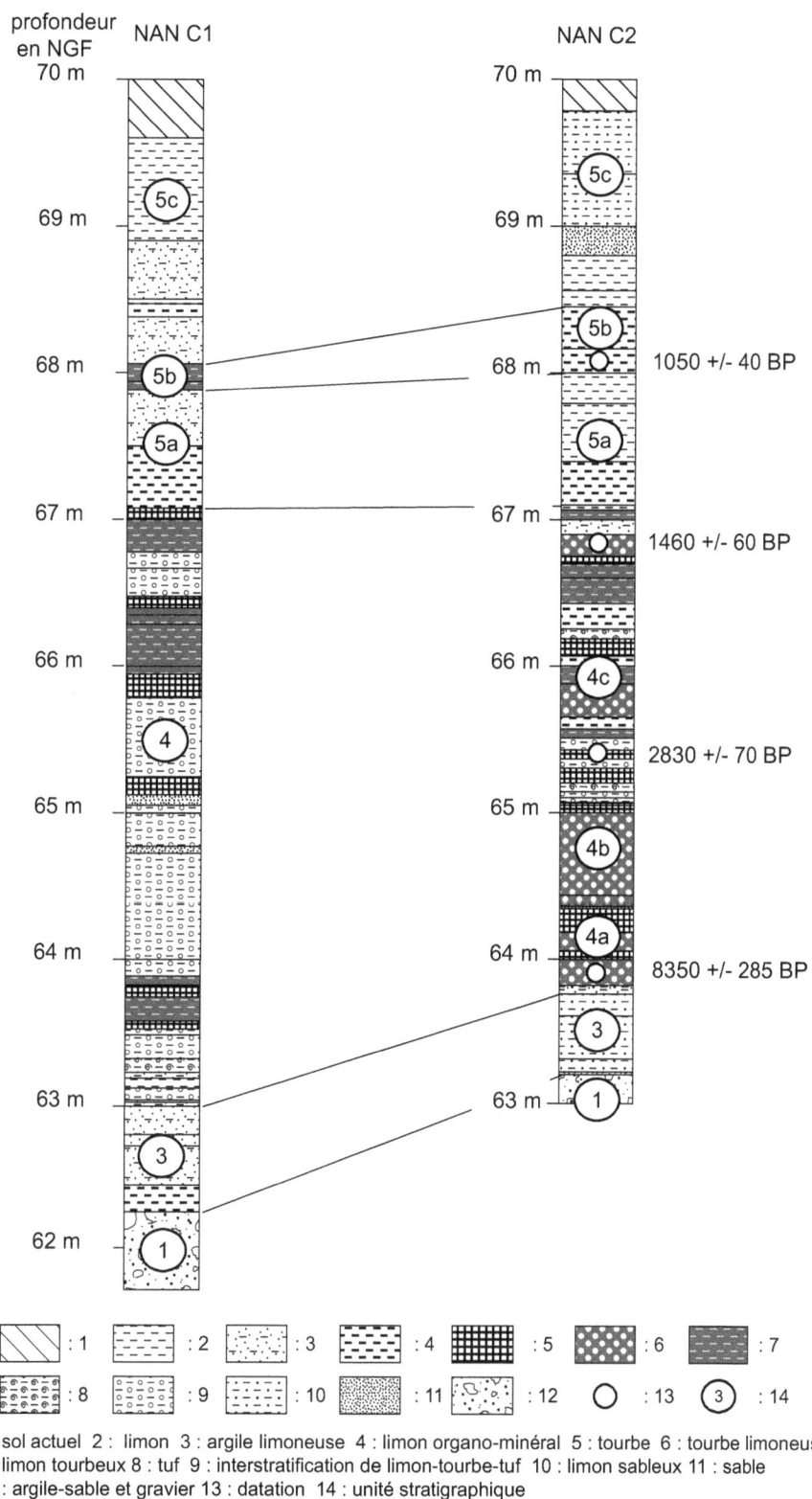

Figure 19 : Stratigraphie de la séquence morphosédimentaire de Nantouillet (vallée de la Beuvronne)

res qui varient des tourbes limoneuses aux tourbes micro-fibreuses noires comme dans le sondage T5 (Figs. 18 et 19). Cette unité, reconnue entre les sondages T1 et T7, a une épaisseur constante de 50 cm en moyenne.

Les unités 5 sont relativement homogènes et constantes (Figs. 18 et 19). Elles sont constituées essentiellement de limons argileux, pauvres en matière organique (Fig. 20). Cet ensemble forme l'essentiel de la sédimentation terminale qui colmate toute la largeur de la vallée.

L'unité stratigraphique 5a est argilo-limoneuse (Figs. 19 et 20). Elle se met en place après 1460 ± 70 BP (1500 à 1280 Cal BP). Elle est bien exprimée entre les sondages T1 et T12 (Fig. 18). Son épaisseur oscille entre 40 cm et 120 cm. Mais il est difficile d'en cerner les limites entre les sondages T12 et T17. Elle repose directement sur l'unité sédimentaire 3c par le biais d'une discordance érosive.

Dans la carotte NAN C2, la texture devient de plus en plus limoneuse. Les taux de limons passent de 43 % à 65 % (Fig. 20). Corrélativement, les taux d'argiles diminuent. Ils passent de 55 % à 33 %. Les teneurs de sable quant à elles, restent relativement constantes, inférieures 10 %. Seuls les 20 derniers centimètres de cette unité enregistrent une augmentation de la fraction sableuse qui passe de 10 à 20 %.

Les teneurs moyennes de quartz continuent d'augmenter de façon irrégulière (Fig. 20). À 270 cm et 220 cm de profondeur, deux pics de quartz culminent à 47 et 65 %. Les taux de calcite diminuent marquant ainsi la disparition des tufs dans le haut de la séquence. Toutefois, à 245 cm de profondeur, un pic de calcite détritique culmine à 62 %.

Les taux de matière organique chutent rapidement. Ces limons contiennent moins de 5 % de matière organique.

L'unité stratigraphique 5b est hétérogène (Figs. 18 à 20).

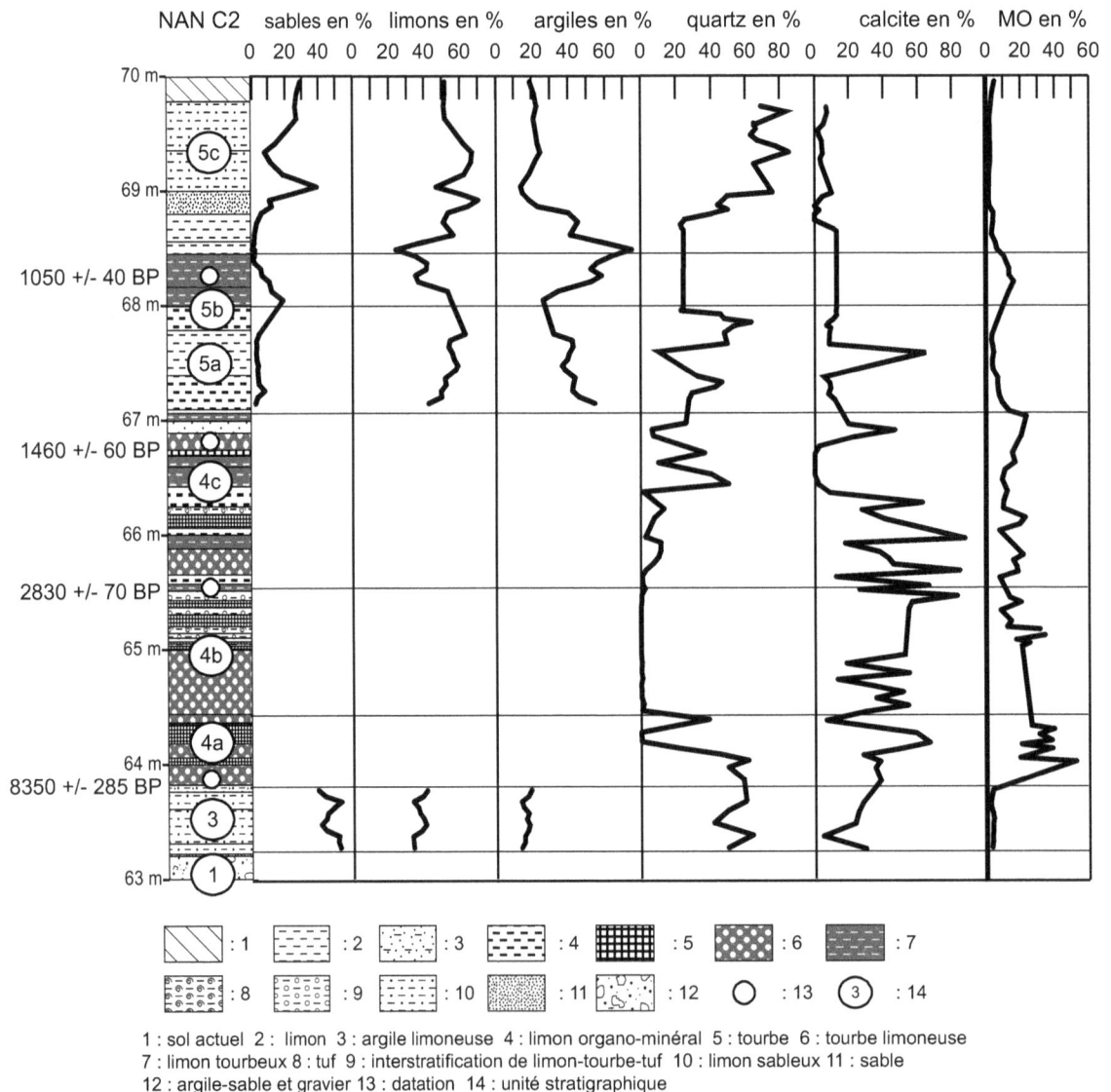

Figure 20 : Analyse sédimentologique de la séquence de Nantouillet (vallée de la Beuvronne) : sondage NAN C2

Les faciès sédimentaires varient latéralement des argiles humifères aux limons tourbeux et aux tourbes noires, macrofibreuses, dont la matière organique est faiblement humifiée.

Cette unité est discontinue. Mal représentée entre les sondages T2 et T5 où elle a une épaisseur de 25 cm, elle n'est pas traversée par le sondage T6. Entre les sondages T7 et T11, son épaisseur est de 100 cm (Fig. 18).

Dans la carotte NAN C2, les sédiments sont argilo-limono-sableux, voire franchement argileux (Fig. 20). De la base au sommet, les quantités d'argiles passent de 27 à 75 % au détriment des limons dont les taux passent de 55 % à 21 %. La fraction sableuse est de moins en moins représentée. À 150 cm de profondeur, elle s'efface complètement.

Entre 200 cm et 180 cm de profondeur, les taux de matière organique augmentent de 7 %. Ils passent de 10 % à 17 %. Puis ils diminuent à 5 % à 150 cm de profondeur.

Dans la carotte NAN C2, à 180 cm de profondeur, le limon organique a livré un âge de 1050 ± 70 BP.

L'unité stratigraphique 5c est limoneuse (Figs. 18 et 19). Entre les sondages T1 et T17, son épaisseur varie de 200 cm à 300 cm. En rive droite de la Beuvronne, le remplissage est dilaté. Sa texture est limoneuse et limono-argileuse Elle est pauvre en matière organique. Elle s'emboîte latéralement dans les limons qui nappent les versants.

Dans la carotte NAN C2, l'évolution granulométrique de l'unité 5c indique un enrichissement irrégulier en limons et en sables (Fig. 20). De la base au sommet, les taux de sables passent de 0 à 30 %. Les taux d'argiles diminuent de 70 à 20 %. Après une brusque augmentation, les taux de limons oscillent autour d'une valeur moyenne de 60 %.

Ces changements granulométriques s'accompagnent de modifications minéralogiques significatives (Fig. 20). La recharge sableuse s'accompagne d'une augmentation des teneurs en quartz. Les taux de quartz passent de 20 à 80 %. Corrélativement, les limons sableux sont de moins en moins carbonatés et humifères. Les taux de calcite ne dépassent pas 10 %. La quantité de matière organique contenue dans le remplissage terminal est très faible, inférieure à 5 %.

Ce niveau supporte le sol actuel.

En conclusion, cette séquence sédimentaire montre une évolution marquée, à partir de 8350 ± 285 BP, par une baisse des taux de quartz qui deviennent nuls. Cette baisse s'accompagne d'une augmentation des teneurs de matière organique et de calcite. Vers 2830 ± 70 BP (3150 à 2780 Cal BP), cette séquence s'enrichit progressivement en quartz. Une phase d'incision se lit dans le dispositif morphostratigraphique mais elle est difficile à dater. Elle pourrrait se situer vers 3000 BP, date qui marque la reprise des processus érosifs dans cette section du bassin-

versant. Les faciès sédimentaires deviennent franchement limoneux vers 1500 BP.

3.2.3 : La séquence sédimentaire de Claye-Souilly

Le transect réalisé dans la vallée de la Beuvronne, à Claye-Souilly (Fig. 2) coupe perpendiculairement la vallée sur une largeur de 220 mètres (Fig. 5). Le fond topographique de la vallée se situe à une altitude de 45 mètres. Le remplissage alluvial atteint une épaisseur maximale de 7 mètres.

Le transect est dominé par des versants convexo-concaves. Les pentes des versants varient de 9 à 18 % (Fig. 3). Les hauts de versants sont modelés dans les Calcaires de Saint-Ouen tandis que les bas de versants sont entaillés dans les Sables de Beauchamp (Figs. 4 et 5).

Le plancher de la vallée est constitué des "Marnes et Caillasses" du Lutétien comme nous avons pu le constater lors des tariérages et des carottages. Le remplissage alluvial présente quatre ensembles distincts (Figs. 21 à 23).

L'unité stratigraphique 1 est formée par une grave constituée d'éléments émoussés calcaires (Figs. 21 et 22). Ces éléments grossiers s'organisent en structure "open-work". Cette grave s'efface au profit des sables qui, faiblement représentés, dominent au sommet de ce dépôt. Elle est bien représentée sur l'ensemble du profil sauf en rive droite, entre les sondages T11 et T14 (Fig. 21). Dans la carotte CLA C2 et CLA C3, cette unité a une épaisseur de 170 et de 150 cm. Dans la carotte CLA C4, son épaisseur n'est plus que de 90 cm (Fig. 22). Sur l'ensemble du profil, cette grave repose directement sur les "Marnes et Caillasses" du Lutétien.

Dans la carotte CLA C2, cette unité est dominée par des clastites supérieures à 5mm qui forment 50 % du spectre granulométrique (Fig. 23). La fraction comprise entre 5 et 2 mm atteint 12 %. Les sables, à l'exception de la base où ils représentent 50 % de la fraction granulométrique, diminuent en quantité pour n'atteindre, en moyenne, que 20 %. Les limons et les argiles ne représentent que 10 et 5 % de la composition granulométrique.

Les derniers 50 cm de la grave montrent une diminution progressive du calibre des alluvions. La fraction supérieure à 5 mm disparaît au profit des éléments compris entre 2 et 5 mm. Ces derniers forment 35 % du total granulométrique, à 530 cm de profondeur. Puis ces taux chutent et sont nuls à 500 cm de profondeur.

Les fortes teneurs en calcite s'expliquent par l'abondance des graviers calcaires (Figs. 22 et 23). Entre 670 cm à 650 cm de profondeur, les taux de calcite passent de 20 à 70 % puis ils se stabilisent autour d'une valeur moyenne de 73 %. Dans le niveau graveleux, les teneurs en quartz atteignent 15 %.

Cette calcite est principalement magnésienne comme l'atteste la position de l'apex du pic d'absorbance infrarouge de calcite (Fig. 23). La calcite contenue dans les graviers provient donc des "Marnes et Caillasses" du Lutétien, seule formation géologique du bassin-versant à contenir de la calcite magnésienne (Pomerol, 1986). Mais il est fort probable qu'il ne faille exclure la présence de galets provenant des marno-calcaires de Saint-Ouen et par voie de conséquence, un mélange de deux populations lithographiques. L'irrégularité de la courbe qui signe la présence de calcite corrobore cette hypothèse.

Entre 550 cm de profondeur et 500 cm de profondeur, les taux de sable passent de 20 à 80 % (Fig. 23). Les limons et les argiles sont peu représentés. Parallèlement, les taux de quartz augmentent. Ils culminent à 62 % à 500 cm de profondeur tandis que les teneurs en calcite diminuent.

par un sable limoneux, parfois argilo-limoneux comme dans la carotte CLA C4 (Fig. 22). Elle est pauvre en matière organique. Toutefois, des macrorestes végétaux ont pu être observés et prélevés. Un fragment de bois flotté, prélevé à 486 cm de profondeur a été daté à 10 370 ± 75 (10 679 à 9827 BC). Les faciès sableux sont bien représentés entre les sondages T5 et T10 (Figs. 21 et 22). Elle repose directement sur la grave et son épaisseur varie de 240 cm (CLA C2) à 100 cm (sondages T8 à T9 et sondage T4) (Fig 22).

Dans la carotte CLA C2, la base de cette unité a une texture sableuse (70 % de sable) (Fig. 23).

Les teneurs en limons et en argiles, 20 et 10 % en

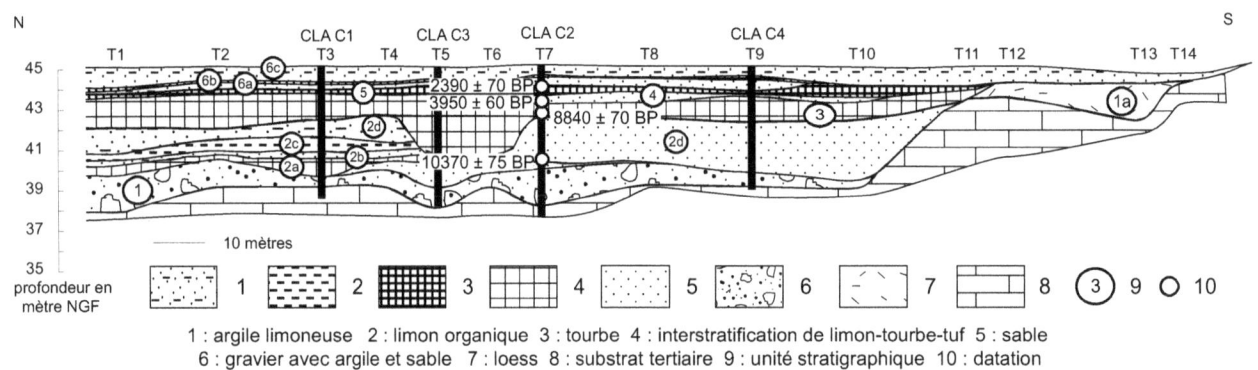

Figure 21 : Coupe de la séquence morphosédimentaire de Claye-Souilly (vallée de la Beuvronne)

La quantité de matière organique reste toujours inférieure à 4 % du poids de l'échantillon.

L'unité stratigraphique 2a est constituée d'un mélange de tufs calcaires et de tourbe. D'une puissance de 50 cm à 100 cm entre les sondages T1 et T5, les granules de tufs à oncolites de couleur beige donnent la teinte dominante de ce niveau.

L'unité stratigraphique 2b est marquée par un faciès détritique franchement fluviatile. La texture est limoneuse ou limono-argileuse. Cette unité est bien représentée dans la carotte CLA C1 (Figs. 21 et 22). Elle contient peu de matière organique (Fig. 23).

L'unité stratigraphique 2c est marquée par un faciès moins détritique. La texture est limono-argileuse mais cette unité est plus humifère. Son épaisseur est de 35 cm. Elle n'a été observée que dans la carotte CLA C1 (Fig. 22).

L'unité stratigraphique 2d a un faciès détritique fluviatile. En rive gauche, entre les sondages T1 et T5, la texture est limoneuse voire limono-argileuse. Son épaisseur varie de 65 à 80 cm (Figs. 21 et 22).

En rive droite, cette unité stratigraphique est représentée

moyenne, sont relativement constantes (Fig. 23).

À partir de 400 cm de profondeur, les pourcentages moyens de sables passent de 70 % à 40 % tandis que les teneurs en limons et en argiles augmentent. Les pourcentages de limons passent de 4 % à 47 % ; ceux des argiles augmentent de 1 à 17 %.

La composition minéralogique de l'unité stratigraphique 2d est constante (Fig. 23). Les teneurs moyennes en quartz, malgré quelques oscillations, sont de 45 % avec des maxima qui atteignent 75 % comme à 405 cm de profondeur. Les minima sont de 28 %, à 425 cm de profondeur.

Les teneurs en calcite sont également constantes, autour de 33 %.

La position du pic d'absorbance de la calcite indique un mélange de calcite magnésienne et de calcite non magnésienne (Fig. 23). L'origine de la calcite magnésienne a déjà été attribuée aux calcaires dolomitiques du Lutétien. En revanche, la calcite pure pourrait provenir des lœss de couverture et/ou des marno-calcaires du Lutétien.

Les taux de matière organique restent inférieurs à 5 %.

L'ensemble sédimentaire 3 du transect de Claye-Souilly n'est ni constant, ni homogène (Figs. 21 à 23). Sa base est constituée de tourbes ou de limons tourbeux. La stratigraphie se caractérise ensuite par interstratification de niveaux tufacés et de limons plus ou moins tourbeux (Fig. 22)

Entre les sondages T4 et T7, cette séquence est bien dilatée. Dans les autres sondages et dans les carottes CLA C2, CLA C3 et CLA C4, son épaisseur oscille entre 120 cm et 220 cm. Les faciès sédimentaires varient latéralement. Dans la carotte CLA C4, la sédimentation est dominée par des limons sableux très organiques. En rive gauche, les faciès sédimentaires sont plus tourbeux.

La texture est de plus en argilo-limoneuse (44 % de limons et 40 % d'argiles). Les sables ne représentent, en moyenne plus que 17 % de la fraction granulométrique

(Fig. 23).

L'évolution des teneurs en quartz et en calcite est en opposition de phase (Fig. 23). Dans les tufs, les taux de quartz sont presque nuls. Ainsi, entre 270 cm et 225 cm et entre 200 et 185 cm de profondeur, les taux de quartz sont inférieurs à 1 %. Un seul lit limono-organique indique un apport quartzeux qui atteint à 21 %.

Tous les tufs sont marqués par des taux de calcite élevés qui culminent à plus de 95 % (premier tuf) et 87 % (second tuf à 195 cm de profondeur) (Fig. 23). Dans les niveaux limono-tourbeux, les taux de calcite chutent à 20 %.

L'évolution de la matière organique correspond bien à la

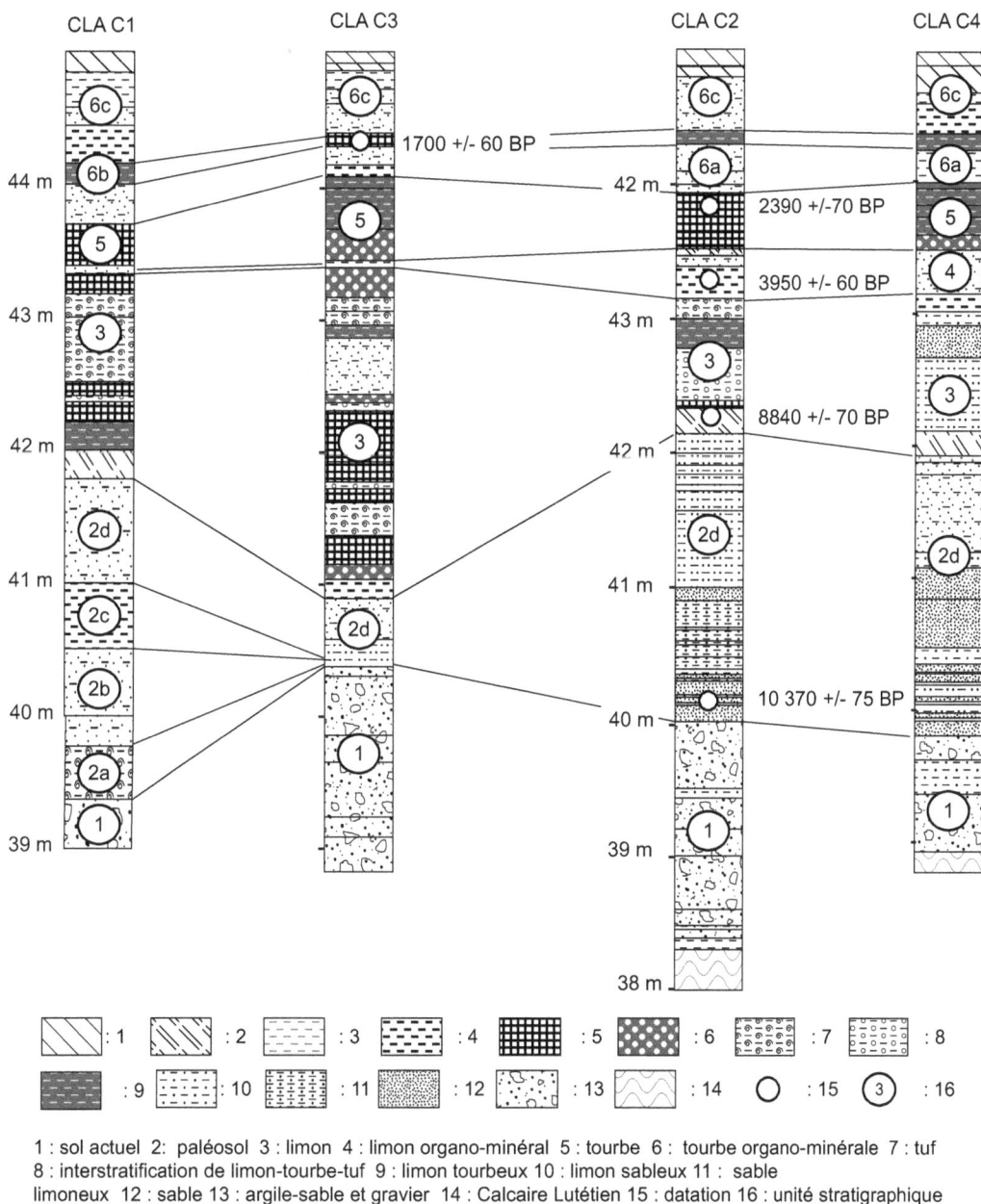

Figure 22 : Stratigraphie des enregistrements morphosédimentaires de Claye-Souilly (vallée de la Beuvronne)

45

stratigraphie (Fig. 23). Les tufs calcaires sont pauvres en matière organique. Ils n'en contiennent jamais plus de 5 %. En revanche, à 220 cm de profondeur, les niveaux limono-tourbeux en contiennent 22 %, et, à 185 cm de

et T10. Son épaisseur est variable. Elle oscille entre 70 cm et 30 cm. Cette unité s'estompe latéralement au nord du sondage T3. Elle est très faiblement représentée dans la carotte CLA C3. En revanche, dans la carotte CLA C2,

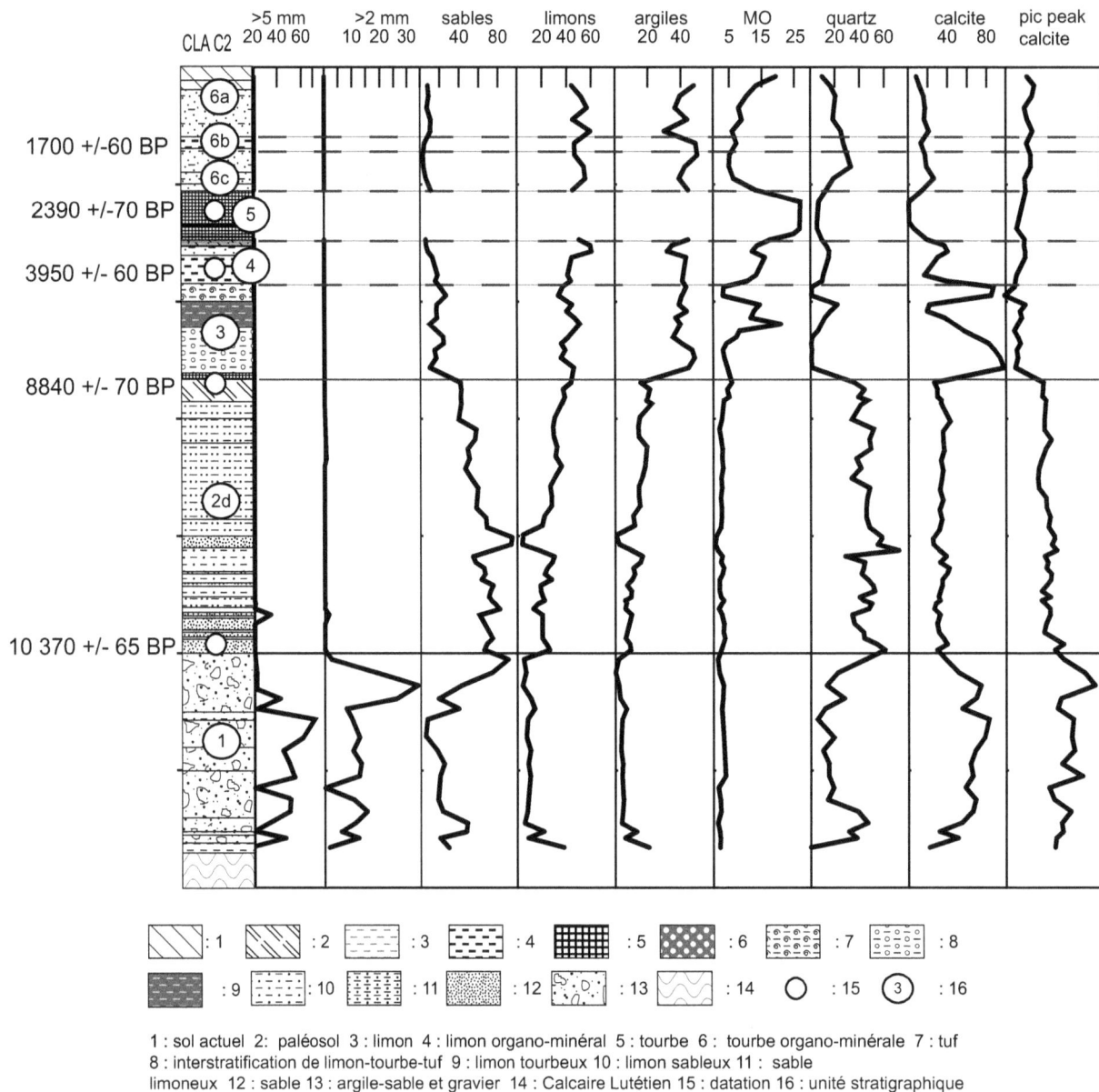

Figure 23 : Analyses sédimentologiques de la séquence de Claye-Souilly (vallée de la Beuvronne) : sondage CLA C2

profondeur, seulement 16 %.

Dans la carotte CLA C2, un paléosol limono-organique, surmonté par un horizon tourbeux, a été daté à 8840 ± 70 BP (10 180 à 9660 Cal BP).

L'unité stratigraphique 4 est limono-argileuse (limons : 60 % ; argiles : 31 % ; sables : moins de 10 %) et faiblement humifère (MO : 16 à 12 %). (Figs. 21 à 23). La continuité de cette unité est attestée entre les sondages T3

elle a une épaisseur de 40 cm.

Cette unité stratigraphique contient en moyenne 18 % de quartz et 40 % de calcite (Fig. 23). Toutefois, les fluctuations des teneurs en calcite sont brutales. Il convient de souligner qu'à partir de ce niveau, les courbes de calcite et de quartz deviennent parallèles.

Dans la carotte CLA C2, ce limon argileux humifère a été daté à 3950 ± 60 BP (4540 à 4240 Cal BP).

46

L'unité stratigraphique 5 est bien représentée sur l'ensemble du transect (Fig. 21). Elle est marquée par des tourbes microfibreuses bien humifiées comme dans la carotte CLA C2. La tourbe est plus ou moins contaminée par des apports limoneux. Latéralement, les faciès peuvent devenir limono-organiques comme dans la carotte CLA C3 (Figs. 21 et 22).
Cette unité est épaisse de 60 à 80 cm. Dans la carotte CLA C2, elle ne fait plus que 40 cm d'épaisseur. Cette unité est marquée par un pic du pourcentage de matière organique qui culmine à 27 % (Fig. 21). Elle est pauvre en calcite (moins de 1 %) et en quartz (moins de 10 %). Au sommet de cette couche organique, une tourbe a été datée à 2390 ± 70 BP (2730 à 2320 Cal BP).

L'ensemble sédimentaire 6 forme la sédimentation terminale dans la vallée. Elle est marquée par des dépôts argilo-limoneux (Fig. 21 et 22). Cette sédimentation n'est ni constante, ni homogène.

L'unité stratigraphique 6a se lit sur toute la largeur de la vallée (Fig. 21). Son épaisseur est relativement constante. Elle oscille entre 40 à 50 cm. Elle est constituée de limons plus ou moins argileux et elle est peu humifère. (55 % de limons, 39 % d'argiles et 10 % environ des sables) (Fig. 23). Dans les derniers vingt centimètres, elle s'enrichit en argiles (51 %) et s'appauvrit en sables : à la base de cette unité, les sables forment 10 % du spectre granulométrique alors qu'au sommet, ils n'en forment que 5 %.
L'augmentation des taux de quartz, amorcée au sommet de l'unité précédente, culmine à 33 % (Fig. 23). Les taux de calcite atteignent 28 %. Puis, à partir de 90-85 cm de profondeur, ces taux diminuent jusqu'à 30 et 15 %. Toute cette séquence est pauvre en matière organique. Le taux de matière organique s'effondre à moins de 5 %. Le quartz, la calcite et la matière organique ne représentent que 70 % de la composition totale des échantillons. Il est probable que des argiles minéralogiques complètent cette différence.

L'unité stratigraphique 6a se lit sur toute la largeur de la vallée (Fig. 21). Son épaisseur est relativement constante. Elle oscille entre 40 à 50 cm. Elle est constituée de limons plus ou moins argileux et elle est peu humifère. (55 % de limons, 39 % d'argiles et 10 % environ des sables) (Fig. 23). Dans les derniers vingt centimètres, elle s'enrichit en argiles (51 %) et s'appauvrit en sables : à la base de cette unité, les sables forment 10 % du spectre granulométrique alors qu'au sommet, ils n'en forment que 5 %.
L'augmentation des taux de quartz, amorcée au sommet de l'unité précédente, culmine à 33 % (Fig. 23). Les taux de calcite atteignent 28 %. Puis, à partir de 90-85 cm de profondeur, ces taux diminuent jusqu'à 30 et 15 %. Toute cette séquence est pauvre en matière organique. Le taux de matière organique s'effondre à moins de 5 %. Le quartz, la calcite et la matière organique ne représentent

que 70 % de la composition totale des échantillons. Il est probable que des argiles minéralogiques complètent cette différence.

L'unité stratigraphique 6b est marquée par des tourbes noires, microfibreuses et bien humifiées ou par des argiles limoneuses très humifères (Figs. 21 et 22). La puissance de ce niveau est faible. Elle ne dépasse pas 25 cm d'épaisseur entre les sondages T1 et T14 mais peut descendre à moins de 10 cm comme dans le carotte CLA C3, le niveau (6b) est épais de 10 à 15 cm. Dans la carotte CLA C2, il est constitué par respectivement 50 % d'argiles, 45 % de limons et 5 % de sables (Fig. 23). Cette unité est peu humifère (8 % de matière organique). La quantité de quartz et de calcite est faible. Le quartz représente 26 % de la fraction minéralogique, la calcite n'en représentant que 15 %. 52 % des minéraux n'ont été ni déterminés ni comptabilisés. Ils devraient correspondre à des argiles minéralogiques. Dans la carotte CLA C3, une tourbe de l'unité 6b, à 55 cm de profondeur, a été datée à 1700 ± 60 (1730 à 1500 Cal BP).

L'unité stratigraphique 6c est limono-argilo-sableuse (Figs. 21 à 23). Les taux de limons oscillent autour d'une valeur moyenne de 50 %. Les teneurs en argiles représentent en moyenne 45 % du spectre granulométrique. Les taux de sables varient de 5 à 7 %. Le cortège minéralogique s'appauvrit en quartz et en calcite (Fig. 23). Au sommet de cette unité, leurs taux sont inférieurs à 10 %. En revanche, le pourcentage de matière organique augmente rapidement et passe de 5 à 20 % de la composition globale des échantillons.

3.2.4 : La séquence sédimentaire d'Annet-sur-Marne

Le transect d'Annet-sur-Marne se situe au débouché de la Beuvronne dans la Plaine alluviale de la Marne (Fig. 2). L'altitude du fond de vallée de la Beuvronne est à 42 mètres. La largeur du transect dépasse 450 mètres (fig. 5). Il a été réalisé en oblique par rapport à l'axe de la vallée. Aussi, le pas entre chaque sondage varie de 50 à 100 mètres. Ce transect a fait l'objet d'un seul carottage et de 10 sondages suite aux contraintes liées au tracé de l'interconnexion du TGV Nord.
L'épaisseur du remplissage alluvial atteint 9 mètres. Encore une fois, la sédimentation n'est pas homogène.

Le substratum tertiaire est constitué par les "Marnes et Caillasses" du Lutétien supérieur, surmontés par les Sables de Beauchamp (Fig. 24). Ces formations ont été recoupées par les sondages T3, T4 et T9. Dans les sondages T7 et T10, les Sables de Beauchamp sont absents. La base du remplissage alluvial repose directement sur les "Marnes et Caillasses" du Lutétien. Le plancher tertiaire est incisé par trois chenaux (Fig. 24).

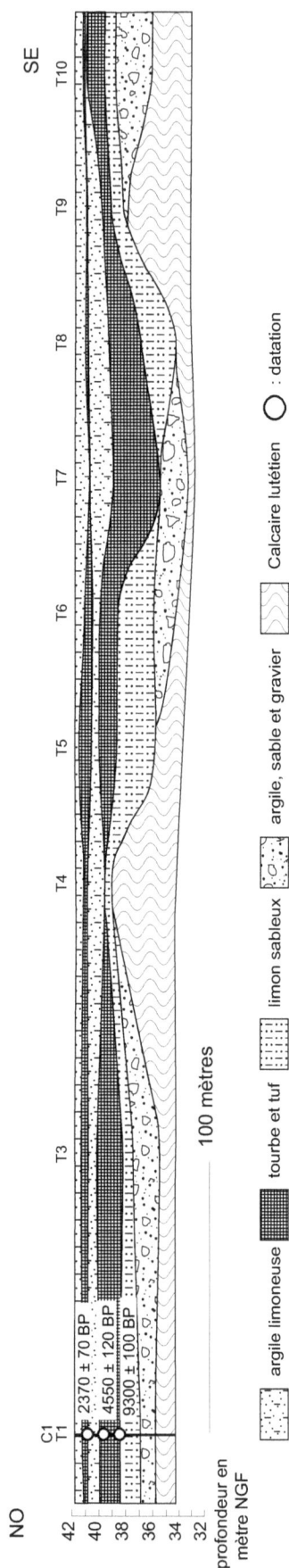

Figure 24 : Coupe des enregistrements morphostratigraphiques d'Annet-sur-Marne (vallée de la Beuvronne)

L'unité stratigraphique 1 est marquée par une grave calcaire (Fig. 24). Elle est disposée en lentilles.

La première lentille se situe entre les sondages T1 et T2. Elle repose directement sur les Sables de Beauchamp à une profondeur de 600 cm. L'épaisseur de la grave est là proche de 100 cm.

La deuxième lentille graveleuse fait 250 cm d'épaisseur entre les sondages T6 et T7. Elle repose sur le Lutétien.

La troisième lentille se trouve à la base des sondages T9 et T10 et repose sur les Marnes et Caillasses du Lutétien supérieur. Elle offre une puissance de 250 cm (Fig. 24).

L'ensemble sédimentaire 2 est dominé par une sédimentation essentiellement limono-argileuse ou sablo-limoneuse (Fig. 24). Il repose sur la grave de fond.

L'ensemble sédimentaire 3 est une interstratification de niveaux de limons-organiques, de tufs et de tourbes (Fig. 24). Son épaisseur varie entre 300 cm et 100 cm. Les changements de faciès latéraux sont rapides. Compte-tenu de l'espacement entre les différents sondages, il n'est pas évident de procéder à des corrélations entre les différents sondages.

La base de cet ensemble est marquée par un niveau limono-organo-minéral plus ou moins épais. Sa puissance peut varier entre 50 cm et 110 cm. Il est surmonté d'une tourbe ou d'unités limono-tourbeuses qui n'excèdent pas 30 cm d'épaisseur. Puis la sédimentation est tufacée. La sédimentation s'achève par une tourbe et par des limons tourbeux.

Dans la carotte ANN C1, à la base de cet ensemble, un niveau humifère a été daté à 9300 ± 100 BP. Au sommet de cette unité, à 156 cm de profondeur, une tourbe a été datée à 4550 ± 120 BP.

L'unité sratigraphique 4 est constituée de limons organo-minéraux (Fig. 24). Elle est bien représentée entre les sondages T6 et T9 où son épaisseur est de 180 cm. Entre les sondages T1 et T4, l'épaisseur de ce niveau n'est que de 80 cm environ.

L'unité stratigraphique 5 est marquée par une tourbe (Fig. 24). Elle est bien représentée dans tout le transect sauf au niveau du sondage T7 où elle n'est pas repérée. Dans la carotte ANN C1, le sommet de la tourbe a été daté à 2370 ± 70 BP.

L'unité stratigraphique 6 signe la sédimentation terminale de la vallée (Fig. 24). Le faciès est franchement fluviatile et la texture est limono-argileuse. Cette unité est faiblement humifère. L'épaisseur de ce colmatage varie de 50 à 80 cm.

Il supporte le sol actuel.

48

Marno-Calcaire de Saint-Ouen

argile, sable et gravier

limon sableux

tourbe et tuf

argile limoneuse

limon

10 mètres

profondeur en
mètre NGF

T1 T2 T3 T4 T5 T6 T7 T8 T9 T10 T11 T12 T13 T14 T15 T16 T17 T18 T19 T20 T21

51 49 47 45 43 41

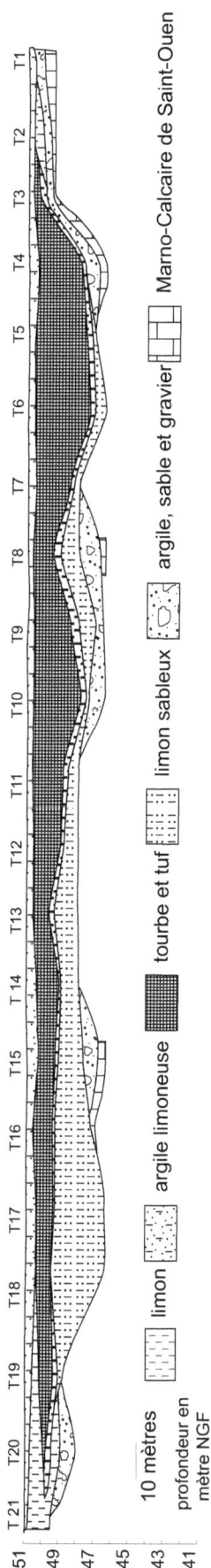

Figure 25 : Coupe des enregistrements morphostratigraphiques de Mitry-Mory (vallée du Ru des Cerceaux)

3.3 : La séquence sédimentaire du Ru des Cerceaux à Mitry-Mory

Le transect réalisé à Mitry-Mory permet d'aborder l'étude sédimentaire d'un petit affluent de rive droite de la Beuvronne, le Ru des Cerceaux (Fig. 2).

Le transect est à une altitude de 62 mètres. La largeur de la vallée est de 350 mètres et l'espacement entre les tariérages de 20 mètres. La vallée incise les Calcaires de Saint-Ouen qui forment aussi le plancher de la vallée à 400 cm de profondeur (Figs. 4 et 5). La section sondée se situe dans une vaste zone marécageuse principalement alimentée par des sources subartésiennes de l'aquifère de l'Yprésien. Une couverture superficielle limoneuse nappe le plateau (Fig. 5).

Le remplissage alluvial présente une puissance cumulée de 400 à 350 cm (Fig. 25). Aucune analyse n'a été effectuée sur ce transect. Les données présentées sont descriptives.

À la base du remplissage alluvial, l'unité stratigrraphique 1 est marquée par cailloutis calcaire issu de l'érosion des Calcaires de Saint-Ouen (Fig. 25). Les graviers sont emballés dans une matrice sableuse. Ils forment des placages plus ou moins continus qui reposent directement sur le substratum tertiaire. Cette grave peut avoir une épaisseur proche du mètre.

Ces lentilles se situent dans le centre et sur les marges de la vallée.

L'unité stratigraphique 2a est marquée par un sable limoneux qui repose directement sur la grave ou sur les assises tertiaires lorsque la grave est absente (sondages T15 et T16). Cette unité semble mieux représentée en rive gauche qu'en rive droite.

L'unité stratigraphique 2b est constituée par des argiles limoneuses peu humifères. Elle est bien représentée dans toute cette séquence sédimentaire. Elle repose sur l'unité 2a (Fig. 25).

L'unité stratigraphique 3a est marquée par un limon humifère qui correspond à un paléosol gleyfié, développé sur les limons de l'unité 2b.

Homogène sur toute la largeur de la vallée, elle a une épaisseur de 30 à 15 cm. Nul part ailleurs dans le bassin-versant de la Beuvronne, un tel faciès pédogenisé n'a été observé.

L'unité 3b présente un faciès essentiellement organique . Elle colmate la totalité de la vallée (Fig. 25). Toute la base de cette unité est tourbeuse. La tourbe est macrofibreuse et peu humifiée. Elle contient aussi de nombreux macrorestes ligneux. Cette tourbe s'enrichit en limons et en argiles. la texture devient plus limoneuse et la matière organique semble mieux humifiée.

49

La mise en place de l'unité stratigraphique 4 forme la sédimentation terminale dans cette vallée. La texture est franchement limoneuse.Ces limons se raccordent latéralement à la couverture superficielle des limons du plateau (Fig. 25). Leur épaisseur varie de 40 à 15 cm.

4 : Les profils longitudinaux des enregistrements morphosédimentaires

Les parties précédentes mettent en évidence la succession des réponses morphosédimentaires dans le bassin-versant de la Beuvronne en fonction des contextes environnementaux plus ou moins agressifs. À cette variabilité chronologique et sédimentologique s'ajoute le problème de la répartition spatiale des réponses morphosédimentaires, à chaque grande période morphogénique, au sein des corridors fluviaux. En effet, chaque période d'alluvionnement ou d'organogenèse n'est pas documentée de façon similaire dans les différents transects étudiés. L'étude de la variabilité spatiale des réponses morphosédimentaires par période s'impose.

Les sondages révèlent une complexité et une richesse croissante des enregistrements sédimentaires d'amont en aval, à l'exception du transect de Villeneuve-sous-Dammartin qui bien que situé en amont livre des enregistrements variés et bien documentés (Fig. 26). En effet, les sections aval comme celles de Claye-Souilly ou d'Annet-sur-Marne contiennent des enregistrements sédimentaires qui couvrent la période s'étalant du Pléniglaciaire à l'Actuel. En revanche, dans les sections amont, les enregistrements sont plus lacunaires (concernant surtout le Tardiglaciaire ou le Préboréal) et plus récents.

La grave pléniglaciaire est absente dans les séquences sédimentaires de Moussy-le-Vieux et de Juilly (Fig. 26). Dans les têtes de vallon, les sédiments limoneux reposent directement sur les formations tertiaires. Les premiers témoins du Pléniglaciaire sont rencontrés à Villeneuve-sous-Dammartin et à Nantouillet. Mais ils subsistent sous forme de minces lentilles. Vers l'aval, de Compans à Annet-sur-Marne, l'épaisseur et la continuité spatiale de la grave pléniglaciaire s'accroîssent. La grave peut atteindre 1 à 2 mètres d'épaisseur et occuper toute la largeur des vallées (Fig. 26).
Ce gonflement de la nappe alluviale du Pléniglaciaire vers l'aval s'explique sans doute par l'élargissement de la vallée et par la diminution de la pente longitudinale vers l'aval. Dans ces sections, les capacités de stockage sont supérieures à celles qui existent en amont. La diminution de la pente et l'élargissement de la vallée, à débit égal, entrainent une diminution de la puissance de la rivière ainsi que de sa compétence. De plus, l'étroitesse des sections amont et une declivité plus forte favorisent les pro-

cessus de destockage. Ces sections peuvent être rapidement engorgées. La réccurence de processus hydro-érosifs canalisés dans des sections dont l'étroitesse limite les divagations latérales favoriserait des phénomènes de destockage plus fréquents qu'à l'aval. Le transfert sédimentaire vers l'aval y serait plus actif. De plus, les crises érosives comme l'incision du Bølling par exemple pourraient avoir tenu le même rôle et destocké une partie non négligeable de la grave désormais fossile.

Cette géométrie longitudinale se retrouve partiellement pour les différentes unités stratigraphiques qui signent le Tardiglaciaire. L'incision du Bølling se marque aussi bien dans les sections aval qu'amont, à l'exception des têtes de vallons (Moussy-le-vieux et Juilly) et de Nantouillet (Fig. 26). Mais les témoins de l'organogenèse qui lui succède sont lacunaires. Il apparaît que les rares témoins de la tourbification plus ou moins tufacée qui signent cette période soient dépendants du fonctionnement hydrogéologique du bassin-versant. En revanche, la période de stabilité relative que caractérise l'Allerød ne se traduit pas de manière identique dans les différentes sections (Fig. 26). D'après les quelques données qui renseignent sur cette période, il semble que le caractère fluviatile de ces enregistrements augmente vers l'aval. À Villeneuve-sous-Dammartin, un paléosol (unité stratigraphique 3) se développe dans la partie la plus déprimée de la vallée. Ce paléosol interroge alors sur le degré de fonctionnalité des écoulements dans les sections amont. Mais ni à Moussy-le-Vieux, ni à Juilly et à Nantouillet, un tel paléosol n'a été sondé. En revanche, à Compans, ce paléosol se retrouve en berge de chenal alors que dans ce dernier des faciès plus hydromorphes à caractère tourbeux fossilisent le niveau du Bølling. À Claye-Souilly, le paléosol n'a pas été sondé, ni en berge, ni dans le chenal. La sédimentation allerød est marquée par un limon fluviatile dont le faciès est plus organique.
Quant aux épisodes morphosédimentaires du Dryas récent, la même logique spatiale souligne cette différence amont-aval. Dans les têtes de vallée, à Moussy-le-Vieux et à Juilly ainsi qu'à Nantouillet, le Dryas récent est mal exprimé. En revanche, les enregistrements se dilatent vers l'aval, de Villeneuve-sous-Dammartin à Compans et de Nantouillet à Annet-sur-Marne, dans la Beuvronne. Cette disposition pourrait s'expliquer par les mêmes raisons évoquées pour le Pléniglaciaire.

Le complexe sédimentaire organique de la première moitié de l'Holocène se rencontre de l'aval jusque dans les sections amont de Villeneuve-sous-Dammartin et de Nantouillet. En revanche, il est absent dans les têtes de vallons (Fig. 26). L'organogenèse et la formation de tufs sont sous la dépendance étroite du contexte géomorphologique et hydrogéologique local comme le prouve une comparaison des différentes sections. Dans les têtes de vallons, l'absence de tourbe et de tuf s'explique aisément par l'absence d'une alimentation hydrologique d'origine

N-NO carottage MOU 91+/- 1 m
99 m

S-SE N
61 m

carottage COM 63 +/-1 m

carottage DAM 73 +/-1 m

profil de la Biberonne

N-NE
110 m

SSE N
61 m   confluence avec
         la Biberonne

carottage JUI 86 +/- 1 m

carottage NAN 70 +/- 1 m

S   O-NO
54 m

carottage CLA 45 +/-1 m

confluence avec
la Marne

E-SE N
43 m   carottage ANNET 42
         +/-1 m

profil de la Beuvronne

20 m

0 ____ 1112,5 m

1 : profil longitudinal du remplissage limoneux supérieur 2 : profil logitudinale du remplissage organo-tuffeux de la première moitié de l'Holocène
3: profil longitudinal des nappes tardiglaciaires 4 : profil longitudinal de la nappe weichsélienne

1   2   3   4

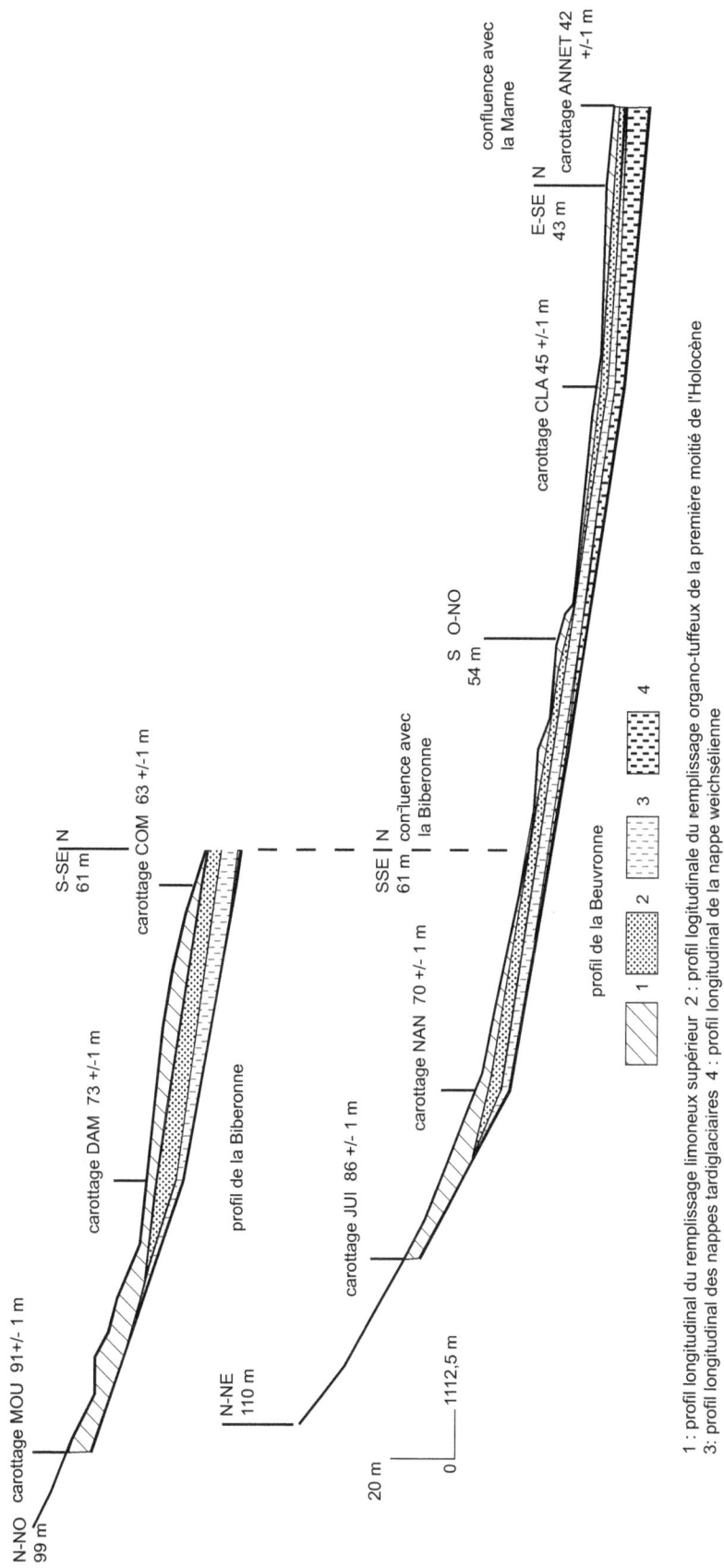

Figure 26 : Profils longitudinaux des enregistrements morphosédimentaires dans le bassin-versant de la Beuvronne

51

phréatique. Dans les têtes de vallon, un hypothétique écoulement serait superficiel pauvre en calcite dissoute. Si une quelconque sédimentation organique s'est produite dans les têtes de vallon, elle devrait être de nature pédogénique. Mais aucun sol holocène en place n'a été rencontré. En revanche, dans toutes les sections, l'existence d'émergences phréatiques semi-artésiennes ou de nappes libres a dû favoriser la création de tufs calcaires et participer à la tourbification. Ces conditions caractérisent toutes les sections fluviales analysées. Les enregistrements morphosédimentaires de Mitry-Mory, situé dans un contexte particulièrement favorable, illustrent bien cette hypothèse. L'émergence de nombreuses sources semi-artésiennes de l'aquifère de l'Yprésien a permis le développement d'une zone palustre étendue (Pastre et al., 2002b). Les enregistrements morphosédimentaires de la première moitié de l'Holocène y sont exclusivement tuffeux et tourbeux. À l'instar des séquences sédimentaires de Villeneuve-sous-Dammartin, de Compans, de Nantouillet et de Claye-Souilly, on ne retrouve pas de niveau limoneux organo-minéral interstratifié au sein des tourbes et des tufs. L'alimentation phréatique des écoulements et la géochimie des eaux exercent un contrôle important sur la nature de la sédimentation. Dans les sections de Villeneuve-sous-Dammartin et de Nantouillet, la continuité des séquences organiques de la première moitié de l'Holocène est à plusieurs reprises interrompue par le dépôt de niveaux plus limoneux. Ils signent la participation du ruissellement superficiel à l'élaboration des faciès sédimentaires. Ils signalent ainsi un contexte marqué par des pentes plus fortes et l'influence de zones, en amont, alimentées par le ruissellement superficiel.

Enfin, la dernière nappe alluviale qui est un emboîtement de plusieurs unités stratigraphiques, et qui forme à l'echelle du bassin-versant le colmatage terminal des vallées, offre une géométrie différente des autres séquences sédimentaires (Fig. 26). L'analyse du profil longitudinal montre que l'épaisseur du colmatage limoneux est plus importante en amont qu'à l'aval. L'épaisseur de cette nappe alluviale diminue vers l'aval et le profil de la pente longitudinal est plus doux (Fig. 26). Les sections amont sont plus engorgées par des apports latéraux.

5 : Les marqueurs paléobiologiques et paléoécologiques du bassin-versant de la Beuvronne

Deux marqueurs paléobiologiques et paléoécologiques ont été étudiés par A. Gauthier et N. Limondin-Lozouet. Il s'agit des pollens et des faunes malacologiques. Ces études complètent les données sédimentaires. Les cortèges polliniques et malacologiques offrent une information environnementale précise. Ils permettent de définir la succession des paysages du bassin-versant de la Beuvronne et donc de caractériser leur évolution.
Les échelles spatiales considérées changent en fonction

des marqueurs utilisés. L'analyse des pollens livre une information régionale et locale. La globalité du couvert végétal du bassin-versant peut être reconstituée. Mais la flore spécifique aux fonds de vallée du bassin-versant est également appréhendée.
La faune malacologique livre une information plus ponctuelle. Elle indique avec précision les conditions environnementales locales propres au site du prélèvement.
La combinaison de ces deux marqueurs offre une vision diachronique des mutations paysagères et des conditions environnementales. Ils servent également de moyen de datation relatif.

5.1 : Les analyses palynologiques de la séquence de Compans

5.1.1 : Les analyses du sondage COM C1

Onze zones polliniques basées sur les variations de plusieurs taxons ont été distinguées.

La zone ComC1-1 (Zone à *Pinus*, *Juniperus* et Poaceae) correspond à des spectres polliniques où les Poaceae abondantes sont associées à de nombreuses herbacées héliophiles et steppiques variées, telles que Asteraceae, Centaurea, *Artemisia*, Brassicaceae, Chenopodiaceae, *Helianthemum*, Crassulaceae, *Plantago*, *Polygonum* (Fig. 27). *Pinus* est le taxon arboréen dominant, associé à *Juniperus*. *Ephedra*, *Hippophae rhamnoïdes*, *Betula* et *Salix* ont des occurrences irrégulières. La courbe de *Botryococcus* est régulière et relativement importante pour cette algue d'eau douce. C'est au niveau de cette zone que des taxons remaniés, probablement de terrains éocènes (Pokrovskaia, 1958 ; Gruas-Cavagnetto, 1968 ; van der Hammen et al., 1971 ; Chateauneuf, 1974 ; Gruas-Cavagnetto, 1977), sont les plus importants (la courbe cumulée se situant entre 1 et 4%).

La zone ComC1-2 (Zone à *Pinus*, *Juniperus*, *Salix* et Poaceae) montre le développement des herbacées héliophiles et steppiques et celui des Poaceae (Figs. 27 et 28). Ce développement est marqué par *Artemisia*, Asteraceae, Chenopodiaceae, *Helianthemum*, Lamiaceae, Liliaceae, *Plantago* et Plumbaginaceae. Les taux de *Pinus* baissent au profit de *Salix*. *Juniperus* se maintient aux fréquences de la zone précédente. *Ephedra* est régulièrement notée, de même qu'*Hippophae rhamnoïdes*. Les taux de *Botryococcus* chutent et on note des occurrences de *Pediastrum*. Les taxons remaniés ne sont pratiquement plus enregistrés.

La zone ComC1-3 (zone à *Poaceae*, *Salix*, *Betula* et *Selaginella*) se caractérise par l'augmentation des fréquences de *Betula* suivie de celle de *Salix* au dépens de l'enregistrement pollinique de *Pinus* dont les taux chutent brutalement (Fig. 27). Elle correspond également aux dernières notations de *Ephedra* et aux derniers enregistrements de taxons remaniés. Cette évolution est également bien perçue dans le diagramme des concentrations. Les herbacées steppiques et héliophiles sont toujours enregistrées mais avec des taux légèrement moindres que ceux de la zone précédente. Cette zone correspond au maximum de développement de *Helianthemum* et à la fin de l'enregistrement des Plumbaginaceae. Des herbacées telles que *Plantago*, Ranunculaceae, *Thalictrum*, *Potentilla*, Rubiaceae, Saxifragaceae et Valerianaceae apparaissent ou se développent. C'est également dans cette zone que *Selaginella* connaît une brusque extension (Fig. 27).

Dans la zone ComC1-4 (zone à *Artemisia*) prédominent les herbacées steppiques et héliophiles associées aux Poaceae (Figs. 27 et 28). Elle est subdivisée en 3 sous-zones essentiellement à partir des fluctuations de la flore locale aquatique.
zone ComC1-4a : Artemisia se développe progressivement au dépens des Poaceae; les arbustes pionniers *Juniperus* et *Hippophae* sont présents. *Salix* est également bien représenté, le diagramme des concentrations signalant son maximum de développement dans cette zone alors que *Betula* diminue. *Pinus* n'est plus enregistré que par des occurrences isolées. Parmi les herbacées, on constate l'essor rapide des Apiaceae, associé au développement de *Myriophyllum verticillatum* type et de *Typha latifolia*. Les herbacées dont le développement avait été signalé dans la zone précédente, Ranunculaceae, *Thalictrum*, *Potentilla*, Rubiaceae, Saxifragaceae et Valerianaceae, se maintiennent alors que les Brassicaceae ne sont plus enregistrées.
zone ComC1-4b : *Artemisia* atteint son extension maximale (autour de 40%) (Fig. 27). *Juniperus* et *Betula* montrent une hausse des pourcentages et des concentrations alors que *Salix* possède une courbe descendante. *Hippophae rhamnoïdes* se signale encore par les dernières notations. Les fréquences des Apiaceae baissent mais elles continuent à être régulièrement enregistrées. *Typha latifolia* et *Myriophyllum verticillatum* type diminuent fortement au profit du développement important de *Sparganium-Typha* type et de la présence continue au niveau de cette sous-zone de *Potamogeton*. Parmi les herbacées, seules *Thalictrum* et les Rubiaceae sont encore bien représentées.
zone ComC1-4c : les pourcentages de *Artemisia* baissent fortement mais les concentrations du total du pollen herbacé montrent toujours des valeurs élevées au profit d'une brutale augmentation des Poaceae (Figs. 27 et 28). *Juniperus*, *Betula* et *Salix* se maintiennent, voire augmentent légèrement, bien que les fréquences relatives diminuent au niveau de cette sous-zone. *Sparganium-Typha* n'est plus enregistré.
La zone ComC1-5 (zone à *Corylus* et *Ulmus*) fait suite à

des niveaux sableux sans prélèvement palynologique. La représentation maximale pour *Corylus* et *Ulmus* associée à la courbe ascendante de *Quercus*, la forte baisse des herbacées, le développement des Monolètes caractérise cette zone (Figs. 27 et 28).

La zone ComC1-6 (zone à *Corylus*, *Quercus* et *Ulmus*) montre toujours des valeurs élevées pour *Corylus* (Fig. 27). La courbe de *Ulmus* reste stationnaire tandis que celle de *Quercus* est en légère augmentation. Les herbacées sont en augmentation du fait de celles des Poaceae et surtout des Asteraceae échinulé type (Fig. 28).

La zone ComC1-7 (zone à *Quercus*, *Corylus* et *Ulmus*) correspond aux valeurs maximales de *Quercus* associé à des fréquences encore fortes pour *Pinus* et *Corylus* (Figs. 27 et 28). À la base de la zone, des occurrences isolées de grains peuvent indiquer la diffusion régionale de *Tilia*. La flore aquatique locale se développe et est représentée par *Sparganium-Typha* associé à des Lythraceae et Nymphaea.

La zone ComC1-8 (zone à *Quercus*, *Corylus*, *Ulmus* et *Tilia*) indique le développement régional de *Tilia* et de *Fraxinus* et la diffusion régionale de *Alnus* (Fig. 27). Deux sous-zones ont été distinguées.
zone ComC1-8a : les occurrences régulières de *Fraxinus* signalent sa diffusion régionale, tandis que *Tilia* est déjà bien développé. Les fréquences de *Sparganium-Typha* sont toujours élevées et des notations régulières de Lythraceae et Nymphaea sont enregistrées.
zone ComC1-8b : l'augmentation de la courbe des Poaceae est concomitante avec des occurrences de *Plantago*, le seul enregistrement de tout le diagramme de *Calystegia*, la première notation de *Juglans* et une remontée des valeurs des Rubiaceae (particulièrement nette sur le diagramme des concentrations). Conjointement, le taux de PA baisse de même que les fréquences de *Sparganium-Typha*. Cette zone correspond à la diffusion régionale de *Alnus*.

Dans la zone ComC1-9 (zone à *Alnus*), le taux de PA est le plus élevé de tout le diagramme (Figs. 27 et 28). *Alnus* connaît son essor maximal au dépens de *Pinus*. Les notations de *Taxus*, *Acer* et *Fagus* signalent leur diffusion régionale. Parallèlement, les taux de *Ulmus* baissent de façon importante tandis que se maintiennent *Quercus*, *Tilia* et *Fraxinus*. Cette zone montre le premier enregistrement de *Cerealia* type associé à la présence de *Polygonum persicaria* type, de *Rumex* et aux occurrences régulières de *Mercurialis*.
Au niveau de la zone ComC1-10 (zone à *Alnus*), les fréquences de *Alnus* baissent au profit d'une augmentation de *Pinus* et *Carpinus betulus* est enregistré pour la seule fois (Fig. 27). De même, les Poaceae, Asteraceae fenestré type, Brassicaceae, *Plantago* et *Plantago* operculé type ont leurs fréquences en augmentation. On note également la

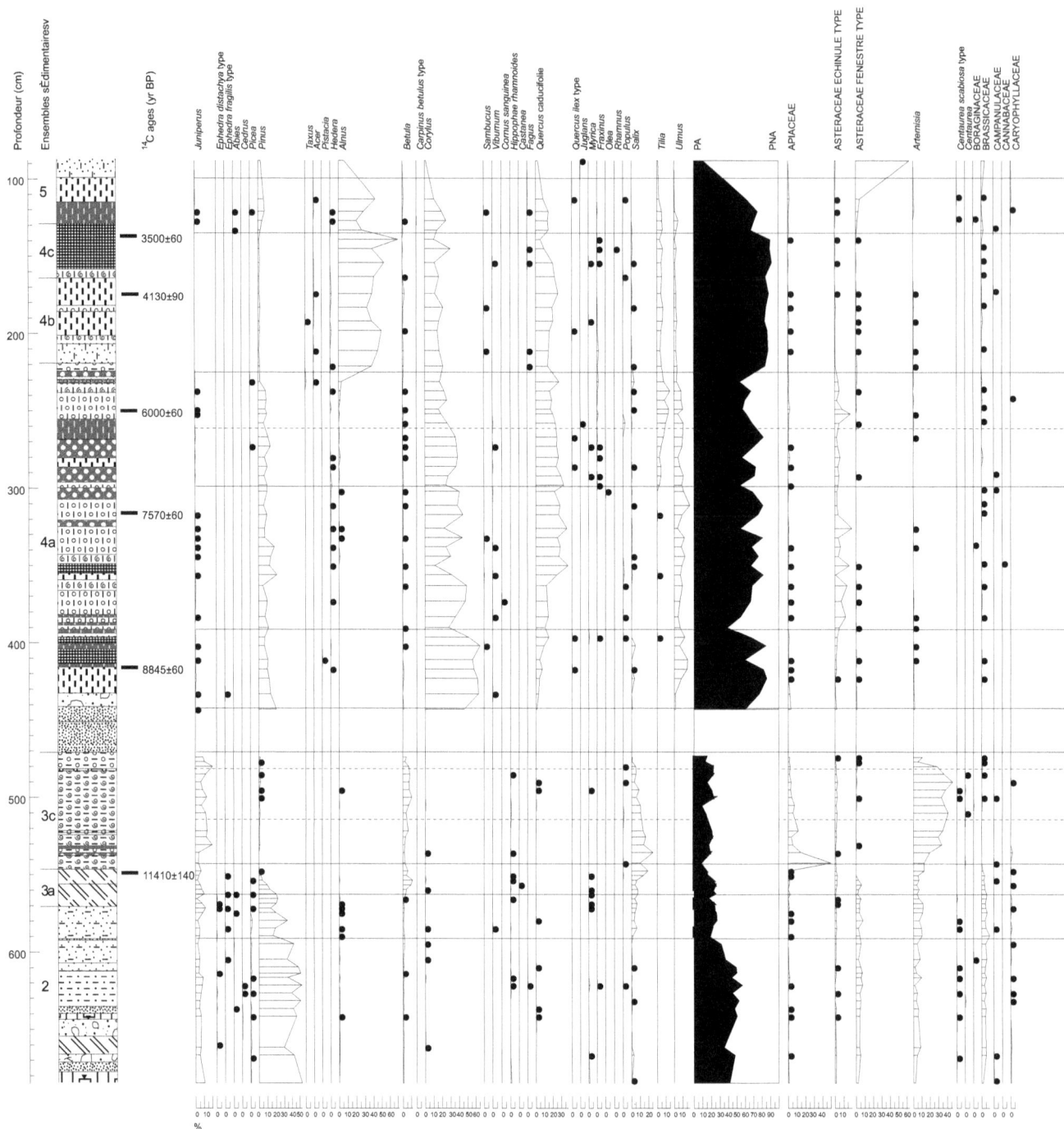

présence d'un grain de *Linum*.

La zone ComC1-11 (Zone à Poaceae, Cyperaceae et Asteraceae fenestré type) montre une baisse de tous les taxons arboréens, seuls *Pinus*, *Alnus*, *Quercus* et *Tilia* sont encore enregistrés (Fig. 27). La présence de *Juglans* est signalée par un grain. Le spectre est dominé par les Asteraceae fenestré type et dans une moindre mesure par les Cyperaceae, les Poaceae suivis de *Polygonum* et Brassiaceae.

5.1.2 : Les analyses palynologiques du sondage COM C3

Le diagramme a été subdivisé en 3 palynozones sur les variations de plusieurs taxons.

La zone ComC3-1 (Zone à Poaceae) se caractérise par les pourcentages très élevés des Poaceae, la présence de *Artemisia*, de *Juniperus* et des Cyperaceae (Fig. 29).

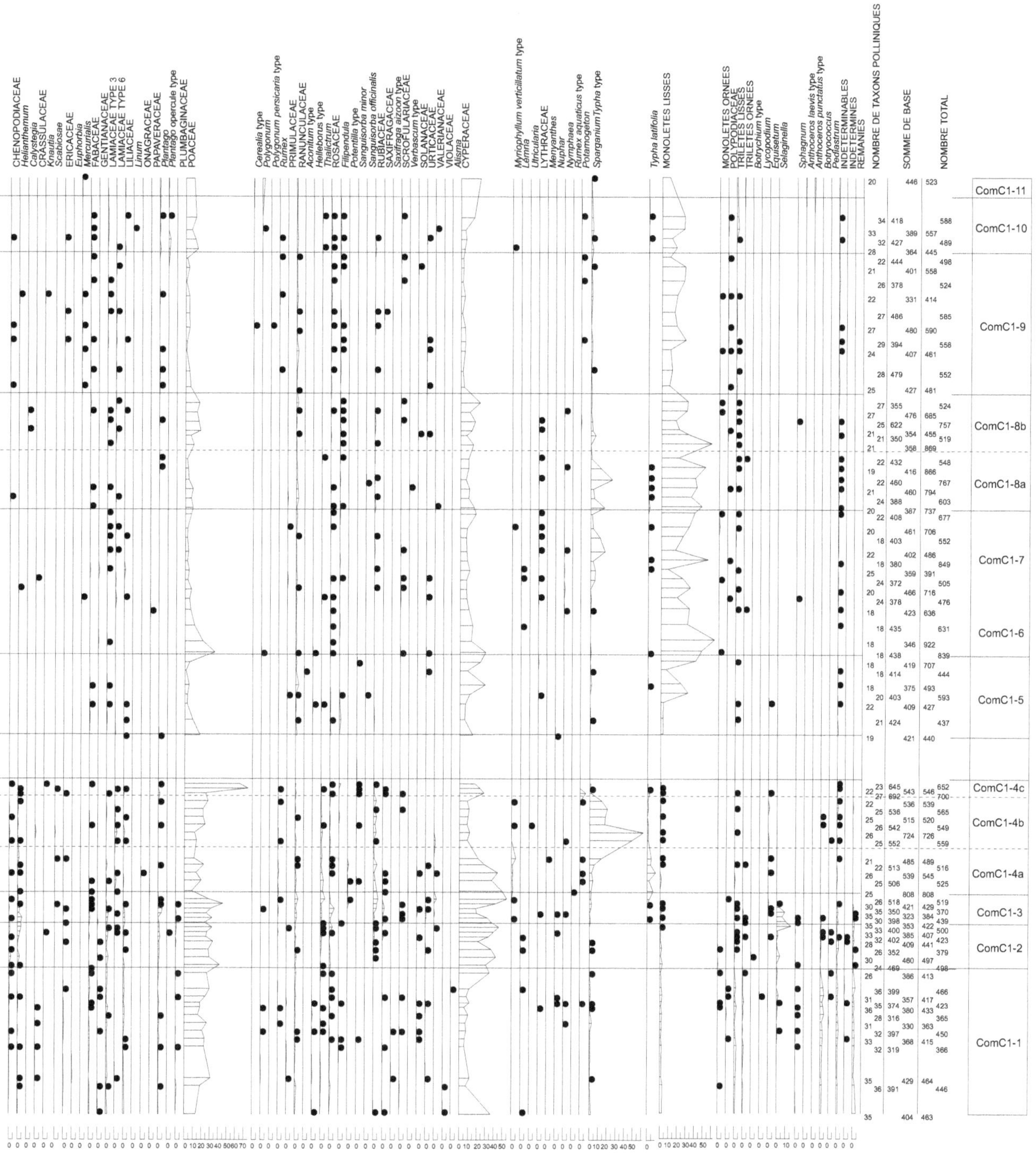

Figure 27 : Diagramme pollinique de la séquence COM C1 à Compans (vallée de la Biberonne)

Dans la zone ComC3-2 (Zone à Poaceae, *Artemisia* et *Juniperus*), les taux des Poaceae baissent régulièrement tandis que ceux d'*Artemisia* sont en hausse et atteignent jusqu'à 32% (Fig. 29). Les valeurs de *Juniperus* sont constantes tandis que celles de *Betula* et de *Salix* sont en légère augmentation par rapport à la zone précédente. Les Cyperaceae ont des valeurs en hausse. Apiaceae, Asteraceae, Brassicaceae et Rubiaceae sont également

enregistrées. Cette zone ComC3-2 débute, dans le diagramme des concentrations, par une très forte hausse des valeurs absolues pour tous les taxons, augmentation déjà amorcée au sommet de la zone pollinique ComC3-1.

Les spectres polliniques de la zone ComC3-3 (Zone à *Pinus* et *Betula*) présentent des taux de *Pinus* relativement élevés, ceux de *Betula* en légère hausse par rapport à la zone ComC3-2, une baisse des fréquences de *Juniperus*, *Artemisia* et Cyperaceae et le maintien des Poaceae (Fig. 29). La courbe de *Sparganium-Typha* est en augmentation. Ces caractéristiques se retrouvent dans le diagramme des concentrations.

5.2 : Les analyses malacologiques

5.2.1 : Malacofaunes de Compans C1

L'évolution malacologique de la séquence C1 de Compans présente quatre biozones (Fig. 30).
La première (malacozone C1) rassemble des associations très peu diversifiées. Dans la fraction aquatique les espèces les plus constantes sont les *Hydrobiidae* et *Galba*

truncatula. Elles sont associées à des mollusques représentés par *Succinella oblonga*, *Pupilla muscorum* et plus sporadiquement *Trichia hispida* (Fig. 30). La séparation en deux sous-zones a et b de cet ensemble est basée sur l'augmentation sensible des effectifs bien que la composition des assemblages reste constante.

L'échantillon 635-645 présente un certain nombre de caractéristiques propres justifiant son attribution à une biozone particulière (Fig. 30). La composition des cortèges change. Les aquatiques se diversifient. Les espèces terrestres sont représentées par *P. muscorum*, *S. oblonga* qui régresse sensiblement et *Vertigo genesii* qui apparaît. La malacozone C3 se distingue par une forte inversion du rapport terrestres/aquatiques en faveur des mollusques dulcicoles (Fig. 30). Les quelques espèces terrestres présentes sont *Oxyloma elegans*, *Cochlicopa nitens*, *Vertigo*

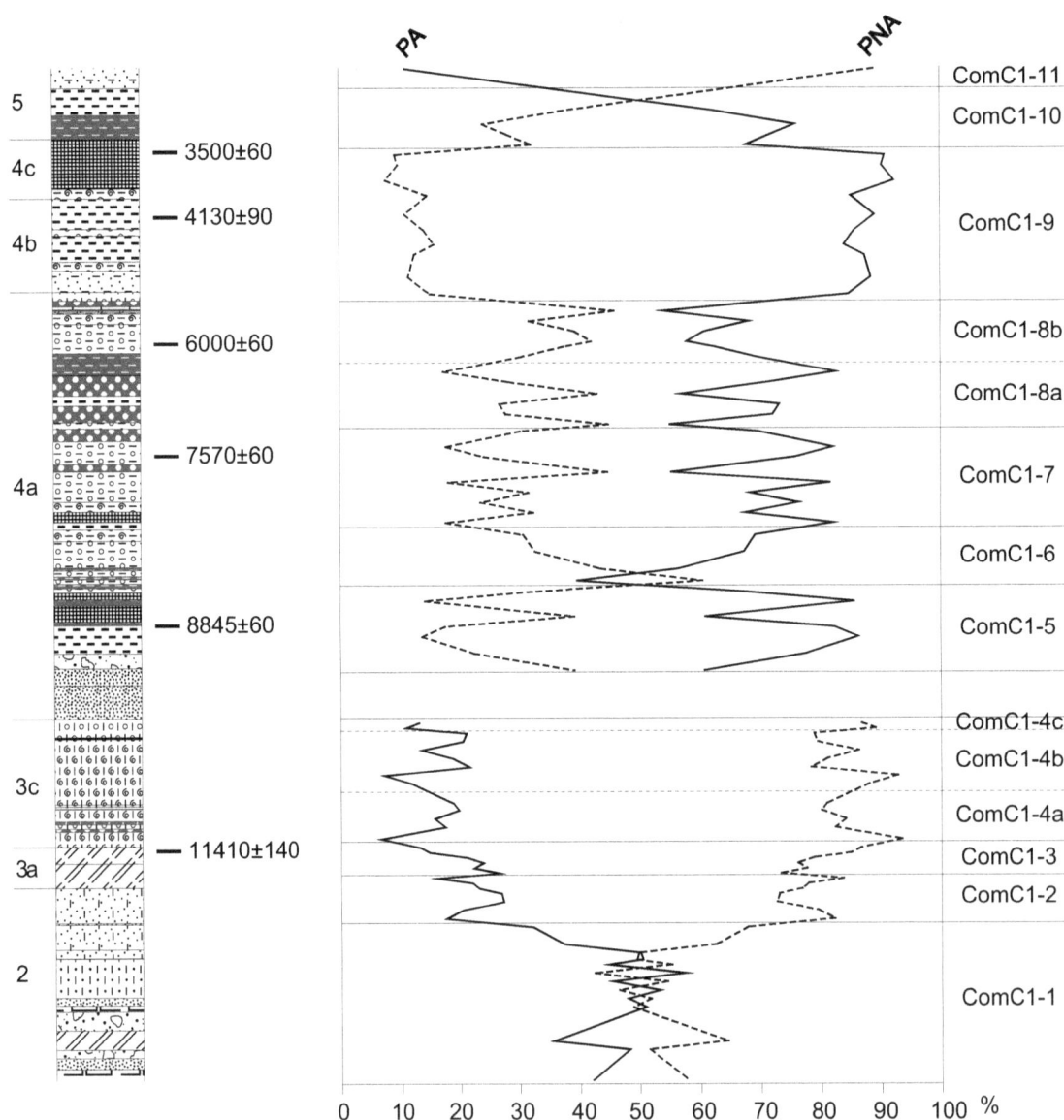

Figure 28 : Courbes du rapport pollens arborés/pollens non arborés dans la séquence sédimentaire de Compans

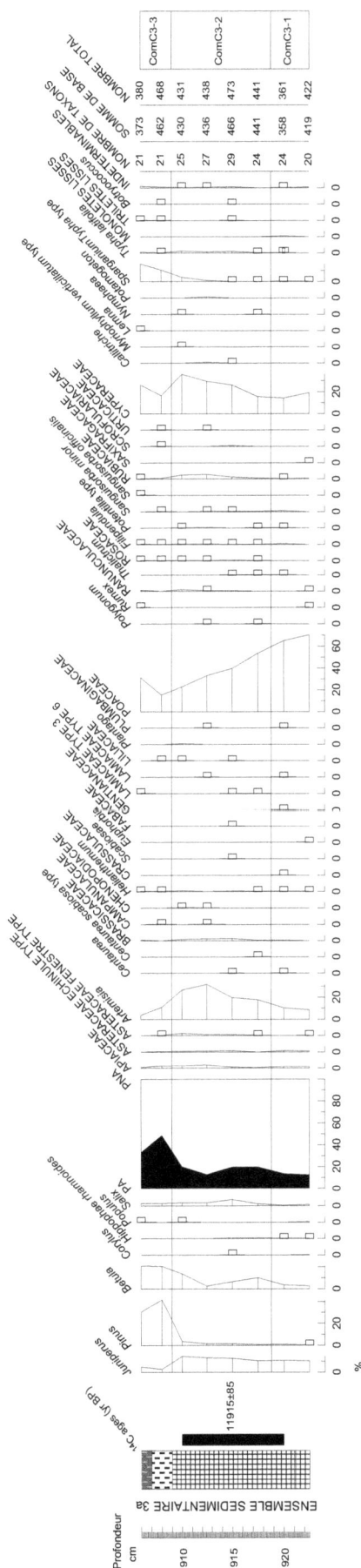

Figure 29 : Diagramme pollinique de l'unité 3a dans le sondage COM C3 de Compans (vallée de la Biberonne)

antivertigo, Carychium minimum, Vallonia pulchella.

La variation observée dans la composition du cortège des mollusques aquatiques permet de proposer deux sous-phases.

La première "a" est caractérisée par un cortège contenant une bonne représentation des espèces aquatiques (*Armiger crista*, *Gyraulus albus*, *Physa fontinalis*, *Pisidium nitidum*, *P. milium*).

Dans la sous-zone suivante "b", ces espèces déclinent ou disparaissent et *Radix balthica*, déjà bien développée précédemment, représente plus de 90 % du spectre faunistique global des assemblages.

La zone C4 individualise des assemblages beaucoup plus riches et diversifiés (Fig. 30). Les mollusques aquatiques restent dominants. Le développement de la fraction terrestre est représenté par des espèces moins hydrophiles telles *Carychium tridentatum*, *Punctum pygmaeum*, *Perpolita hammonis*, *Cochlicopa*, *Vitrea contracta*, *Vallonia costata*) voire des espèces forestières comme *Discus rotundatus*, *Aegopinella nitidula*, *Vertigo angustior*, *Acanthinula aculeata*.

5.2.2 : Malacofaune de Compans C3

L'échantillon prélevé à la base de la séquence C3 a livré une faune bien développée (tab. 2). La fraction aquatique est assez diversifiée. La fraction terrestre est quantitativement bien représentée mais comporte un nombre réduit d'espèces. Elle comporte plusieurs espèces de répartition actuelle continentale ou boréo-alpine (*Cochlicopa nitens*, *Vertigo genesii*, *V. geyeri*).

5.3 : Malacofaunes de Claye-Souilly

La liste des mollusques récoltées dans la séquence C1 de Claye-Souilly est représentée sous la forme d'un diagramme des abondances spécifiques exprimées en pourcentages et deux courbes en valeur absolue des effectifs et de la richesse spécifique. Cinq biozones sont mises en évidence (Fig. 31).

Dans la malacozone CS1, des assemblages très riches d'espèces dulcicoles sont dominés par *Bithynia tentaculata*, *Radix sp.*, *Planorbis planorbis*, *Armiger Crista* et *Pisidium sp.*. La fraction terrestre de ces malacofaunes progresse (Figs. 31 et 32). Elle est représentée par *Oxyloma elegans*, *Succinella oblonga*, *Vallonia pulchella*, *Vertigo geyeri* et *Vertigo antivertigo*. Elle devient prédominante au sommet de la biozone et le restera jusqu'au sommet de la série.

Dans la zone CS2, les associations sont nettement moins riches, tant en effectifs qu'en diversité spécifique (Figs.

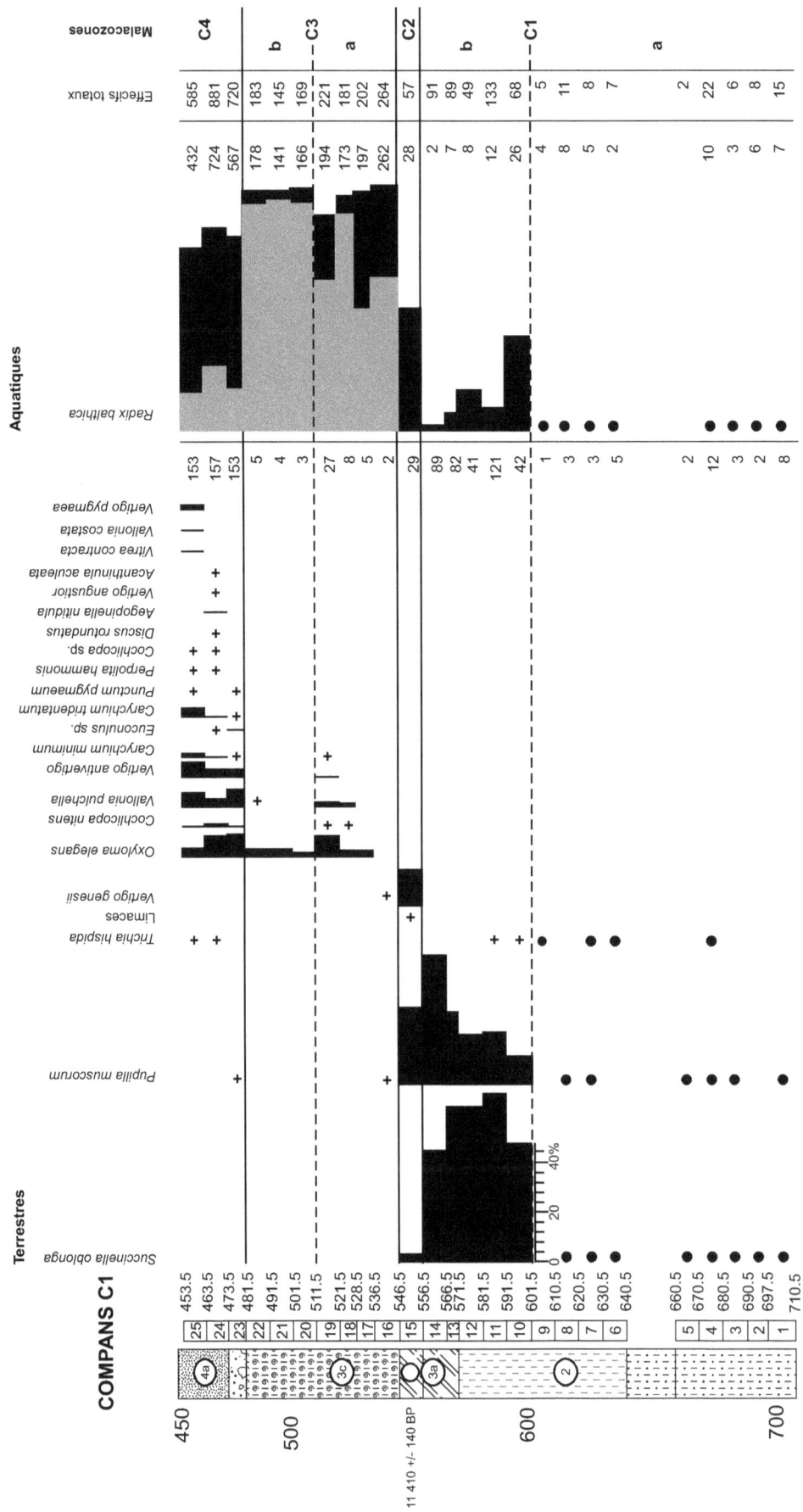

Figure 30 : Diagramme malacologique de la base de la séquence sédimentaire de COM C1 à Compans (vallée de la Biberonne)

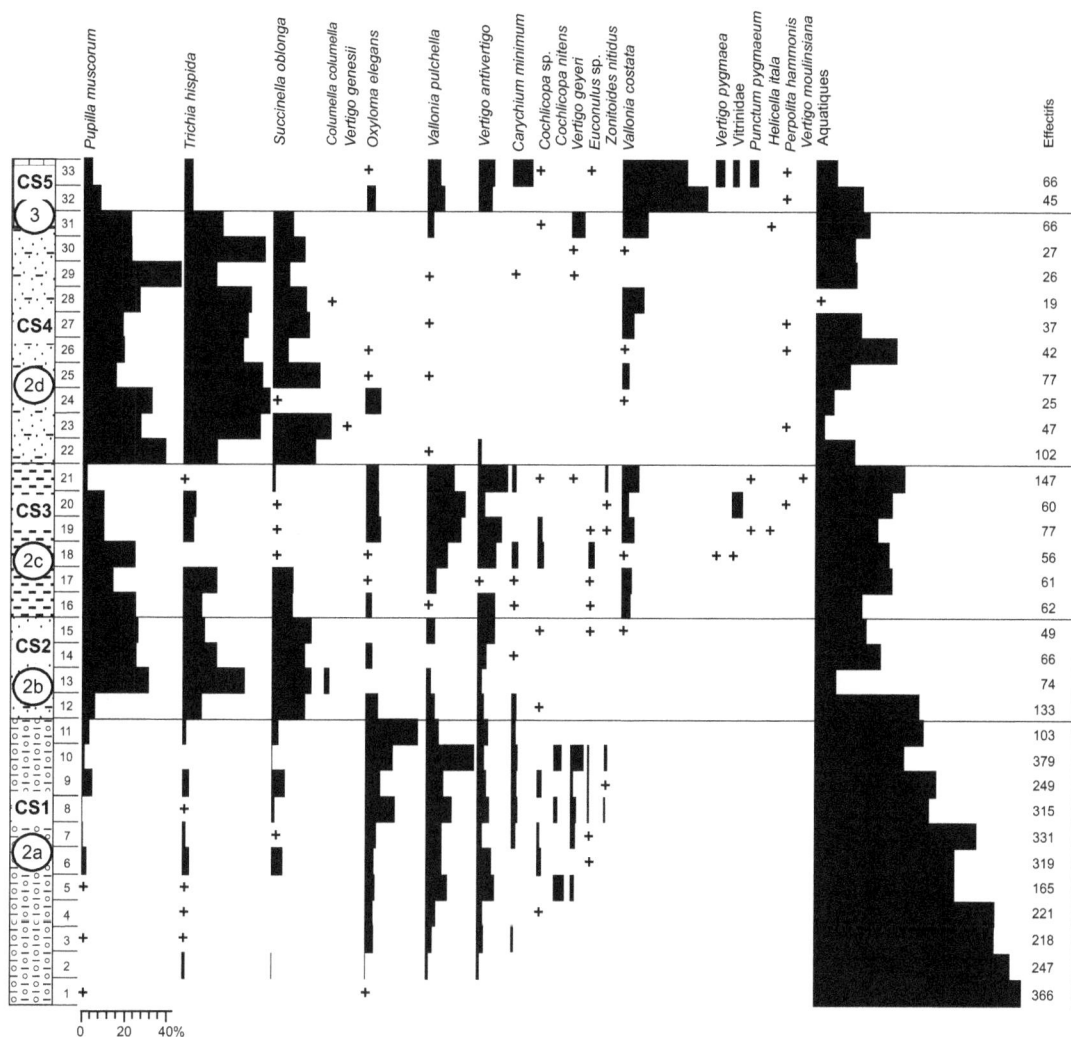

Figure 31 : Diagramme malacologique de la base de la séquence morphosédimentaire de Claye-Souilly :
sondage CLA C2 (vallée de la Beuvronne)

31 et 32). Parmi les mollusques terrestres *Pupilla muscorum*, *Trichia hispida*, *Succinella oblonga* et *Columella columella* constituent l'essentiel des effectifs tandis que les autres espèces régressent ou disparaissent.

En CS3, les mollusques eurythermes reculent tandis que se développent à nouveau les principales espèces de la zone CS1 et qu'apparaissent plusieurs taxons tels *Vallonia costata*, *Vertigo pygmaea* (Fig. 31).

La zone CS4 est marquée par un nouvel essor de *Pupilla muscorum*, *Succinella oblonga*, *Trichia hispida* ainsi que par un fort recul de la richesse spécifique du cortège (Figs. 31 et 32).

Dans la zone suivante, zone CS5, les effectifs et surtout la richesse spécifique augmentent. Les espèces de milieux très ouverts diminuent fortement. Les assemblages sont

semblables à ceux de la zone CS3.

6 : Interprétation chronostratigraphique des enregistrements sédimentaires du bassin-versant de la Beuvronne

Le calage chronostratigraphique des différentes formations sédimentaires traversées par les sondages se fonde sur des datations radiocarbone, des analyses palynologiques, malacologiques et sur la stratigraphie. Les données des différents transects sont comparées et corrélées afin de dégager une chronostratigraphie générale de l'ensemble des enregistrements sédimentaires du bassin-versant et ce des premiers dépôts archivés dans les fonds de vallée aux limons qui forment la sédimentation terminale.

59

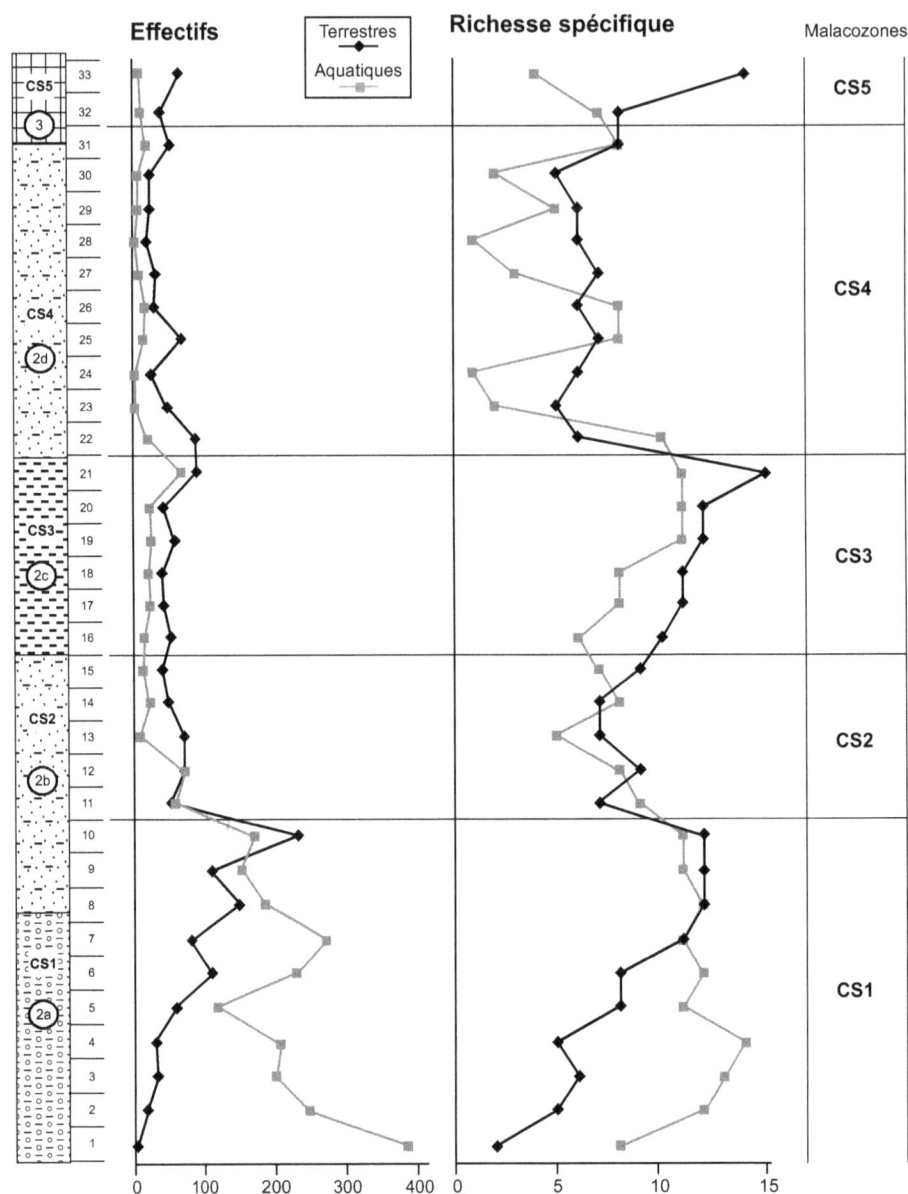

Figure 32 : Courbes des effectifs et de la richesse spécifique des malacofaunes de la base de la séquence morphosédimentaire CLA C2 de Claye-Souilly (vallée de la Beuvronne)

6.1 : Chronostratigraphie des formations du Pléniglaciaire

Dans le bassin-versant de la Beuvronne, les éléments d'interprétation chronostratigraphique manquent pour le Pléniglaciaire. Mais il est possible de distinguer deux types de formations dont les faciès correspondent probablement à cette période.

À la base des remplissages des sites de Villeneuve-sous-Dammartin, de Compans, de Nantouillet, de Claye-Souilly et d'Annet-sur-Marne, les cailloutis, unité stratigraphique 1, ont un faciès typique du Pléniglaciaire (Figs. 12, 14, 18 et 21). Les processus érosifs (s.l.) qui président à leur genèse et à leur mise en place sont caractéristiques d'un milieu périglaciaire. Des faciès grossiers similaires ont été reconnus dans d'autres sites du Bassin parisien et de l'Europe du nord-ouest et ont été également attribués au Pléniglaciaire (Bohncke et Vandenberghe, 1991 ; Burin et Jones, 1991 ; Kozarski, 1991 ; Lebret et Halbout, 1991; Starkel, 1991 ; Leroyer et al. 1994 ; Vandenberghe et al., 1994 ; Mol, 1997 ; Antoine, 1990, 1997a, 1997b, 1997c ; Huijzer et Vandenberghe, 1998 ; Antoine et al., 1998, 2000 ; Pastre et al., 1997, 2000, 2002a et b, 2003 a et b).

À Compans, le calage chronostratigraphique de la grave est corroboré par le contenu palynologique des unités qui la fossilisent.

À Compans, l'unité évoquée précédemment repose sous

des limons dont le contenu palynologique renvoie à un milieu périglaciaire, typique du Pléniglaciaire (Figs. 16 et 27). L'unité stratigraphique 2, observée dans la carotte COM C1, a livré une flore eurytherme (Fig. 27).

Les zones polliniques ComC1-1 et ComC1-2 avec la présence d'une végétation herbacée très clairsemée à Poaceae dominantes associées à des Cyperaceae et herbacées héliophiles et steppiques et à quelques arbustes pionniers dans laquelle les apports lointains de *Pinus* sont importants peuvent être attribuées au Pléniglaciaire (Fig. 27). De plus, la hausse des concentrations polliniques totales indiquant une densification du couvert végétal herbacé accompagnée de l'augmentation des courbes de *Juniperus* et *Salix* corrélative de la décroissance de *Pinus* pourrait signifier que la zone pollinique ComC1-2 est corrélable avec la fin du Pléniglaciaire (Litt et Stebich, 1999). Les notations régulières de *Alnus* tout au long de la zone pollinique ComC1-2 correspondent probablement à des apports depuis une aire de refuge lointaine plutôt qu'à la participation de cet arbre dans la végétation riveraine et peuvent alimenter le débat sur la présence d'une aire de refuge pour ce taxon (Jalut, 1967 ; Planchais, 1970 ; David, 1993 ; Gauthier, 1995b).

La faune malacologique contenue dans les limons de l'unité stratigraphique 2 de Compans (zone C1), montre des cortèges dominés par des espèces terrestres (Fig. 30). Les espèces représentées sont toutes eurythermes et font partie du cortège des associations de phase pléniglaciaire classiquement reconnu en Europe du Nord-Ouest (Kerney, 1971 ; Puisségur, 1976 ; Rousseau et al., 1990).

Ces données stratigraphiques, palynologiques et malacologiques permettent d'attribuer à ces limons un âge postérieur à la mise en place de la grave. Cependant, le calage chronostratigraphique ne peut être plus précis. Cette unité s'emboîte latéralement dans des formations limoneuses dont les faciès évoquent des limons lœssiques retrouvés dans d'autres transects comme à Villeneuve-sous-Dammartin et à Nantouillet. Là, ces formations limoneuses fossilisent aussi les graves.

D'après les données connues dans la Plaine de France et en France du Nord, ces limons peuvent être attribués aux épisodes d'activité éolienne du Saalien et/ou du Pléniglaciaire supérieur entre 25 et 13 ka (Audric,1973, 1974 ; Lautridou et Sommé, 1974, Audric et Boquier, 1976 ; Lautridou, 1985 ; Lebret et Halbout, 1991 ; Bahain et Drwila, 1996 ; Antoine et al., 1998).

6.2 : Chronostratigraphie des formations du Tardiglaciaire

Si les formations du Pléniglaciaire offrent une certaine homogénéité de faciès, il n'en est pas de même pour celles du Tardiglaciaire. Les enregistrements sédimentaires de cette période sont assez disparates. Toutefois, les élé-

ments chronostratigraphiques qui permettent de dater ces unités sont plus nombreux qu'au Pléniglaciaire. Seuls quatre des sites étudiés ont des dépôts attribués au Tardiglaciaire.

6.2.1 : Les enregistrements sédimentaires du Bølling

Les premiers dépôts sédimentaires du Tardiglaciaire, dans le bassin-versant de la Beuvronne datent du Bølling. Aucun témoin du Dryas ancien n'a été rencontré dans les transects étudiés. Pourtant, localement, les grandes artères hydrographiques du Bassin parisien contiennent des nappes sableuses fossilisant les formations du Pléniglaciaire supérieur et qui pourraient dater du Dryas ancien (pastre et al., 1997, 2002 a et b).

À Claye-Souilly, l'unité stratigraphique 2a, observée entre les sondages T1 et T5, est une tourbe tufacée (Figs. 22 et 23). Par comparaison avec les études malacologiques déjà réalisées dans les vallées du nord de la France (Limondin-Lozouet, 1995, 1998 ; Limondin-Lozouet et al., 2002a et b), la composition des malacofaunes contenues dans cette unité permet de les attribuer au Tardiglaciaire (Figs. 31 et 32). Les faunes de la zone CS1 comportent plusieurs éléments pionniers (*Cochlicopa nitens, Vertigo geyeri*) communs à la série récoltée à Holywell Coombe en Angleterre (Preece et Bridgland, 1999) attribuée au Bølling. Par ailleurs, le signal marécageux de ces faunes est semblable à toutes les associations malacologiques Bølling de petites vallées ou de chenaux secondaires actuellement recensées (Limondin-Lozouet et al., 2002). Enfin, l'évolution rapide en richesse et en diversité des cortèges de Claye-Souilly est équivalente à celles des associations Bølling de Conty (Limondin-Lozouet et Antoine, 2001) et d'Holywell Coombe (Preece et Bridgland, 1999).

À Compans, dans la carotte COM C3, l'unité 3a, entre 950 et 925 cm de profondeur, présente une grande similitude de faciès avec l'unité 2a de Claye-Souilly. Les faunes malacologiques du site de Compans comportent plusieurs éléments pionniers, communs à la série récoltée à Claye-Souilly (*Cochlicopa nitens, Vertigo geyeri, Vertigo genesii*) (Fig. 30). Cette association est attribuable au Tardiglaciaire et c'est avec les assemblages du Bølling qu'elle présente le plus d'affinité (Preece et Bridgland, 1999 ; Limondin-Lozouet et Antoine, 2001 ; Limondin-Lozouet, 2002a et b). Cependant, la comparaison avec l'analyse pollinique ne permet pas de confirmer avec certitude cette attribution. En fait, les spectres palynologiques apparaissent globalement insuffisamment caractéristiques. En effet, les forts taux des Poaceae et *Artemisia* associés à la rareté des arbres mis à part quelques taxons pionniers confèrent à la séquence pollinique un âge tardiglaciaire (Figs. 27 et 29). Mais, les spectres ne montrent pas d'évolution caractéristique permettant de les rapporter avec certitude à l'une des différentes périodes du Tardiglaciaire.

Toutefois, deux hypothèses peuvent être envisagées par comparaison avec les données polliniques régionales (Leroyer, 1997 ; Antoine et al., 2000 ; Pastre et al., 2000). Les spectres polliniques de la zone ComC3-3 avec des taux relativement élevés de *Pinus* associés à *Betula*, Poaceae et peu de *Artemisia* peuvent être rapprochés de ceux de la seconde partie de l'Allerød et ceux de la zone ComC3-2 à *Artemisia* et Poaceae dominantes associées à *Juniperus*, *Betula* et *Salix* pourraient alors être attribués au début du Bølling ; cette hypothèse est appuyée par les interprétations malacologiques qui attribuent le dépôt de la sédimentation tourbeuse (soit l'équivalent de la zone pollinique ComC3-2) au cours du Tardiglaciaire avec une malacofaune à forte affinité pour le Bølling. Le hiatus sédimentaire dont la présence a été envisagée concernerait alors la fin du Bølling, le Dryas moyen et la première partie de l'Allerød. Les caractéristiques de la zone ComC3-3 peuvent également se retrouver au début du Préboréal auquel cas les spectres polliniques de la zone ComC3-2 seraient corrélables avec le Dryas récent. Ainsi, ce niveau stratigraphique pourrait être attribué à la fin du Dryas récent et au début du Préboréal. D'un point de vue malacologique, cela n'est pas incompatible dans la mesure où le Dryas récent se caractérise par une bi-zonation des malacofaunes, la seconde partie étant propice à la réinstallation de cortèges pionniers (faunes DR à *Vertigo* in Meyrick, 2001). Cependant, dans ce cas, le hiatus perçu entre les zones palynologiques 2 et 3 est mal pris en compte, et surtout la zone 1 ne peut être attribuée à l'Allerød ou aucun hiatus n'est mis en évidence entre les palynozones 1 et 2.

La deuxième hypothèse évoque la transition entre le Bølling et l'Allerød. Dans ce cas, l'attribution de la palynozone 1 au Pléniglaciaire ne pose pas de problème, le hiatus entre les palynozones 2 et 3 correspondrait au laps de temps allant du Dryas moyen au début de l'Allerød. Les données malacologiques sont nettement plus compatibles avec cette attribution (faunes pionnières de Conty et Holywell Coombe : Preece et Bridgland, 1999 ; Limondin-Lozouet et Antoine, 2001 ; Limondin, sous presse). Enfin, dans ce cas de figure, les deux mètres de dépôts grossiers qui séparent ces niveaux sablo-tufacés du bois daté à 9190 ± 70 BP (10545 à 12215 Cal BP) pourraient être attribués au Dryas récent alors que dans la première hypothèse il faudrait reporter l'ensemble de ces dépôts au Préboréal. De plus, ces derniers s'emboîtent latéralement dans un tuf dont les spectres palynologiques renvoient indubitablement au Dryas récent et qui surmonte un paléosol daté à 11 410 ± 140 BP (13 825 à 13 010 Cal BP).

L'âge de 11 915 ± 85 BP (12 144 à 11 862 BC) livré par

des fragments de bois prélevés dans l'unité stratigraphique 3a correspondant à la malacozone ComC3-2 tranche en faveur de la seconde hypothèse. Il semble bien que le dépôt polyphasé de ce niveau débute ainsi durant le Bølling.

6.2.3 : L'enregistrement sédimentaire du Dryas moyen

À Claye-Souilly, entre les sondages T1 et T5 et dans la carotte CLA C1, le faciès de l'unité 2b est détritique (figs. 16 et 17). Cette unité correspond à la malacozone CS2 qui contient trois espèces dominantes (fig. 27) appartenant aux cortèges classiques des faunes du Pléniglaciaire capables de supporter des conditions climatiques froides (Puisségur, 1976 ; Rousseau, 1989). La position intermédiaire de cet épisode entre deux phases à malacofaunes plus diversifiées dont l'une, à la base, évoque le Bølling, est cohérente avec une attribution chrono-climatique au Dryas moyen. Par ailleurs, l'apparition de *Columella columella* est également observée à Conty (Limondin-Lozouet et Antoine, 2001 ; Limondin, sous presse) dans des assemblages rapportés à cette période.

6.2.4 : Les enregistrements sédimentaires de l'Allerød

À Compans, dans la carotte COM C1, le paléosol organique, unité stratigraphique 3a, daté à 11 410 ± 140 BP (13 825 à 13 010 Cal BP), est tronqué par une phase érosive ultérieure (figs. 9 et 10). Cette érosion se signale dans le diagramme pollinique (fig. 21) et dans l'évolution sédimentaire (figs. 21 et 11). Mais la signature chrono-climatique du paléosol n'est pas clairement établie. En effet, les spectres palynologiques indiquent une légère augmentation de *Betula*, une diminution de *Pinus* accompagnée d'une très légère rétraction de *Artemisia*. Les poacées sont encore nombreuses. Ces données ne sont pas franchement caractéristiques de l'Allerød. Si les spectres polliniques ne montrent pas l'évolution en deux phases reconnue dans le Bassin parisien (la première à Betula suivie d'une phase à Pinus) (Leroyer, 1997 ; Pastre et al., 2000 ; Limondin-Lozouet et al., 2002), ils peuvent correspondre au début de la première phase durant laquelle s'amorce le développement de *Betula*.

Les données malacologiques ne permettent pas d'affiner le calage chronostratigraphique (fig. 26). Dans la malacozone C2 (COM C1), l'occurrence de *Vertigo genessii* est notable. Cette espèce présente une répartition moderne boréo-alpine (Kerney et al., 1983). Dans les successions malacologiques de la fin du Weichsélien en Europe du nord-ouest, *V. Genesii* est recensée surtout dans les cortèges pionniers soit au début du Tardiglaciaire (Preece et Bridgland, 1999), soit durant la deuxième partie du Dryas récent (Meyrick, 2001). Parfois l'espèce persiste au début de l'Holocène mais de manière sporadique (Meyrick et

Preece, 2001 ; Meyrick, 2001). L'occurrence de *V. Genesii* dans la série de Compans, est un argument en faveur de l'attribution de cette unité au Tardiglaciaire mais le cortège malacologique est insuffisamment développé pour permettre une détermination plus pointue.

Toutefois, les arguments stratigraphiques et minéralogiques permettent d'attribuer ce niveau à l'Allerød. Il est surmonté d'un tuf dont les spectres palynologiques sont caractéristiques du Dryas récent. De plus, ce niveau s'emboîte latéralement dans l'unité sablo-tufacée 3a, échantillonnée dans la carotte COM C3 dont la palynozone 3, reposant en discordance érosive sur le Bølling, évoque un Allerød final. La troncature du paléosol contenu dans la carotte COM C1 explique la difficulté de l'attribuer avec certitude à l'Allerød. En position de berge, ce paléosol est érodé durant le Dryas récent tandis qu'au sein du chenal, l'Allerød final est fossilisé par des apports latéraux importants. Dans le Bassin parisien, l'Allerød est bien caractérisé par un horizon pédogénisé qui forme un horizon repère (Pastre et al., 1997, 2000).

À Villeneuve-sous-Dammartin, un paléosol similaire, unité 3, a été échantillonné dans la carotte DAM C3 (fig. 13). Mais il a été daté à 10 480 ± 70 BP (10 856 à 10 215 BC). Or cette date doit être rajeunie. En effet, elle situe ce paléosol dans le Dryas récent. Une telle phase de pédogénèse est incompatible avec les conditions bio-climatiques regnant au Dryas récent. Il est plus probable que ce paléosol se soit formé durant l'Allerød comme partout ailleurs dans le Bassin parisien (Pastre et al., 1997, Pastre et al., 2000). De plus, Il est surmonté par un niveau grossier, essentiellement sableux, coiffé par un niveau organique ayant été daté à 9595 ± 45 BP (9122 à 8651 BC). Ce niveau grossier serait ainsi attribué au Dryas récent en conformité avec les données locales et régionales.

À Claye-Souilly, l'unité stratigraphique 2c est limono-argileuse, légèrement humifère (Figs. 22 et 23). Elle correspond à la malacozone CS3 définie par un pic des diversités qui, ajouté à la rétraction des espèces eurythermes et au caractère plus sec de l'environnement, est compatible avec une attribution de ces malacofaunes à l'Allerød.

6.2.5 : Les enregistrements sédimentaires du Dryas récent

À Compans, les unités 3b et 3c se mettent en place durant le dernier stade froid du Tardiglaciaire. Ils fossilisent l'unité 3a attribuée à l'interstade Bølling-Allerød.

L'unité 3b, à éléments calcaires subanguleux, est essentiellement colluviale. Elle évoque une importante déstabilisation des versants de rive gauche dans des conditions rhexistasiques. Dans la carotte COM C3, elle est encadrée au sommet par un bois qui a été daté à 9190 ± 70 BP (10 545 à 10 215 Cal BP).

L'unité 3c repose en discordance sur le paléosol allerød daté à 11 410 ± 140 BP (13 825 à 13 010 Cal BP). Elle correspond à la zone pollinique ComC1-4 qui montre une phase à *Artemisia* particulièrement bien développée dans laquelle seuls des arbres pionniers (*Juniperus, Betula, Hippophae rhamnoïdes* et *Salix*) sont peu importants (Fig. 27). Ces caractéristiques se retrouvent au cours des périodes Dryas du Tardiglaciaire. La date obtenue dans la zone sous-jacente ComC1-3 permet bien de préciser l'attribution de la zone pollinique ComC1-4 au Dryas récent. Toutefois, les deux derniers spectres de cette zone (sous-zone ComC1-4c), correspondant à l'essor de Poaceae qu'il est difficile d'interpréter en terme de végétation, marquent la base de la malacozone C4 attribuée au Préboréal (Limondin-Lozouet, supra). C'est au niveau de cette sous-zone que se trouve la plus forte concentration de pollen herbacé alors que le Dryas récent est souvent marqué par une baisse des concentrations (Litt et Stebich, 1999). Cette observation corroborerait l'attribution de ComC1-4c au Préboréal ou tout au moins au passage Dryas récent-Préboréal.

Les pollens arborés sont rares et dominés par l'occurrence de *Salix* et *Juniperus*. Le paysage semble largement ouvert, steppique et aride.

Dans ce tuf, bien que les mollusques aquatiques soient moins représentatifs des conditions climatiques, le caractère très appauvri des faunes de la malacozone C3 est compatible avec les caractéristiques des malacofaunes du Dryas récent (Limondin-Lozuet, 2002a et b).

À Villeneuve-sous-Dammartin, l'unité stratigraphique4, bien échantillonnée dans la carotte DAM C3, est encadrée, à la base, par un paléosol qui a livré une date discutable de 10 480 ± 70 BP (10 856 à 10 215 BC) et, au sommet, par une couche tourbeuse datée à 9515 ± 45 BP (9122 à 8651 BC). Au-delà de l'imprécision de ces calages chronologiques, le faciès détritique évoque une sédimentation fluviatile ayant eu lieu durant le Dryas récent. Ce sont des Sables de Beauchamp issus de l'érosion des versants adjacents. Le caractère fluviatile de ce dépôt est avéré par un litage planaire horizontal et par la présence tufs à oncolites d'épaisseur centimétrique interstratifiés dans les sables.

À Claye-Souilly, dans la carotte CLA C2, l'unité sablo-quartzeuse 2d repose directement sur la grave et un échantillon de bois, prélevé à sa base (486 cm de profondeur) a été daté à 10 370 ± 75 BP (10 679 à 9827 BC)(Figs. 21 et 22). Dans cette carotte, cette unité est fossilisée par une tourbe datée à 8840 ± 70 BP (10 180 à 9660 Cal BP). Latéralement, en rive gauche, les sables quartzeux se substituent à des limons anorganiques dont les cortèges malacologiques (carotte CLA C1 et malacozone CS4) sont caractérisés par des espèces eurythermes et un fort recul de la richesse spécifique (Figs. 31 et 32). Le développement des mollusques de milieu ouvert permet de proposer une corrélation avec la péjoration climatique du Dryas récent.

6.3 : Chronostratigraphie des formations sédimentaires de l'Holocène

Les formations sédimentaires de l'Holocène sont bien représentées dans tous les transects étudiés. Les remplissages des fonds de vallée présentent en général une plus grande homogénéité d'un transect à l'autre.

6.3.1 : Chronostratigraphie des formations sédimentaires de la première moitié de l'Holocène

La première moitié de l'Holocène se caractérise par la mise en place, dans tous les transects à l'exception des têtes de vallées de Moussy-le-Vieux et de Juilly, des complexes sédimentaires organo-tufacés.

À Villeneuve-sous-Dammartin, la mise en place du dépôt de l'ensemble sédimentaire 4 débute à 9515 ± 45 BP (9122 à 8651 BC), date livrée par une tourbe à 635 cm de profondeur dans la carotte DAM C3 (Fig. 13).

À Compans, dans la carotte COM C3, l'ensemble sédimentaire 4a, organo-tufacé, se met en place à partir de 9190 ± 70 BP (10545 à 12215 Cal BP), date livrée par une tourbe à 650 cm de profondeur (Figs. 15 et 16). Dans la carotte COM C1, il se met en place à partir de 8855 ± 45 BP (8208 à 7817 BC), date livrée par une tourbe à 570 cm de profondeur. Mais, la couche sablo-graveleuse calcaire située sous ce lit tourbeux contient une malacofaune qui évoque déjà l'Holocène (Fig. 30). Dans la zone malacologique C4, l'apparition d'espèces thermophiles et le développement des faunes autorisent sans aucun doute le positionnement de ce dépôt dans l'Holocène. L'occurrence encore sporadique des forestiers et la présence de *Cochlicopa nitens* permettent une attribution au Préboréal par comparaison avec les cortèges malacologiques de cette période reconnus en Europe du Nord-Ouest (Preece et Bridgland, 1999 ; Limondin-Lozouet et Antoine, 2001 ; Limondin, 1995, 2002a et b).
La palynozone ComC1-5 (datée à 8855 ± 45 BP) avec l'optimum de *Corylus* indique que la sédimentation tourbeuse de la vallée de la Biberonne débute à Compans, au niveau de ce carottage au cours du Boréal (Fig. 27). L'essor régional d'une chênaie diversifiée avec l'apparition d'une aulnaie dans la vallée atteint son maximum au cours de la palynozone ComC1-8. Il correspond avec "l'optimum climatique" de l'Atlantique récent daté à 6000 ± 60 BP (5040 à 4727 BC) à 256 cm de profondeur dans la carotte COM C1.

À Nantouillet, l'ensemble sédimentaire 3 se met en place vers 8350 ± 285 BP (date livrée par une tourbe à 610 cm de profondeur dans la carotte NAN C2) (Figs. 19 et 20). Le Préboréal n'a été reconnu ni par sondage ni par carottage dans cette section de la Beuvronne. La sédimentation est organique jusqu'à 2830 ± 70 BP (3150 à 2780 Cal BP). Ainsi du Boréal à la fin du Subboréal, les apports détritiques sont très faibles. À 300 cm de profondeur, la sédimentation devient plus détritique comme l'attestent les premiers apports de quartz enregistrés dans un niveau daté à 2830 ± 70 BP (3150 à 2780 Cal BP). Ce n'est qu'à partir de 1460 ± 60 BP (1500 à 1280 Cal BP) que la texture devient franchement limono-sableuse et que cesse l'organogenèse (Figs. 19 et 20).

À Claye-Souilly, à partir de 8840 ± 70 BP (10 180 à 9660 Cal BP), l'organogenèse qui caractérise la première moitié de l'Holocène s'amorce (Figs. 22 et 23). Cette sédimentation organique s'achève avant 3950 ± 60 BP (4540 à 4240 Cal BP). Ces dépôts se mettent en place du Boréal au Subboréal. Ce dispositif se retrouve aussi à Annet-sur-Marne. L'unité de base de l'ensemble sédimentaire 3 y a été datée à 9300 ± 100 BP (Fig. 24). Au sommet, une tourbe a été datée à 4550 ± 120 BP.

Dans le bassin-versant de la Beuvronne, le Préboréal est assez mal représenté dans les formations traversées par les sondages et les carottages. On ne le rencontre que dans 3 sites : à Villeneuve-sous-Dammartin, à Compans et à Annet-sur-Marne. Il y est marqué soit par des tourbes ou par un sable calcaire, comme à Compans.

6.3.2 : Chronostratigraphie des formations sédimentaires du Subboréal

Dans le bassin-versant de la Beuvronne, les premières unités holocènes ayant des faciès détritiques se mettent en place entre 4550 BP et 3590 BP soit durant la première moitié du Subboréal. Ces dépôts succèdent à une légère phase d'incision des ensembles sédimentaires de la première moitié de l'Holocène. À partir du Subboréal, on assiste aux dépôts d'unités limono-argileuses et quartzeuses qui interrompent l'organogenèse de la première moitié de l'Holocène.
À Annet-sur-Marne, l'unité stratigraphique 4 repose sur une tourbe appartenant à l'ensemble 3 dont le sommet a été daté à 4550 ± 120 BP. Sa mise en place s'achève avec la formation d'une tourbe vers 2370 ± 70 BP (unité stratigraphique 5).
À Claye-Souilly, l'unité stratigraphique 4, argilo-limoneuse et quartzeuse, se dépose vers 3950 ± 60 BP, date livrée sur sédiments à 125 cm de profondeur.

À Compans, les unités 4a et 4b sont bien calées chronologiquement. L'unité 4a a été datée à 4130 ± 90 BP (4860 à 4420 Cal BP). Son dépôt s'achève avant 3590 ± 70 BP

(4085 à 3695 Cal BP) et 3500 ± 60 BP (3915 à 3630 Cal BP), dates obtenues dans l'unité 4b échantillonnée dans les carottes COM C3 et COM C1.

Autour de 3500 BP, la reconquête tourbeuse de la vallée aboutit au développement de l'unité 4b. Elle est marquée par le développement d'une aulnaie et par la dispersion régionale de *Fagus* au sein des palynozones ComC1-9 et ComC1-10. Ces deux évènements se produisent au cours du Subboréal. La limite ComC1-9 et ComC1-10 est datée à 3500 ± 60 BP (3915 à 3630 Cal BP). C'est au cours de ces zones polliniques que les marqueurs d'anthropisation du milieu commencent à être perceptibles et à avoir de fortes répercussions sur le paysage (atteinte du couvert forestier, apparition de taxons rudéraux et de céréales).

À Compans, après 3500 ± 60 BP (3915 à 3630 Cal BP), la tourbification est interrompue par des apports quartzeux qui deviennent de plus en plus importants. Ils concourent à la formation de l'unité stratigraphique 5 qui débute au Subboréal et perdure durant le Subatlantique.

À Claye-Souilly et à Annet-sur-Marne, les unités 5, tourbeuses, fossilisent les niveaux de la première moitié du Subboréal. La tourbification s'achève à 2390 ± 70 BP (2730 à 2320 Cal BP), à Claye-Souilly, et vers 2370 ± 70 BP, à Annet-sur-Marne, soit à la charnière du Subboréal et du Subatlantique.

À Villeneuve-sous-Dammartin, l'unité stratigraphique 7 qui fossilise les niveaux attribués à la première moitié du Subboréal a été datée à 1545 ± 30 BP (430 à 599 AD). La fin de la tourbification se place donc durant le Subatlantique. Les corrélations entre cette unité et les unités tourbeuses de Compans, de Claye-Souilly et d'Annet-sur-Marne ne sont pas bien assurées.

6.3.3 : Chronostratigraphie des formations sédimentaires du Subatlantique

Après 3500 ± 60 BP (3915 à 3630 Cal BP), à Compans, et à 2400 BP à Claye-Souilly et Annet-sur-Marne, se mettent en place les dépôts sommitaux limoneux. À Compans, ces apports limoneux qui forment l'unité stratigraphique 5 interviennent durant la seconde moitié du Subboréal et perdurent pendant le Subatlantique. Dans les sections aval de la Beuvronne, les unités stratigraphiques 6 se déposent à la charnière du Subboréal et du Subatlantique, c'est-à-dire à partir de 2400 BP.

Le faciès de la sédimentation subatlantique est essentiellement détritique. Les apports sont limoneux ou limono-argileux et riches en quartz. Localemant cette sédimentation minérale est interrompue par une reprise de l'organogenèse qui concoure à la formation de minces unités organiques.

À Claye-Souilly, la mise en place des limons argileux est interrompue par une phase organique calée vers 1700 ± 60 (1730 à 1500 Cal BP) et qui constitue l'unité stratigraphique 6b. Cette dernière peut être corrélée à l'unité stratigraphique 7 de Villeneuve-sous-Dammartin dont la formation s'achève vers 1545 ± 30 BP (430 à 599 AD).

À Villeneuve-sous-Dammartin, la sédimentation terminale à caractère limono-argileux est à nouveau interrompue par un nouvel épisode de tourbification vers 600 ± 45 BP (1296 à 1419 AD), unité stratigraphique 9, tandis qu'à Nantouillet, c'est autour de 1050 ± 70 BP que se met en place l'unité organo-minérale 5.

Conclusion partielle

Les enregistrements sédimentaires étudiés présentent donc une grande variabilité spatiale mais aussi une grande diversité. Les enregistrements morphosédimentaires s'étendent du Pléniglaciaire, le Tardiglaciaire et l'Holocène.

Le Pléniglaciaire est homogène. Il est marqué par la mise en place d'une nappe alluviale grossière, nourrie par des clastites provenant des Calcaires de Saint-Ouen et des Calcaires lutétiens. Un important épisode éolien lui succède et il pourrait correspondre à la dernière phase de déflation du Pléniglaciaire supérieur, datée entre 25 et 15 ka (Antoine et al., 1998).

Le Tardiglaciaire est représenté par un ou plusieurs unités stratigraphiques. Elles sont le plus souvent sablo-limoneux et faiblement organiques durant les stades froids. Mais certains faciès tufacés sont atypiques, comme celui du Dryas récent à Compans. Les interstades du Bølling et de l'Allerød ne sont pas enregistrés partout. Là où ils sont présents, ils marqués soit par des paléosols hydromorphes soit par des tourbes plus ou moins tufacées.

La sédimentation holocène débute à la transition du Préboréal et du Boréal. Les dates obtenues à la base des remplissages holocènes varient de 9545 ± 45 BP (9122 à 8651 BC) à 8350 ± 285 BP. La sédimentation de la base du Préboréal n'a pas été observée lors des sondages effectués. Il est probable que cette sédimentation se situe dans les parties basses des chenaux et qu'elle n'a pas été « accrochée ». Jusqu'à la transition Atlantique/Subboréal, la sédimentation est dominée par une alternance de lits de tourbes et de tufs.

À partir de 4550 ± 120 BP, une rupture est enregistrée. La sédimentation tourbeuse et tufacée s'éfface au profit d'une sédimentation limono-argileuse au faciès plus détritique. Cet épisode se place durant la première moitié du Subboréal. Dès lors, la variabilité des enregistrements stratigraphiques par transect s'accentue. La seconde moitié du Subboréal est marquée par une importante phase tourbeuse. Mais elle s'achève à des dates différentes en fonction des sections étudiées. À Compans, l'arrêt de l'organogenèse se situe vers de 3590 ± 70 BP (4085 à 3695

Cal BP) tandis qu'à l'aval, à Claye-Souilly et à Annet-sur-Marne, elle s'achève vers 2470 et 2490 BP.

Le Subatlantique est représenté par des enregistrements très variables en fonction des transects. La variabilité morphostratigraphique devient plus importante qu'avant. La sédimentation est toutefois dominée par le dépôt de limons plus ou moins argileux parfois interrompue localement par de brefs épisodes organiques.

Chapitre 3 : Reconstitutions des systèmes fluviaux dans le bassin-versant de la Beuvronne depuis le Tardiglaciaire

Le fonctionnement du bassin-versant de la Beuvronne n'a pas été uniforme depuis le Weichsélien supérieur. De grandes ruptures l'ont affecté en rapport avec des fluctuations environnementales plus ou moins importantes. Les réponses du système fluvial de la Beuvronne vont être différentes en fonction de l'ampleur des changements qui vont affecter les débits liquides et les débits solides (Schumm, 1977 ; Starkel, 1984, Bravard et Petit, 1997).

L'hétérogénéité des enregistrements sédimentaires des fonds de vallée du bassin-versant de la Beuvronne a été soulignée dans le chapitre précédent. Il apparaît que cette hétérogénéité est double. D'une part, elle est temporelle : chaque unité stratigraphique s'individualise par des faciès sédimentaires qui lui sont propres et par une minéralogie qui renvoie, elle, directement aux dynamiques érosives qui affectent le bassin-versant ainsi qu'à une activité bio-sédimentaire concourant à la formation des tufs par exemple. D'autre part, cette hétérogénéité est spatiale : tous les transects ne contiennent pas les mêmes enregistrements morphostratigraphiques. Entre chaque section du bassin-versant, la variabilité des réponses morphosédimentaires est assez grande.

En comparant chaque transect, la reconstitution des phases d'érosion, alluvionnement ou incision, et des phases d'accumulation tourbeuse ou d'édification de tufs, permet de définir une évolution diachronique et générale des enregistrements.

Elle permet aussi de souligner la spécificité du fonctionnement de chaque section en fonction de leur position dans le bassin-versant. Il s'agit donc de comprendre et de cerner les modifications fluviales de la Beuvronne et de la Biberonne en relation avec des fluctuations environnementales locales ou régionales.

1 : L'héritage du Weichsélien supérieur

Les périodes de crise morphogénique au Weichsélien sont attestées par de nombreux témoins inégalement représentés en fonction des transects. Dans le bassin-versant de la Beuvronne, les signes d'une intense érosion au Pléniglaciaire supérieur se distinguent bien des effets plus limités des péjorations climatiques du Tardiglaciaire.

1.1 : La grave Pléniglaciaire

Dans les fonds de vallée de la Beuvronne, les témoignages d'une activité fluviale durant le Pléniglaciaire supérieur sont disparates. Dans les sections amont, seules quelques

lentilles résiduelles d'une grave grossière subsistent sur le plancher alluvial armé par les assises tertiaires (Fig. 33). À l'aval, en revanche, la puissance de cette grave est plus importante (Fig. 26).

La géométrie du lit rocheux de la Beuvronne montre clairement une différence entre les sections amont et aval (Fig. 33). Dans toutes les sections, le lit rocheux est incisé par de nombreux chenaux d'écoulement peu profonds et dont le fond ne se situe pas à la même côte altitudinale. Certains d'entre eux sont perchés d'un mètre au maximum comme à Villeneuve-sous-Dammartin entre les sondages T4 bis et T11 et entre les sondages T11 et T12 (Figs. 33 et 12). Mais ces paléochenaux sont fossilisés par des lœss et n'offrent pas d'enregistrements fluviatiles à leur base. Ils n'ont plus été fonctionnels après le dépôt des lœss. Ils semblent plus anciens que le chenal principal qui supporte le cailloutis et qui ne contient pas de lœss. Ces derniers ont dû être évacué lors d'une reprise des écoulements au Pléniglaciaire.

À Nantouillet, au niveau du sondage T16, un autre paléochenal est également perché de deux mètres par rapport au lit rocheux. Son activité fluviatile est attestée par la présence d'un cailloutis arrondi surmonté de limons lœssiques.

À Annet-sur-Marne, trois chenaux pléniglaciaires sont reconnus au niveau des sondages T3, T7 et T10.

La morphologie des chenaux change dans les différentes sections du bassin-versant (Fig. 33). Dans les sections amont, la rivière s'écoule sur un lit rocheux sur lequel se développent quelques barres graveleuses. À l'aval, la rivière adopte un style en tresses avec des chenaux divagants. Le lit fluvial est jalonné par une grave qui occupe toute la largeur de la vallée. Les écoulements importants liés aux périodes de dégel printanier et estival charrient une charge de fond grossière.

Les analyses sédimentologiques de la grave pléniglaciaire située à Claye-Souilly, indiquent qu'elle est composée d'un granulat calcaire (Fig. 23). La phase carbonatée est constituée de deux populations pétrographiques différentes. Une partie de la calcite contient du magnésium. Cette calcite magnésienne, dolomitique, n'est présente que dans les affleurements des calcaires lutétiens du bassin-versant de la Beuvronne. Les assises du Lutétien n'affleurent pas sur les versants (Fig. 5). Elles forment le plancher alluvial des sections de Villeneuve-sous-Dammartin, de Compans, de Nantouillet, de Claye-Souilly et d'Annet-sur-Marne. La présence d'une calcite magnésienne indique donc probablement une incision verticale de la rivière. Pourtant, dans les sections aval, la grave forme un pavage qui protège les assises du Lutétien. Vers l'aval, le cailloutis calcaire s'épanouit alors qu'à l'amont, il ne forme que de minces placages. Ce dispositif suggère une incision préférentielle dans les sections amont.

L'autre calcite est dépourvue de magnésium. Les graviers de calcite dépourvue de magnésium proviennent des marno-calcaires de Saint-Ouen. Ils constituent les planchers de la vallée de la Beuvronne, à Juilly principalement, et une partie du lit rocheux à Compans (sondage COM C1). Tous les versants qui encadrent les vallées du bassin-versant sont taillés dans les marno-calcaires de Saint-Ouen.

Le quartz, sous forme de sable, est également présent dans cette grave. Il peut même être assez abondant, avec un taux proche de 45 %. Il forme la matrice qui emballe le cailloutis. Il provient d'une érosion des assises sablo-quartzeuses du Tertiaire, Sables Auversiens et du Stampien, ou des limons de couverture qui en contiennent aussi. Ces formations affleurent tant sur le plateau, les versants et dans les fonds de vallée.

Le système morphogénique du Pléniglaciaire favorise l'érosion de toutes les formations géologiques du bassin-versant de la Beuvronne quels que soient leurs contextes géomorphologiques (Lautridou, 1985 ; Tricart, 1950). Cette érosion perdure jusqu'aux dépôts limono-lœssiques. La grave, dans l'hypothèse d'une génération unique, est effectivement fossilisée par des dépôts d'origine lœssique comme à Compans, à Villeneuve-sous-Dammartin (Fig. 33) ou à Nantouillet. Certains chenaux, dans la section de Villeneuve-sous-Dammartin et à Claye-Souilly, sont également colmatés par ce type de dépôt.

Cette morphologie fluviale, dominée par un système à tresses, est typique des systèmes fluviaux du Pléniglaciaire dans le Bassin parisien tant dans les petites vallées que dans les grands corridors fluviaux. Dans la vallée de la Nonette qui draine un bassin-versant de taille équivalente à celle de la Beuvronne, dans le Valois, le colmatage pléniglaciaire est composé d'une grave sablo-graveleuse (Pastre et al., 1997). Dans la vallée de la Marne, à Fresnes-sur-Marne, l'incision du Weichsélien est attestée par la position de la nappe alluviale sableuse du Saalien qui se situe quelques mètres au-dessus. Après ce dépôt, la vallée est incisée puis colmatée par un cailloutis weichsélien (Pastre et al., 1997). Dans la vallée de l'Oise, on retrouve aussi la grave de fond du Weichsélien (Lebret et Halbout, 1991 ; Pastre et al., 1997). Il apparaît que l'ensemble des vallées du Bassin parisien connaît le même type d'évolution durant cette période (Belgrand, 1883 ; Pastre et al., 2000 ; Pastre et al., 2002a et b).

Ce système fluvial n'est pas seulement caractéristique du Bassin parisien. Dans le bassin de la Somme, par exemple, les fonds de vallée sont aussi colmatés par ce type de dépôt lié aux mêmes processus morphoclimatiques (Antoine, 1990, 1997a, 1997b, 1997c ; Antoine et al., 1998, 2000). Dans la vallée de la Meuse française, ce dispositif se retrouve également (Lefèvre et al., 1993). Dans des contextes structuraux différents, c'est-à-dire dans les zones orogéniques comme les Alpes françaises et leurs piémonts, la réponse des systèmes fluviaux présente également de grandes similitudes avec celles du Bassin parisien (Bravard, 1992).

Par extension, les travaux dans l'Europe du Nord-ouest montrent une remarquable similitude des enregistrements morphostratigraphiques dans les fonds de vallée au Pléniglaciaire tant en Angleterre qu'aux Pays-Bas, en Allemagne et en Pologne (Burin et Jones, 1991 ; Kozarski, 1991 ; Starkel, 1991 ; Bohncke et Vandenberghe, 1991 ; Vandenberghe et al., 1994 ; Mol, 1997 ; Huijzer et Vandenberghe, 1998). Les dépôts du Pléniglaciaire sont grossiers et les systèmes fluviatiles adoptent tous un style en tresse. Les grandes et petites vallées des bassins sédimentaires de l'Europe du Nord-Ouest connaissent donc une évolution morphoclimatique identique.

1.2 : Les dépôts lœssiques

La dernière phase d'activité éolienne dans le Nord Ouest de la France se situe entre 25 et 13 ka (Antoine et al., 1998). Elle pourrait avoir présidé en partie au dépôt des formations limono-lœssiques échantillonnées dans les vallées du bassin-versant (Fig. 33). Mais ces dépôts peuvent être également plus anciens comme l'atteste la séquence du Chamesson à Villiers-Adam (Fig. 6)(Bahain et Dwrila, 1996). Toutefois, la ou les phases d'activité éolienne pléniglaciaire signent l'arrêt de l'incision du lit rocheux et fossilisent les graves à la base des remplissages. Il semble que les écoulements se soient taris. Les épisodes de déflation et d'accumulation éolienne se sont réalisés dans des conditions certes froides mais surtout sèches. Les auteurs sont unanimes pour reconnaître le caractère aride de ces périodes (Paepe et Sommé, 1970 ; Lautridou et Sommé, 1974 ; Lautridou, 1985 ; Haesaerts, 1984a, 1984b ; Antoine et al., 1998, 2000). Il est probable que ces épisodes d'aridité aient fortement restreint les écoulements de surface.

La plupart des modelés hérités du Pléniglaciaire sont empâtés par des dépôts lœssiques (Lebret et Halbout, 1991). De nombreuses sections du bassin-versant de la Beuvronne sont en effet colmatées par une accumulation plus ou moins importante de limons lœssiques (Fig. 33).

Les apports lœssiques sont bien représentés à Villeneuve-sous-Dammartin en rive droite. Ils atteignent une épaisseur proche de 2 mètres. À Compans et à Claye-Souilly, les rives droites de la Biberonne et de la Beuvronne sont également colmatées par un important dépôt limoneux.

Ces limons d'origine éolienne, mis en place au Pléniglaciaire, recouvrent la grave de fond à Compans, à Mitry-Mory, à Villeneuve-sous-Dammartin ainsi qu'à Claye-Souilly. Certaines de ces séquences limoneuses sont des lœss typiques comme à Villeneuve-sous-Dammartin entre les sondages T2 et T4 et à Compans, entre les sonda-

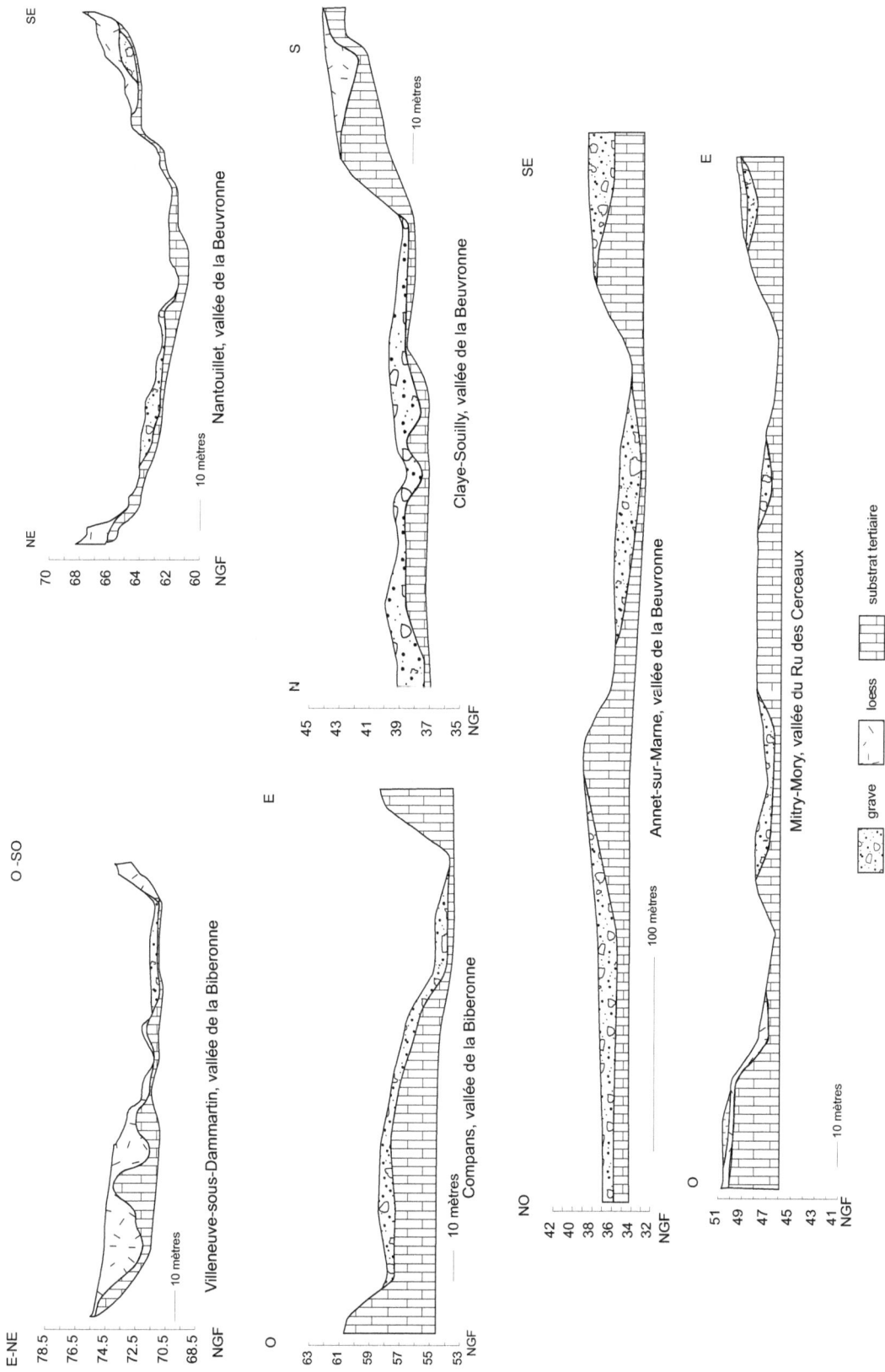

Figure 33 : Morphologie des fonds de vallée du bassin-versant de la Beuvronne à la fin du Pléniglaciaire supérieur

ges T5 et T10. Le colmatage des vallées par des lœss est, dans ce cas, bien attesté sans qu'il soit pour autant possible de dire s'il existait un chenal actif lors de leur dépôt (Antoine et al. 2000).

Il est difficile d'estimer l'épaisseur totale des lœss accumulés. Mais il est certain que la recharge limoneuse de la couverture superficielle du plateau aura permis de renouveler les stocks sédimentaires sur les surfaces érodables.

1.3: Les modifications bio-climatiques au Pléniglaciaire

L'ambiance climatique froide de cette phase érosive est appréhendée grâce à la base du spectre pollinique et aux analyses malacologiques de la section de Compans (palynozone COMC1-1 et malacozone C3). Le paysage végétal est clairsemé et les essences arborées et arbustives correspondent bien à un climat froid (Figs. 27 et 28). Cette végétation s'associe à une ambiance climatique périglaciaire, aride et froide, favorable à la gélifraction, typique du Pléniglaciaire dans le Bassin parisien (Leroyer et al. 1994; Leroyer, 1997).

Les fortes proportions du PNA de la palynozone ComC1-1 rappellent les environnements herbacés arctiques (Birks, 1972) avec une dominance des Poaceae associées à des Cyperaceae et d'autres herbacées héliophiles et steppiques (Asteraceae, *Artemisia*, Centaurea, Brassicaceae, *Helianthemum*, Chenopodiaceae), une très faible productivité pollinique permettant une large perception des apports lointains, notamment de *Pinus* (indiqués par les fluctuations importantes de sa courbe de fréquence) (Figs. 27 et 28). C'est dans cette seule zone que sont rencontrées des Crassulaceae et *Saxifraga aizoon* type qui sont actuellement des plantes adaptées aux milieux arides et colonisant les rocailles, éboulis, rochers (Fournier, 1977). Localement, quelques arbustes ligneux tels que *Ephedra*, *Hippophae rhamnoïdes* et *Juniperus* devaient se développer sur les alluvions sableuses du fond de vallon comme c'est le cas dans les régions semi-arides (Huetz de Lemps, 1994). La présence continue de taxons remaniés tertiaires indique qu'une grande partie des sols n'était pas recouverte par la végétation. La plus forte représentation de *Botryococcus* dans cette zone indique des conditions de milieu oligotrophe voire des conditions intermédiaires entre milieu oligotrophe et milieu eutrophe (Rosen, 1981 ; Moss, 1972). Ce type de végétation herbacée très clairsemée à Poaceae dominantes associées à des Cyperaceae et herbacées héliophiles et steppiques et à quelques arbustes pionniers est interprété comme reflétant un climat froid et sec.

Suite à un petit niveau sableux, débute la zone pollinique ComC1-2 qui traduit une légère augmentation des concentrations polliniques totales indiquant le développement de la végétation herbacée décrite précédemment (Figs. 27 et 28). Cette dernière induit une diminution des apports polliniques lointains (chute des taux de *Pinus*) et favorise la stabilisation des sols (baisse des taxons remaniés). De plus, les Cyperaceae et *Salix* se développent localement, probablement sur les sols mal drainés et des Plumbaginaceae et Saxifragaceae, plantes herbacées des régions froides du globe (Ozenda, 1964 et 1982) apparaissent et se développent. La forte diminution de *Botryococcus* et des notations régulières de *Pediastrum* soulignent également que les conditions de milieu deviennent eutrophiques (Rosen, 1981 ; Moss, 1972). La végétation essentiellement herbacée qui se développe autour du site semble, notamment par le développement des Cyperaceae et de *Salix*, se rapprocher des toundras arctiques (Elhaï, 1968). Si les conditions climatiques restent très sévères, la densification du couvert végétal principalement herbacé permet de supposer une amélioration par rapport à la zone ComC1-1.

Les données malacologiques corroborent les analyses palynologiques (Fig. 30). La première malacozone C1 rassemble des associations très peu diversifiées (Limondin-Lozouet *in* Orth, 2003). Dans la fraction aquatique, les espèces les plus constantes sont les Hydrobiidae et *Galba truncatula*. Les premières sont fréquentes dans les milieux de source et les nappes phréatiques, la seconde est connue pour son caractère "amphibie". Bien qu'aquatique *G. truncatula* passe de longues périodes hors de l'eau sur les tiges des plantes (Gittenberger et al., 1998). Ce cortège indique un milieu aquatique temporaire. La dominance des mollusques terrestres dans les associations de la zone C1 corrobore cette observation. Ces derniers sont représentés par *Succinella oblonga*, *Pupilla muscorum* et plus sporadiquement *Trichia hispida*. Le milieu est très ouvert et moyennement humide. La séparation en deux sous-zones a et b de cet ensemble est basée sur l'augmentation sensible des effectifs bien que la composition des assemblages reste constante. Cette augmentation pourrait correspondre à une certaine stabilisation des conditions environnementales favorisant le développement des malacofaunes.

2 : Évolution des lits fluviaux au Tardiglaciaire

Durant le Tardiglaciaire, les fluctuations climatiques qui font alterner les stades froids des interstades plus tempérés sont rapides et surtout elles ont une amplitude telle qu'elles favorisent des modifications morphosédimentaires importantes. Quant aux hommes, ils n'exploitent le milieu environnant que pour des activités de prédation qui ne modifient pas les paramètres inhérents au système morphodynamique en relation avec les écosystèmes dans lesquels ils vivent. Aussi les réponses morphosédimentaires de la Beuvronne et de la Biberonne sont directement liées aux modifications climatiques de la fin du Weichsélien supérieur. Les différents enregistrements morphosédimentaires du Tardiglaciaire dans le bassin-versant de la Beuvronne s'intègrent bien dans le cadre climatique de l'Hémisphère Nord entre 13 500 BP et 10 000 BP (Fig. 36) (Dansgaard, 1987 ; Stuiver et al., 1991 ; Dansgaard et al., 1993 ; Grip members, 1993 ; Grootes et al., 1993 ; Lowe et al., 1994 ; Taylor et al., 1993 1997 ; Johnsen et al., 2001).

Les enregistrements sédimentaires du Tardiglaciaire sont plus riches et plus diversifiés que ceux du Pléniglaciaire supérieur. Ils sont également mieux représentés. De plus, toutes les sections, à l'exception des têtes de vallée et du site de Nantouillet, en sont pourvues mais de manière inégale. Certaines sections présentent des séquences tardiglaciaires bien dilatées tandis que d'autres ne livrent que des séquences relativement minces.

Un des problèmes du Tardiglaciaire dans le bassin-versant de la Beuvronne tient à la diversité des enregistrements sédimentaires. Aucun des transects analysés ne présente une séquence identique. Des enregistrements aussi disparates posent un problème pour obtenir une vision d'ensemble du fonctionnement du bassin-versant durant cette période. Il apparaît que les enregistrements offrent une grande variabilité bien qu'ils obéissent à des facteurs climatiques d'ordre général. Trois transects nous permettent d'appréhender valablement les fluctuations environnementales et leurs modifications fluviales entre la fin du Pléniglaciaire supérieur et le début de l'Holocène. Il s'agit des transects de Villeneuve-sous-Dammartin, de Compans et de Claye-Souilly.

2.1 : La transition Pléniglaciaire/Tardiglaciaire

La transition du Weichsélien au Tardiglaciaire n'est pas facile à appréhender dans le bassin-versant de la Beuvronne

À la fin du Pléniglaciaire, la plupart des fonds de vallée du bassin-versant semblent recouverts par des limons, gleyfiés par endroits. Dans la partie médiane des vallées, ils sont peu épais, argileux ou sableux. En amont, ils reposent sur les lambeaux de la nappe pléniglaciaire et le substrat tertiaire. À l'aval, à Claye-Souilly, ils fossilisent la nappe weichsélienne. Ils sont bien développés de part et d'autre de l'axe médian de la vallée.

Les dépôts limoneux présentent des variations latérales de faciès. Dans le chenal, en position déprimée, ces limons ont une composante sableuse plus prononcée. Latéralement, ils s'enrichissent en argiles et se raccordent aux formations de versants. À Villeneuve-sous-Dammartin, à Compans et à Mitry-Mory, ces transitions latérales sont bien lisibles (Figs. 34 et 36).

Ces indices stratigraphiques et granulométriques pourraient renvoyer à l'existence d'écoulements dans un chenal ou des chenaux peu actifs et morphologiquement mal exprimés. Une partie de la charge solide proviendrait d'une remobilisation des lœss de couverture sur les versants par ruissellement (Antoine et al. 2000). Quelques galets calcaires isolés et des sables tertiaires, contenus dans ces limons, ont une origine qui est certainement à relier avec une remobilisation de la grave de fond. Ils corroborent l'idée d'un écoulement ayant une certaine capacité d'érosion. Mais l'image qui se dégage de ces données incite plus à penser à un système de vallées temporairement sèches.

Il est difficile de situer chronologiquement cet épisode. Nous ne disposons d'aucun indice précis. Dans les vallées, la mise en place de ces limons fait suite au dépôt lœssique sans que l'on sache si l'on est déjà au début du Tardiglaciaire, c'est-à-dire au Dryas ancien, ou encore dans une phase tardive du Pléniglaciaire.

2.2 : L'expression de l'amélioration climatique du Bølling dans le bassin-versant de la Beuvronne

L'interstade Bølling qui signe la fin du Pléniglaciaire supérieur est relativement mal documenté dans le Bassin parisien. Dans le bassin-versant de la Beuvronne, seuls deux sites livrent des enregistrements morphosédimentaires qui permettent de comprendre comment les petits bassins-versants réagissent à l'amélioration climatique de cette période.

La séquence de Compans est une des rares du bassin-versant à livrer des informations relatives au début du Tardiglaciaire (Fig. 34). Le début du Bølling se marque par une phase d'incision franche puis par le comblement organo-minéral du chenal.
Entre les sondages T1 et T4, la grave du Pléniglaciaire et la couverture limoneuse sont incisées jusqu'au substrat tertiaire (Fig. 34). Le chenal du début du Bølling a une largeur de 30 mètres environ. Cette phase d'incision précède la formation d'un niveau organique (unité stratigraphique 3a) qui se décompose en un lit tourbeux surmonté par une lentille graveleuse de quelques centimètres d'épaisseur, constituée d'éléments sublithographiques de marno-calcaires de Saint-Ouen (Fig. 15). Cette séquence, tronquée par une érosion ultérieure, perceptible dans le diagramme pollinique, s'achève par la formation d'une tourbe microfibreuse et qui contient du sable calcaire tufacé (unité stratigraphique 3a) (Figs. 16 et 27). Cette unité a été datée à 11 915 ± 60 BP (12 144 à 11 862 BC).

Les données polliniques permettent de préciser les conditions bio-climatiques qui ont présidé durant la formation de l'unité 3a (Figs. 27 et 28). Les débuts du Bølling se traduisent par une modification de la couverture végétale. À

Compans, l'enregistrement pollinique des deux premières zones de l'unité stratigraphique 3a de la carotte COM C3 révèle une végétation ouverte du type steppe à Poaceae et *Artemisia* se développant sous des conditions climatiques froides et sèches. Au cours de la zone ComC3-2, datée à 11 915 ± 60 BP (12 144 à 11 862 BC), des arbustes pionniers (*Juniperus, Betula, Hippophae rhamnoïdes* et *Salix*) s'étendent et commencent à coloniser la végétation herbacée steppique indiquant le début d'une amélioration climatique. Si à la base de l'enregistrement pollinique la végétation est encore clairsemée, l'augmentation des concentrations, dès le sommet de la zone ComC3-1, témoigne d'une densification du couvert herbacé qui coïncide avec le début des dépôts tourbeux. Localement, des formations de hautes herbes humides ou mégaphorbiées à

(Limondin-Lozouet *in* Orth, 2003). Les mêmes éléments pionniers retrouvés à Compans occupent un milieu marécageux (unité 2a) (Figs. 31 et 32). La malacozone CS1 regroupe des assemblages très riches dominés par les espèces dulcicoles qui constituent un cortège de milieu calme, riche en plantes aquatiques. La fraction terrestre de ces malacofaunes progresse rapidement en effectif et en diversité. Elle devient prédominante au sommet de la biozone et le restera jusqu'au sommet de la série. Les espèces représentées indiquent un environnement très humide de marais.

L'incision et la tourbification enregistrées à Compans et à Claye-Souilly attestent d'une métamorphose fluviale complète par rapport au Pléniglaciaire (Fig. 46). Au Bølling,

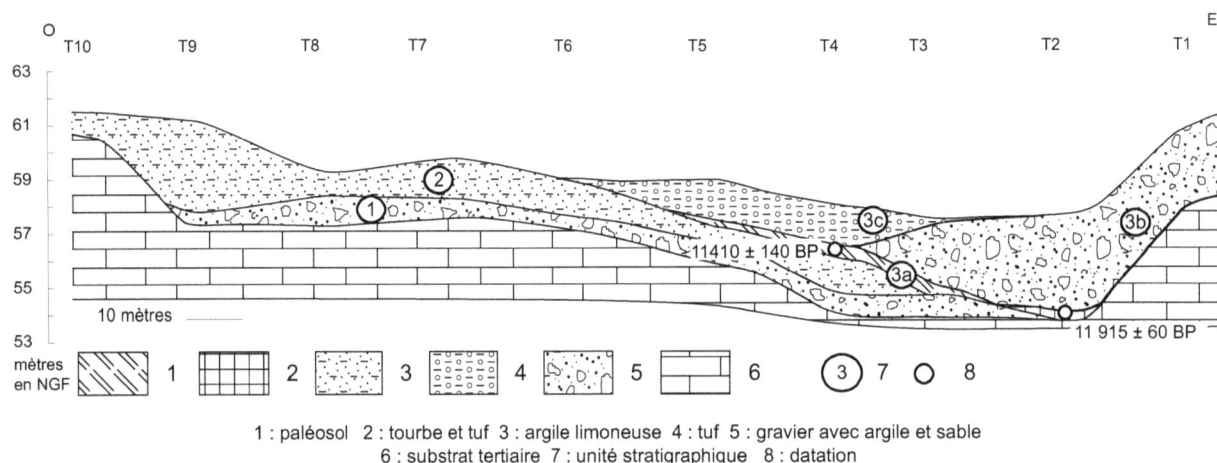

Figure 34 : Morphologie du fond de vallée à Compans (vallée de la Biberonne) à la fin du Dryas récent

Apiaceae, Rubiaceae, *Filipendula, Sanguisorba minor*, Cyperaceae se développent en bordure des zones marécageuses.

Cette zone marécageuse est colonisée par des espèces de mollusques aquatiques (Limondin-Lozouet *in* Orth, 2003). Leur présence indique un milieu calme et riche en végétation (Fig. 30). Les espèces terrestres colonisent les berges de la zone marécageuse. Le caractère pionnier du cortège malacologique (*Cochlicopa nitens, Vertigo genesii, V. geyeri*) confirme bien l'expression de cette amélioration climatique.

À Claye-Souilly, la sédimentation du Bølling est représentée par l'unité stratigraphique tufacé 2a dont le faciès est similaire à celui de l'unité 3a de Compans (Figs. 35 et 36). Ce niveau se développe directement sur la grave pléniglaciaire (Fig. 35). La grave de fond ne présente pas d'incision franche.
Le caractère palustre du fond de vallée à Claye-Souilly au Bølling est aussi attesté par les faunes malacologiques

les fonds de vallée de Compans et de Claye-Souilly sont parcourus par un chenal unique. Il semble que la métamorphose d'un système dominé par le tressage à un chenal unique soit rapide comme le suggère l'incision de la grave. La vallée devient surcalibrée et le chenal est colmaté par des dépôts organo-minéraux. La géométrie des dépôts et leur litage renvoient à des écoulements lents et modérés, chargés d'une fraction sableuse peu importante. Ces conditions hydrodynamiques favorisent le développement de tourbes beiges dont le faciès microfibreux est atypique et de tufs calcaires.
La réduction de la charge solide et l'augmentation relative des débits liquides par rapport aux débits solides favorisent, dans certaines sections, l'incision comme dans la vallée de la Somme. Elle serait corrélative d'une stabilisation des formations superficielles par la structuration d'un horizon Bt sur les limons de couverture du plateau, suite à la disparition du pergélisol (Van Vliet-Lanoë et al., 1992; Antoine et al ; 2000). En règle générale, durant le Bølling, les conditions hydrodynamiques deviennent plus modérées et le régime hydrologique semble plus régulier

(Starkel, 1984, 1991 ; Kellerhals et Church, 1989 ; Vandenberghe et al., 1994). Toutefois, à Compans, l'existence de lits grossiers interstratifiés dans la base du niveau organique pourrait révéler une instabilité des fonds de vallée au début du Bølling. La présence d'une lentille grossière de galets calcaires s'accorde peu avec une dynamique fluviale dominée par des écoulements lents et diffus dans un fond de vallée colonisé par une végétation d'hygrophiles et une première phase de stabilisation des versants. Au contraire, les conditions dynamiques nécessaires à la traction des cailloutis sont plutôt celles d'écoulements qui connaissent épisodiquement des crues. Au début du Bølling, les phases d'édification de complexes de tourbe et de tufs calcaires pourraient être interrompues par des écoulements érodant la nappe du Pléniglaciaire supérieur ou encore par des déstabilisations épisodiques des versants dominant ce transect. Les héritages du Pléniglaciaire ne sont pas encore fossilisés par des dépôts organogéniques et ils interfèrent encore dans les réponses morphosédimentaires du bassin-versant de la Beuvronne. Comme l'a suggéré, Pastre (Pastre et al., 2002a et b), le Bølling pourrait avoir été initié par une "courte phase transitoire de balayage". Un système de chenaux multiples aurait assuré l'évacuation des sédiments antérieurs avant 12 500 BP (Pastre et al., 2002a et b). Les lits grossiers, à la base du Bølling à Compans et déposés avant 11 915 ± 60 BP (12 144 à 11 862 BC), pourraient correspondre à cet épisode précoce du Bølling remarqué dans le Bassin parisien.

Les données du bassin-versant de la Beuvronne apportent une importante contribution à la connaissance du Bølling dans le Bassin parisien. Dans la vallée de l'Oise, à La Croix Saint-Ouen, une séquence sédimentaire a permis de dater la transition d'un système en tresses et divaguant à un système de méandres avec plusieurs chenaux. Un bois récolté dans la zone d'incision, fournit une date de 12 400 ± 120 BP (Pastre et al., 1997, 2000). Dans la vallée moyenne de l'Oise, à Houdancourt, cette transition est achevée vers 12 540 ± 120 BP (Pastre et al., 2002a et b). Dans le Bassin parisien, les sections moyennes de la Seine mettent aussi en évidence une phase d'incision au Bølling (Roublin-Jouve, 1994 ; Roublin-Jouve et Rodriguez, 1997 ; Leroyer et al., 1997). Dans le bassin versant de la Somme, dans la vallée de la Selle, l'incision, également reconnue, est antérieure à 12 400 BP, 12 370 ± 70 BP et 12 300 ± 120 BP (Antoine, 1997a, b ; Antoine et al., 2000). Dans l'Europe du Nord-Ouest, de la Belgique à la Pologne, en passant par les Pays-Bas, les vallées de la Meuse, de la Mark, de la Vistule et de la Warta connaissent toutes une évolution similaire durant l'interstade du Bølling (Haesaerts, 1984a, b ; Bohncke et al., 1987 ; Bohncke et Vandenberghe, 1987 ; Kozarski, 1991 ; Kalicki, 1991 ; Starkel, 1994 ; Vandenberghe et al., 1994). Les dates radiocarbone livrées par les sédiments de la Warta donnent un âge de 12 770 ± 190 BP et 12 630 ± 160 BP (Kozarski, 1991).

Tous ces auteurs sont unanimes pour attribuer à l'amélioration climatique du Bølling cette stabilisation relative de l'environnement. Ces modifications du système fluvial signent l'amélioration climatique qui survient dans l'Hémisphère Nord entre 13 000 BP et 12 000 BP. Les données paléoclimatiques disponibles pour l'Europe du Nord-ouest au Bølling donnent une estimation des températures moyennes de Juillet qui oscillent entre 13 et 18 °C (Walker et al., 1994 ; Lowe et al., 1994 ; Preece et al., 1999). Dans la vallée de l'Oise, les températures maximales varient de 17 à 18 °C (Limondin-Lozouet et al., 2002a et b). Au sud de l'Angleterre, cet optimum thermique se situerait, entre 13 160 ± 400 BP et 12 150 ± 110 BP. La première partie du Bølling serait plus chaude que la seconde avec des températures moyennes estivales maximales de 17 à 18 °C et des températures minimum hivernales moyennes de -7 à -3 °C (Preece et al., 1999).
La seconde partie du Bølling, plus tiède, aurait des températures moyennes maximales estivales de 13 à 14 °C et des températures minimales moyennes hivernales de -15 à 3 °C (Preece et al., 1999).
Le changement du régime hydrique et la métamorphose fluviale du Bølling enregistrés dans les fonds de vallée paraissent plus imputables à la rapidité de l'augmentation des températures qu'à une stabilisation des versants par la couverture végétale. La succession des trois biozones du Bølling dans le Bassin parisien, zone à *Pinus*, *Salix*, *Juniperus* et *Betula*, zone à *Juniperus*, zone à *Betula* et *Juniperus*, marque une fermeture progressive du milieu. La première zone indique un paysage largement ouvert, proche du Pléniglaciaire (Limondin-Lozouet, 2002a et b).

2.3 : La péjoration du Dryas moyen à Claye-Souilly

Seul le transect de Claye-Souilly contient un niveau sédimentaire qui pourrait témoigner de la péjoration climatique du Dryas moyen. L'unité stratigraphique 2b, prélevée dans la carotte CLA C1, repose en discordance érosive sur l'unité stratigraphique attribuée au Bølling (Figs. 35 et 22). Le faciès sédimentaire de cette unité stratigraphique est limoneux et anorganique. C'est un faciès carbonaté, détritique atypique que l'on ne retrouve pas ailleurs dans le bassin-versant de la Beuvronne.
Ces apports détritiques seraient corrélatifs d'une nouvelle déstabilisation des versants suite à la déstructuration des sols développés au Bølling. Ils correspondraient à l'érosion des formations superficielles qui recouvrent les versants et le plateau.

Ces données traduisent une reprise des apports détritiques qui colmatent en partie le chenal du Bølling et ce dans des conditions environnementales plus agressives. La malacofaune exclusivement fluviatile indique bien une reprise des écoulements dans la Beuvronne (Figs. 31 et

32)(Limondin-Lozouet *in* Orth, 2003). Dans la zone CS2, les associations sont nettement moins riches tant en effectifs qu'en diversité spécifique. Parmi les mollusques terrestres *Pupilla muscorum*, *Trichia hispida* et *Succinella oblonga* constituent l'essentiel des effectifs tandis que les autres espèces régressent ou disparaissent. Elles déterminent un milieu ouvert, relativement humide et des conditions climatiques moins favorables car toutes sont eurythermes. L'occurrence de l'espèce boréo-alpine *Columella columella* dans cette zone, appuie cette interprétation.

La péjoration climatique et la reprise de processus érosifs durant le Dryas moyen sont attestées dans le Bassin parisien. Dans la vallée de l'Oise, sur le site archéologique de Verberie, à La Croix-Saint-Ouen, à Longueil-Sainte-Marie, un épisode de sédimentation limono-marneuse est enregistré entre les niveaux du Bølling et ceux de l'Allerød (Pastre et al., 1997, 2000). Dans la vallée de la Seine, au Closeau, à Rueil, un épisode détritique est enregistré peu après 12 090 ± 140 BP (Pastre et al., 2002a et b).

Dans la vallée de la Somme, la tourbification du Bølling est également interrompue par un dépôt de limons fluviatiles calcaires, corrélatif d'une déstabilisation des versants. Les calages chronologiques situent cet événement entre 12 370 ± 120 BP/11 890 ± 70 BP, au sommet du Bølling, et 11 890 ± 90 BP/11 410 ± 80 BP à la base de l'Allerød (Antoine, 1997a, b, 2000). Le coup de froid qui intervient au Dryas moyen se lit dans les enregistrements palynologiques du bassin de la Somme (Emontspohl et Vermeesch, 1991). La couverture végétale enregistre une extension des Poaceae au détriment du saule et du bouleau (Emontspohl et Vermeesch, 1991 ; Antoine et al. 2000; 2002).

En Angleterre, à Holywell Coombe, le refroidissement du Dryas moyen se traduit par un important colluvionnement de 2 à 3 mètres d'épaisseur, mis en place entre 11 800 et 11 500 BP (Preece et al., 1999).

Dans la Meuse hollandaise, l'épisode du Dryas moyen qui se traduit par la fin de l'incision et le début de l'aggradation des lits fluviaux est calé entre 11 920 BP et 11 780 BP (Bohncke et Vandenberghe, 1991). Cette métamorphose se produit à partir de 11 850 BP dans la vallée de Mark (Vandenberghe et al., 1987).

En Pologne, dans la Warta, des apports détritiques post-Bølling attribués au Dryas moyen sont enregistrés à partir de 11 960 ± 180 BP (Kozarski, 1991).

L'ensemble des études, en Europe du Nord-Ouest, y compris le Bassin parisien, montre que le système fluvial qui caractérise le fonctionnement des fonds de vallée n'est pas différent de celui hérité du Bølling. Les rivières s'écoulent dans des chenaux à méandres avec des débits solides plus chargés.

Ces données confirment l'interprétation chronostratigraphique de l'unité 2b de Claye-Souilly.

Dans le bassin versant de la Beuvronne, l'enregistrement

de la péjoration du Dryas moyen est ponctuel (Fig. 36). Il convient donc de rester prudent en attendant une confirmation de cette interprétation. Mais la brièveté du Dryas moyen ne crée pas des conditions favorables à des enregistrements morphosédimentaires dilatés.

2.4 : La stabilisation des fonds de vallée à l'Allerød

La transition entre le Dryas moyen et l'amélioration climatique de l'Allerød n'est attestée qu'à Claye-Souilly. À Compans, les enregistrements morphosédimentaires de l'Allerød reposent directement sur ceux du Bølling. Dans le bassin-versant de la Beuvronne, à l'exception de ces deux transects, l'Allerød reste mal documenté.

2.4.1 : L'Allerød à Compans

Dans la carotte COM C1 de Compans, le paléosol qui forme l'unité stratigraphique 3a a été daté à 11 410 ± 140 BP (13 825 à 13 010 Cal BP) (Figs. 34 et 36). Il se développe sur les berges du chenal élaboré durant le Bølling. Il se raccorde latéralement aux tourbes attribuées au Bølling, datées à 11 915 ± 60 BP (12 144 à 11 862 BC), dans le fond du chenal. La pédogenèse affecte des limons lœssiques du Pléniglaciaire dont les teneurs en quartz baissent rapidement (Fig. 16). Elles passent ainsi de 53 % à moins de 30 % au sommet du paléosol.

Les données palynologiques du paléosol sur les rives du chenal sont plutôt représentatives du début de l'Allerød (Figs. 27 et 28). Le paysage végétal est encore dominé par de nombreuses espèces steppiques. En revanche, dans le chenal, la tourbe tufacée fournit un cortège palynologique qui s'apparente plus à la fin de l'Allerød.

Dans le paléosol, l'amélioration climatique qui s'exprime dans la palynozone ComC1-3 permet à des arbres pionniers de se développer : *Juniperus* et *Betula* dans un premier temps, suivis par *Salix*. Cependant, la végétation reste encore largement ouverte comme l'indiquent l'augmentation des concentrations, surtout celles du pollen herbacé, et les concentrations maximales de *Helianthemum* et des Plumbaginaceae, ces dernières étant plus fréquemment enregistrées au cours des périodes de végétation herbacée (Hoek, 1997). De plus, le développement de *Selaginella*, ptéridophyte de haute montagne (Fournier, 1977 ; Coste, 1983 ; Jahns, 1989), restreint à cette zone indique que le climat reste froid (Figs. 27 et 36).

En revanche, dans la carotte COM C3, en fond de chenal, les assemblages polliniques de la zone ComC3-3 correspondent à l'essor de *Pinus* et dans une moindre mesure de *Betula* aux dépens d'une régression d'*Artemisia* indiquant le développement d'une forêt de pins mélangée à des bouleaux (Fig. 29). Les formations herbeuses locales semblent disparaître au profit de peuplements à *Sparganium-*

Typha. Les caractéristiques totalement différentes de cel-les de la zone ComC3-2 peuvent suggérer la présence d'un hiatus sédimentaire, d'autant plus que la zone ComC3-3 débute par un changement sédimentologique (Fig. 15).

Les cortèges malacologiques indiquent un milieu relative-ment humide (Fig. 30). Le paléosol développé sur la berge, unité 3a, a livré un seul échantillon. Il présente un certain nombre de caractéristiques propres justifiant son attribution à une biozone particulière (Limondin-Lozouet *in* Orth, 2003). En quantité les fractions dulcicoles et ter-restres apparaissent équilibrées indiquant la progression du milieu aquatique par rapport à la phase précédente. De plus la composition de ces cortèges change. Les aquati-ques se diversifient et forment un assemblage de milieu stagnant colonisé par les plantes aquatiques. Parmi les ter-restres si *P. muscorum* se maintient, en revanche, *S. oblonga* régresse sensiblement et l'apparition de *Vertigo*

et 36). Son faciès est similaire. Il s'agit de limons-argileux calcaires. Ils sont toutefois plus humifères comme l'atteste le prélèvement dans la carotte CLA C4.

De plus, le cortège malacologique de ce niveau montre une augmentation du nombre d'espèces et surtout l'appa-rition d'espèces pionnières thermophiles indiquant une amélioration des conditions environnementales correspon-dant très probablement à l'Allerød (Fig. 31)(Limondin-Lozouet *in* Orth, 2003). Dans la malacozone CS3, si les effectifs restent relativement stables, en revanche, la richesse spécifique présente une nouvelle augmentation. Les mollusques eurythermes reculent tandis que se déve-loppent à nouveau les principales espèces de la zone CS1 attribuée au Bølling et qu'apparaissent plusieurs taxons. Ce cortège terrestre est représentatif d'une couverture végétale au sol plus importante qu'en CS2 et sensiblement moins humide que durant la première biozone CS1.

Les données obtenues s'intègrent bien dans le cadre chro-

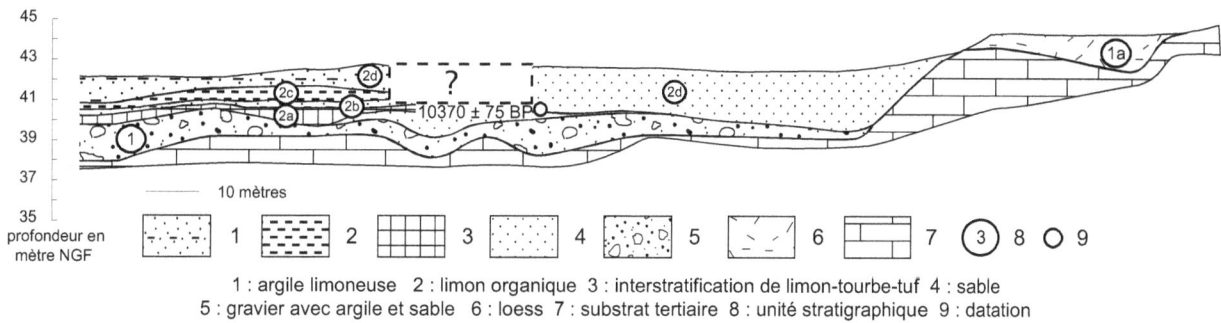

Figure 35 : Morphologie du fond de vallée à Claye-Souilly (vallée de la Beuvronne) à la fin du Dryas récent

genesii signale un milieu marécageux.

2.4.2 : L'Allerød à Villeneuve-sous-Dammartin

À Villeneuve-sous-Dammartin, l'unité humifère qui pour-rait correspondre au sol allerød du Bassin parisien et déjà reconnu à Compans (Pastre et al., 2002) a été échantillon-née entre la grave pléniglaciaire et un niveau sableux, épais de 2 mètres, lui-même antérieur à 9515 ± 45 BP (9122 à 8651 BC) (Fig. 36). Cette unité pédogénisée a livré une date de 10 480 ± 70 BP (10 856 à 12 215 BC). Malgré cette date problématique, ce niveau humifère est attribué à l'Allerød. Sa position stratigraphique et son faciès autorisent cette attribution.

2.4.3 : L'Allerød à Claye-Souilly

À Claye-Souilly, l'unité stratigraphique 2c recouvre l'unité stratigraphique attribuée au Dryas moyen (Figs. 35

nostratigraphique de l'Europe du Nord-Ouest. Dans le Bassin parisien, l'Allerød débute par une légère incision dans l'axe des grandes vallées comme l'Oise, la Marne et la Seine. Elle précède une phase de pédogenèse qui consti-tue un niveau repère (Pastre et al., 1997). Les dates dispo-nibles et les données palynologiques et malacologiques la placent entre 11 600 et 11 000 BP (Limondin-Lozouet, 1995 ; Leroyer, 1997; Pastre et al., 1997, Pastre et al., 2000). Dans la vallée de la Seine, à Rueil, ce niveau pédo-logique est postérieur à une occupation azilienne de 12 090 ± 90 BP et aux limons du Dryas moyen. Il y est fossi-lisé par un niveau daté à 10 840 ± 110 BP (Pastre et al., 2002a et b). Cette pédogenèse est contemporaine d'une colonisation tourbeuse dans les petites et moyennes val-lées. Dans la Vallée de l'Automne, dans le Valois au Nord-Est de la Plaine de France, la tourbe a livré un âge de 11 140 ± 100 BP (Pastre et al. 2000, 2002a et b). À Houdancourt, dans la vallée de l'Oise, un paléochenal livre une tourbe de 40 cm d'épaisseur, développée entre 12 060 ± 110 BP et 10 900 ± 140 BP (Pastre et al., 2000, 2002a et b). D'après ces auteurs, la phase de tourbification pourrait avoir lieu dans la seconde partie de l'Allerød, ce que corroborent les données de Compans.

Dans le bassin de la Somme, les observations sont convergentes. L'Allerød se caractérise par la formation de sols construits faiblement humifères datés entre 11 800 et 10 800 BP (Fagnart, 1993 ; Fagnart et Coudret, 1995 ; Antoine et al., 2000). Dans les lits mineurs, les sédiments sont des limons calcaires organiques dont la base est datée à 11 420 ± 65 BP. Leur mise en place s'achève vers 11 080 ± 65 BP (Antoine et al., 2000).

Dans le sud de l'Angleterre, cette stabilisation des versants intervient entre 11 530 ± 160 et 11 370 ± 150 BP (Preece et al., 1999).

La phase de pédogenèse qui signe l'interstade de l'Allerød dans le bassin-versant de la Beuvronne et par extension dans le Bassin parisien se cale bien sur la courbe isotopique de l'oxygène 18 (Fig. 36). Ces enregistrements sédimentaires au caractère organique plus affirmé sont donc corrélatifs d'une nouvelle amélioration climatique qui fait suite au coup de froid du Dryas moyen. Dans la vallée de l'Oise, l'Allerød est bipartite. La première partie de l'Allerød semble relativement plus chaude avec des températures maximales moyennes qui oscillent entre 16 à 22 °C de 12060 ± 110 BP à 11620 ± 110 BP. Entre 11620 ± 110 BP et 11 260 ± 90 BP, ces températures s'abaissent légèrement et varient entre 15 à 19 °C (Limondin-Lozouet et al., 2002). Le réchauffement interstadiaire est avéré dans toute l'Europe du Nord-Ouest (Lowe et al., 1994).

Cette phase de réchauffement permet une reconquête des espèces arborées. Dans le Bassin parisien, la dynamique de la végétation se marque par une extension de *Betula*. L'essor du bouleau, largement majoritaire devant *Juniperus* et *Salix*, ne doit pas masquer la présence encore importante d'*Artemisia*. Cette première partie de l'Allerød, calée entre 11 840 ± 190 BP et 11 290 ± 145 BP, caractérise un paysage encore ouvert bien que le couvert arboréen se densifie (Limondin-Lozouet et al., 2002). L'essor de *Pinus* marque la seconde partie de l'Allerød entre 11 450 ± 260 BP (à Sacy) et 11 080 ± 65 BP (à Conty) (Limondin-Lozouet et al., 2002). L'image que renvoient ces deux zones renvoie donc à une fermeture progressive du milieu au détriment de la steppe à armoises. Ce développement de la végétation s'accompagne de la formation d'un sol qui forme un horizon repère, le "Sol Allerød", représentatif de l'ensemble de l'Europe du Nord-Ouest (Preece, 1994 ; Fagnard, 1993 ; Fagnard et Coudret, 1995 ; Antoine et al., 1997 ; Pastre et al., 1997, 2000, 2002). Dans les zones humides, ce sol se développe sur les berges où il forme alors un petit sol alluvial (Pastre et al., 2002). Mais les données malacologiques indiquent que ces milieux humides sont restés plutôt ouverts et que la densité du couvert végétal y décroît durant la seconde partie de l'Allerød (Limondin-Lozouet et al., 2002).

Ce milieu caractérisé par une mosaïque végétale, encore ouvert, n'est pas complètement stable. La dégradation climatique de l'Intra Allerød Cold Period, IACP, bien que mal enregistrée dans les archives fluviales du Bassin parisien et de la Somme (Antoine, 1997a) où elle n'est que ponctuellement avérée, pourrait être responsable d'une érosion des versants comme à Rochy-Condé (Pastre et al., 2002) et à l'origine de la formation d'un niveau limono-argileux dans le lit mineur de l'Oise.

2.5 : La péjoration froide au Dryas récent

Dans le bassin-versant de la Beuvronne, les enregistrements sédimentaires du Dryas récent indiquent une rupture importante dans le fonctionnement du système morphodynamique du bassin-versant. Suite à la phase de relative accalmie de l'Allerød, les fonds de vallée témoignent d'une reprise d'écoulement chenalisé et, avant le début de la sédimentation organique du début de l'Holocène, les fonds de vallée s'exhaussent suite à d'importants apports détritiques.

2.5.1 : Le Dryas récent à Villeneuve-sous-Dammartin

À l'amont de la Biberonne, à Villeneuve-sous-Dammartin, entre le paléosol daté à 10 480 ± 70 BP (10 856 à 12 215 BC) et les sédiments organiques de l'Holocène datés à 9515 ± 45 BP (9122 à 8651 BC), deux mètres de sable quartzeux, lités, se mettent en place (Figs. 12, 13 et 36). Certains lits centimétriques formés de tourbes ou de tufs en interrompent la continuité. Ces dépôts traduisent bien une reprise de l'activité hydrologique dominée par des écoulements charriant des apports détritiques importants et qui mettent sous scellés le paléosol de l'Allerød (Fig. 13).

En rive gauche, le chenal allerød est dominé par des berges entaillées dans les Sables de Beauchamp (Fig. 5). Il est vraisemblable qu'une grande partie de la charge solide provient de ces affleurements.

2.5.2 : Le Dryas récent à Compans

Les enregistrements sédimentaires du Dryas récent sont également bien représentés dans le transect de Compans. Il s'agit des unités stratigraphiques 3b et 3c (Figs. 34 et 36) qui reposent sur le paléosol allerød, daté à 11 410 ± 140 BP et sous les sédiments du début de l'Holocène. Le Dryas récent est bipartite.

Entre les sondages T1 et T4, l'unité 3b est constituée par une accumulation détritique grossière formée d'un granulat calcaire (Fig. 15). Cet apport détritique comble le chenal d'écoulement du Bølling-Allerød. Dans cette section, l'aggradation du lit fluvial est brutale. Le granoclassement positif plaide en faveur d'épisodes hydroérosifs d'abord intenses puis de plus en plus modérés. Le chenal d'écoulement possède à nouveau un lit caillouteux et anorganique.

La particularité de cet enregistrement sédimentaire tient à la granulométrie du dépôt. Aucun autre transect, dans le bassin-versant de la Beuvronne, ne présente une telle accumulation grossière datant du Dryas récent. Il semble que cette formation se raccorde latéralement à un niveau colluvial grossier situé en rive gauche et qui serait un héritage du Pléniglaciaire (Figs. 34 et 14). La formation grossière qui colmate le chenal serait vraisemblablement un apport latéral proximal et non la manifestation d'une intense érosion des versants marno-calcaires.

Après ce dépôt, dans la carotte COM C1, le sommet du Dryas récent se traduit par la mise en place d'un tuf calcaire cohérent (Figs. 34 et 15). Ce tuf, épais de 75 cm, se construit en rive droite du chenal allerød. Il est composé presque exclusivement de calcite. Les taux de calcite sont toujours supérieurs à 70 %. La faiblesse des taux de quartz, proches de 1 %, confirme qu'il s'agit bien d'un tuf (Fig. 16).

L'hypothèse d'un dépôt d'origine érosive qui traduirait le démantèlement de tufs en amont ne peut être retenue. Il se présente comme une formation prélevée in situ. Ce tuf est coiffé d'un lit sablo-calcaire dont le contenu malacologique renvoie à des assemblages du début de l'Holocène.

Ce tuf se construit dans une ambiance climatique froide et sèche comme l'atteste le développement régional d'une formation steppique à *Artemisia* et Poaceae dominantes (zone pollinique ComC1-4) (Figs. 27 et 28).

Localement, en fond de vallée, se développent des végétaux aquatiques et/ou hygrophytes (*Myriophyllum verticillatum* type et *Typha latifolia* dans une première phase, *Sparganium-Typha* type et *Potamogeton* dans une seconde phase) et se mettent en place des formations de hautes herbes bordières ou mégaphorbiées avec des Apiaceae, Rubiaceae, *Thalictrum*, Valerianaceae probablement mêlés à quelques *Betula* et *Salix* indiquant que des conditions moins rudes devaient y exister. Le développement de ces formations coïncide avec la chute des Brassicaceae, dont beaucoup sont héliophiles (Hoek, 1997). Ces espèces ont dû précédemment jouer un rôle pionnier dans la fixation des berges et disparaissent avec l'essor de la végétation bordière. La dernière partie de cette zone (ComC1-4c) correspond au maximum des concentrations de pollen herbacé et au développement important des fréquences de Poaceae. Cette évolution est difficile à interpréter en termes de végétation, en raison du peu de spectres concernés (2 seulement) et de l'impossibilité de préciser s'il s'agit de genres de milieux secs ou humides ; les taux obtenus indiquent seulement une végétation herbacée prépondérante (Huntley et Birks, 1983).

Prélevées dans le même tuf calcaire, les malacofaunes de la zone C3 se distinguent par une forte inversion du rapport terrestres/aquatiques en faveur des mollusques dulcicoles, signalant le passage à un milieu plus aquatique (Fig. 30). Les quelques espèces terrestres présentes sont toutes représentatives d'un environnement très humide de type marécage (*Oxyloma elegans, Cochlicopa nitens, Vertigo antivertigo, Carychium minimum, Vallonia pulchella*). La variation observée dans la composition du cortège des mollusques aquatiques permet de proposer deux sous phases.

La première "a" est caractérisée par un cortège offrant une bonne représentation d'espèces de milieu aquatique permanent riche en végétation (*Armiger crista, Gyraulus albus, Physa fontinalis, Pisidium nitidum, P. milium*).

Dans la sous zone suivante, "b", ces espèces déclinent ou disparaissent et *Radix balthica*, déjà bien développée précédemment, représente plus de 90% du spectre faunistique global des assemblages. Cette espèce très ubiquiste se nourrit des algues qui se développent sur les plantes mais aussi sur d'autres substrats comme les pierres ou les fonds vaseux (Gittenberger et al., 1998). Elle peut donc coloniser des sols très dénudés. À Compans sa prédominance et l'appauvrissement spécifique du cortège aquatique sont sans doute liés une réduction de la végétation aquatique peut être à mettre en relation avec une augmentation de la dynamique du flux (Limondin-Lozouet *in* Orth, 2003).

2.5.3 : Le Dryas récent à Claye-Souilly

À Claye-Souilly, la péjoration climatique du Dryas récent favorise l'aggradation du lit fluvial et le remblaiement du chenal allerød (Figs. 35 et 36). En rive gauche, entre les sondages T1 et T4, la sédimentation, unité 2d, est limono-argilo-sableuse (Fig. 22). En revanche, entre les sondages T6 et T10, une importante unité sablo-quartzeuse (unité stratigraphique 2d) remblaie un chenal dont le plancher repose sur la grave pléniglaciaire.

Entre les sondages T5 et T6, l'unité limoneuse s'emboîte dans la formation de sable quartzeux lité. Les apports détritiques cumulent près de 250 cm de puissance dans la carotte CLA C2. Il s'agit d'une séquence sableuse, constituée à 80 % de sables dans le premier mètre inférieur (Fig. 23). Puis, jusqu'au sommet de cette unité stratigraphique, la granulométrie moyenne décroît à la faveur d'un enrichissement en limons argileux. Un bois flotté, prélevé à la base de l'unité stratigraphique 2e a été daté à 10 370 ± 70 BP (10 679 à 9827 BC). Ce dispositif stratigraphique suggère trois hypothèses.

Au Dryas récent, la sédimentation pourrait avoir débuté par le dépôt de limons tels qu'ils sont conservés entre les sondages T1 et T5. Peu de modifications morphodynamiques interviendraient entre l'Allerød et le Dryas récent. Les données malacologiques ne font pas état d'un hiatus

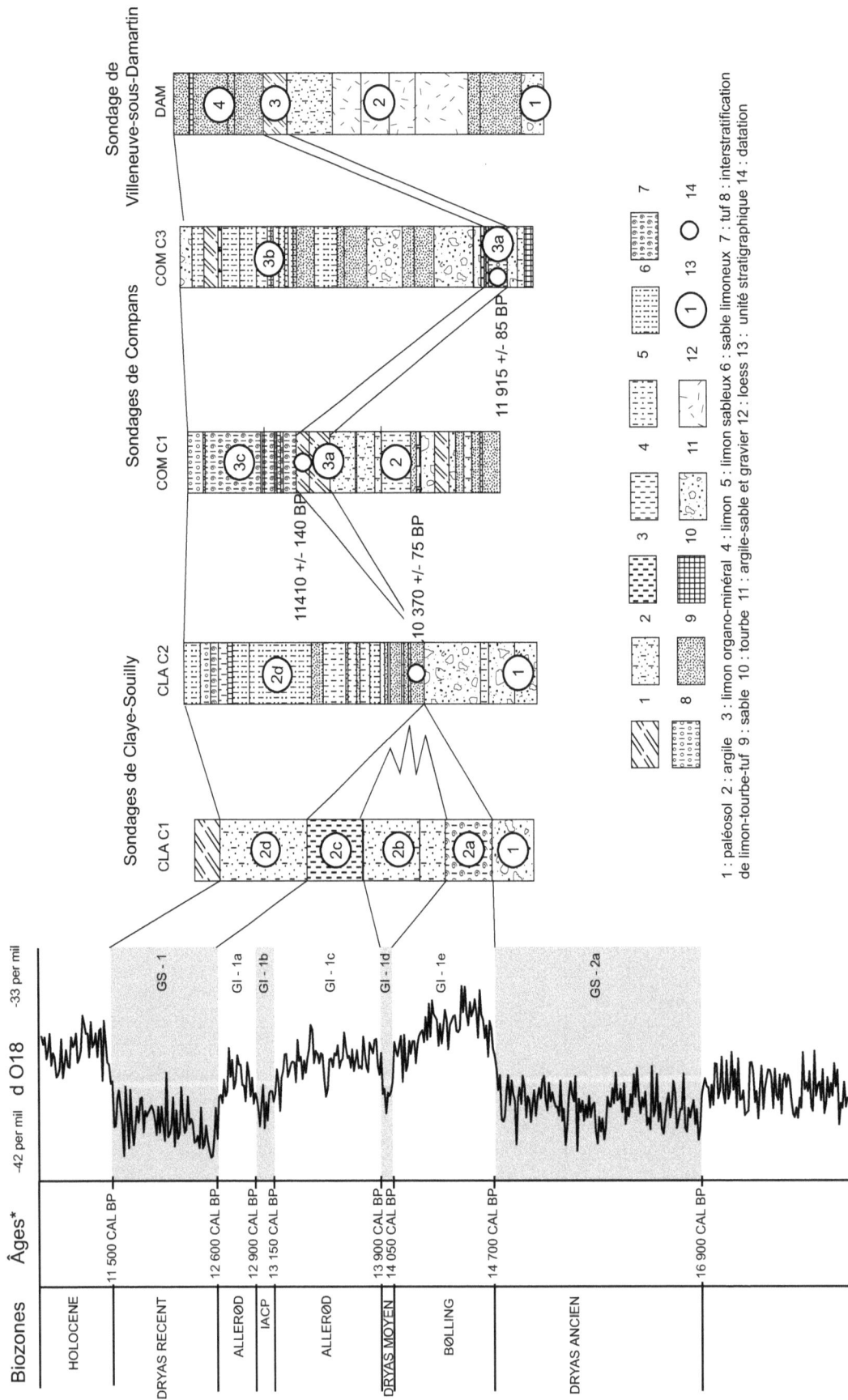

Figure 36 : Comparaison entre les modifications climatiques et les enregistrements morphostratigraphiques du bassin-versant de la Beuvronne au Tardiglaciaire

1 : paléosol 2 : argile 3 : limon organo-minéral 4 : limon 5 : limon sableux 6 : sable limoneux 7 : tuf 8 : interstratification de limon-tourbe-tuf 9 : sable 10 : tourbe 11 : argile-sable et gravier 12 : loess 13 : unité stratigraphique 14 : datation

* : Âges utilisés par Dansgaard *et al.*, 1993 ; Grip members, 1993 ; Johnsen *et al.*, 2001

78

entre les assemblages de l'Allerød et ceux du Dryas récent. La sédimentation semble donc continue, seulement moins organique. À partir de 10 370 ± 70 BP (10 679 à 9827 BC), la dynamique morphosédimentaire pourrait avoir radicalement changé. La mise en place de l'unité sableuse 2d, entre les sondages T6 et T10, impliquerait d'abord une incision des dépôts précédents jusqu'à la grave de fond. Puis le chenal créé serait colmaté par le dépôt des sables lités.

Une autre hypothèse valorise un changement de l'activité hydrologique à la fin de l'Allerød. L'incision serait plus précoce. Le chenal actif serait parcouru par des écoulements de crues saisonnières chargés en sables et en limons comme l'atteste la structure sédimentaire litée de l'unité 2d en rive droite. Les limons sondés entre les sondages T1 et T5 seraient des limons de débordement corrélatifs de ce nouveau type de régime hydrologique. L'absence de hiatus dans les cortèges malacologiques témoignerait d'une récurrence des crues. Mais, le colmatage du chenal ne débuterait que vers 10 370 ± 70 BP (10 679 à 9827 BC).

Cette unité pourrait également déjà appartenir au Préboréal. Le début de cette biozone est caractérisé par une incision très nette des niveaux du Tardiglaciaire. Le bois flotté qui a été daté à 10 370 ± 70 BP (10 679 à 9827 BC) pourrait avoir été remobilisé durant la période envisagée. Toutefois, le faciès des sables ne plaide pas en faveur de cette hypothèse. Dans les autres sections de la Beuvronne, les enregistrements du Préboréal ont tous un caractère organique plus affirmé.

Les enregistrements morphosédimentaires de Villeneuve-sous-Dammartin et de Compans s'intègrent mieux dans le cadre de la seconde hypothèse. En ce lieu, le Dryas récent n'est pas polyphasé comme dans la première hypothèse évoquée. Les paléosols attribués à l'Allerød sont tronqués par une phase d'incision. Ils sont ensuite directement fossilisés par des apports détritiques importants, sableux (Villeneuve-sous-Dammartin) ou graveleux (Compans). Cette bipartition du Dryas pourrait correspondre aux données climatiques qui montrent une première phase du Dryas récent plus froide et humide entre 10 950 BP et 10 550 BP (Isarin et Bohncke, 1998 ; Isarin et al., 1998). Elle aboutirait au dépôt des limons qui scellent les niveaux de l'interstade Bølling/Allerød. De 10 550 BP à 10 150 BP, les températures augmentent et le climat s'assèche (Isarin et Bohncke, 1998 ; Isarin et al., 1998 ; Limondin-Lozouet et al., 2002). Cette seconde période pourrait être corrélée à la phase d'incision observée dans les dépôts du Dryas récent à Claye-Souilly.

2.5.4 : Synthèse des enregistrements du Dryas récent de la Beuvronne

Les chenaux hérités de l'interstade Bølling/Allerød continuent d'être fonctionnel durant le Dryas récent. Si les apports détritiques mettent fin à l'organogenèse, les rivières n'adoptent pas pour autant un style en tresses (Fig. 46). En revanche, les chenaux sont tous colmatés par des apports limono-sableux comme dans les sections amont du bassin-versant. Seul le site de Compans offre un enregistrement morphosédimentaire différent (Figs. 34 et 36). Le premier marqueur de la péjoration climatique du Dryas récent est le niveau graveleux qui colmate le chenal et prouve que les héritages du Pléniglaciaire, stockés sur les versants ou à l'amont, sont érodés. Toutefois, le tuf qui fait suite aux apports solides caractérise probablement des écoulements chenalisés peu turbides. D'après Vaudour (1986b), "La phase de construction (des tufs) correspond à des conditions climatiques de température et d'humidité favorables au développement du couvert végétal et des sols et à une évolution lente des versants dans un contexte d'équilibre biostatique (prédominance de la dissolution et transport essentiellement en solution). La phase d'arrêt ou d'incision intervient, au contraire, dans un contexte déséquilibré du couvert végétal et des sols, avec des transports turbides ou solides prédominants". Or, la séquence sableuse de Villeneuve-sous-Dammartin, calée entre 10 480 ± 70 BP (10 856 à 10 215 BC) et 9515 ± 45 BP (9122 à 8651 BP), contient des lits de tufs calcaires de quelques centimètres d'épaisseur. Ainsi, il apparaît que les conditions morpho-climatiques agressives du Dryas récent ne sont pas incompatibles avec la genèse d'édifices tufacés. La genèse du tuf de Compans au Dryas récent pourrait donc se faire en même temps que la phase de comblement du chenal à Claye-Souilly. Si les conditions climatiques restent froides et sèches, et peu propices au développement de la végétation comme l'attestent les analyses palynologiques et malacologiques, il faut admettre que les dynamiques sédimentaires étaient par endroits suffisamment ralenties pour permettre la genèse de tufs calcaires. Cette bipartition des enregistrements morphosédimentaires du Dryas récent, à Compans, est également enregistrée dans la vallée de Somme, à Conty (Limondin-Lozouet et al., 2002). La genèse du tuf pourrait se placer pendant la seconde moitié du Dryas récent, plus sèche et moins froide que la première (Isarin et Bohncke, 1998 ; Isarin et al., 1998 ; Limondin-Lozouet et al., 2002).
Si la charge sableuse qui se dépose dans la section de Claye-Souilly confirme bien l'existence d'une crise érosive majeure, au moins à partir de 10 800 BP d'après les données disponibles dans le Bassin parisien (Leroyer et al., 1997; Limondin-Lozouet, 2002; Pastre et al., 1997, 2000, 2002;), elle ne s'accorde que peu avec la bipartition du Dryas récent telle qu'elle est proposée à partir des enregistrements morphosédimentaires de Compans. En effet, à Claye-Souilly, l'unité 2e est datée par un bois à 10 370 ±

75 BP (10 679 à 9827 BC). Elle se met bien en place durant la seconde moitié du Dryas. Le faciès est cependant détritique et renvoie toujours au caractère rhéxistasique très affirmé pendant la seconde moitié du Dryas. La signature spectrale de la calcite contenue dans ce niveau atteste d'un mélange de deux populations carbonatées (Fig. 23). Mais le rapport entre la calcite dolomitique et la calcite pure s'inverse. Il semble que cette dernière soit plus abondante que dans la grave où elle est essentiellement magnésienne.

Une part de la calcite non magnésienne pourrait provenir de l'érosion de la couverture lœssique mise en place au Pléniglaciaire supérieur. Mais les fortes proportions de calcite contenue dans cette séquence, environ 30 % du total minéralogique, ne sont pas en accord avec la composition minéralogique des lœss de couverture qui en contiennent beaucoup moins. Cette calcite pourrait provenir alors d'une précipitation secondaire de la calcite solubilisée dont la présence est attestée par les tufs de Compans et de Villeneuve-sous-Dammartin. L'hypothèse d'une érosion des versants entaillés dans les marno-calcaires pose problème. En effet, ils sont protégés par la présence de la couverture limono-lœssique. Il semble que, dans le Bassin parisien, d'une manière générale, les formations tertiaires aient été préservées de l'érosion au Dryas récent et que seules les couvertures superficielles aient été érodées (Pastre et al., 2002b). L'origine de la calcite magnésienne est, quant à elle, certainement liée à une remobilisation de la grave de fond suite à l'incision du chenal avant 10 370 ± 75 BP (10 679 à 9827 BC).

Dans le Bassin parisien, les vallées de la Seine, de l'Oise et de la Marne connaissent un colmatage conséquent des chenaux principaux et secondaires par des sédiments limono-sableux carbonatés. Il a été souligné l'importance du décapage de la couverture limoneuse des versants par microgélivation et ruissellement ; les formations tertiaires restant relativement peu sollicitées (Pastre et al., 1997, 2000, 2002). Ces données concordent avec celles qui sont obtenues dans la vallée de la Somme (Antoine et al., 1997, 2000). En Angleterre, en Belgique, aux Pays-Bas et en Pologne, la convergence des résultats est remarquable. Tous les fonds de vallée, quel que soit leur contexte géomorphologique, enregistrent une phase d'intense alluvionnement mis en relation avec une réactivation des processus d'érosion sur les versants (Rose et al., 1980, 1995 ; Kozarski, 1983 ; Bohncke et al. 1987 ; Vandenberghe et al., 1987, 1994 ; Bohncke et Vandenberghe, 1987 ; Bohncke, 1993 ; Van Geel et al., 1989 ; Kalicki, 1991 ; Kiden, 1991 ; Brown et al., 1994 ; Starkel, 1994 ; Kasse et al., 1995 ; Preece et al., 1999). La plupart de ces auteurs mettent en évidence des métamorphoses fluviales importantes entre 11000 BP et 10 000 BP dues à un regain de l'activité fluviale et la fin de l'organogenèse. Cette crise détritique interrompt de manière radicale l'organogenèse liée à la reconquête végétale du Bølling-Allerød. Les chenaux de l'interstade Bølling/Allerød sont tous colmatés par des niveaux détritiques sableux, sablo-limoneux voire graveleux. Dans le bassin de la Somme, une estimation des bilans sédimentaires évalue les apports limono-crayeux à plus de 1 000 000 m^3/km^2 sur l'ensemble de cette période (Antoine et al., 2002). Mais, si les lits mineurs des vallées s'élargissent, il est rare d'observer une métamorphose qui substituerait le méandrage au tressage. Cette constance dans le style fluvial est bien attestée dans le Bassin parisien (Pastre et al., 2000) et dans le bassin de la Somme (Antoine et al., 2000, 2002). Pourtant, les réponses morphosédimentaires sont parfois légèrement diachroniques. Ainsi, dans le Bassin parisien, à Rueil et à Houdancourt, la tourbification subsiste jusqu'à une date proche de 10 700 BP (Pastre et al., 2000) alors que dans la vallée de la Somme, le début du Dryas récent se situerait vers 10 800 BP (Antoine et al. 1997). La caractérisation de la fin du Dryas récent est problématique. Mais certains auteurs constatent une reconquête du pin, vers 10 300 BP (Reckinger et Munault, 1995).

Le Dryas récent est la principale péjoration froide du Tardiglaciaire (Fig. 36). C'est elle qui s'exprime le plus clairement dans les archives des fonds de vallée du bassin-versant de la Beuvronne. Cette oscillation négative du climat est globale et de forte amplitude. Les valeurs isotopiques de l'oxygène 18 de la carotte GRIP sont pratiquement les plus basses du Tardiglaciaire (GRIP's members, 1993). Les reconstitutions paléoclimatiques faites par certains auteurs (Isarin et al., 1998 ; Isarin et Bohncke, 1998) indiquent un abaissement des températures important avec toutefois une bipartition du Dryas récent. Entre 11 950 BP et 10 550 BP, le Dryas récent est marqué par une phase de froid relativement plus humide. Les moyennes des températures minimales des mois les plus chauds forment un gradient Sud-Nord et sont en moyenne inférieures de 4 °C à celles de l'Actuel. Les moyennes des températures minimales des mois les plus froids sont inférieures de 20 °C à celles de l'Actuel aux latitudes de Paris. En Ecosse, cette différence atteint 30 °C. Les moyennes annuelles maximum vont de -1°C dans le Nord de la France à -8°C du Nord de l'Irlande au Danemark. Elles sont inférieures de 13 à 17 °C aux moyennes annuelles actuelles. Ces auteurs admettent un réchauffement des températures de 1 à 2 °C entre 10 550 et 10 150 BP. Durant cette seconde partie du Dryas récent, si les températures augmentent, il semble que le climat s'assèche aussi (Isarin et Bohncke, 1998 ; Isarin et al., 1999). Dans le Jura, si le Dryas récent est également bipartite (Guiot et Magny, 2002), la première partie du Dryas récent est marquée par des températures moyennes annuelles de 5 °C environ tandis que la seconde partie du Dryas récent offre des températures moyennes supérieures à 5,5 °C. La seconde partie du Dryas récent est plus sèche, marquée par une diminution de la pluviométrie annuelle confirmant les études d'Isarin (Isarin et Bohncke, 1998 ; Isarin et al., 1999).

3 : Évolution holocène du bassin versant de la Beuvronne

Dans le bassin-versant de la Beuvronne, les archives sédimentaires de l'Holocène sont beaucoup plus dilatées que celles du Tardiglaciaire. Leur analyse permet de cerner la réponse du système fluvial aux sollicitations conjuguées du climat et de l'Homme. En effet, les archives sédimentaires offrent des successions stratigraphiques qui mettent en évidence plusieurs métamorphoses fluviales dont les causes sont à identifier.

Le réchauffement climatique de l'Holocène amorcé vers 10 000 BP provoque une reconquête végétale qui se traduit par l'extension d'une couverture forestière importante. Les systèmes fluviaux s'adaptent aux nouvelles conditions bio-climatiques qui régentent les flux hydriques et sédimentaires. Mais, contrairement au Tardiglaciaire, l'amplitude des oscillations climatiques holocènes diminue ce qui rend leurs expressions morpho-sédimentaires moins lisibles. De plus, ces modifications entrent en résonance avec des sociétés agro-pastorales qui colonisent le milieu à partir du Néolithique et dont les impacts environnementaux sont importants. Ainsi, si la lecture des changements dans la dynamique sédimentaire est facilitée par la bonne qualité des enregistrements de fonds de vallée, la détermination de leurs causes devient délicate.

3.1 : Évolution des lits fluviaux du début de l'Holocène au Subboréal

Dans le bassin-versant de la Beuvronne, la sédimentation de la première moitié de l'Holocène est relativement constante d'un sondage à l'autre. Toutefois, la transition Tardiglaciaire/Holocène ainsi que le début du Préboréal sont mal documentés. Les rares témoins de cette période-charnière indiquent pourtant bien une métamorphose fluviale importante.

3.1.1 : La transition Tardiglaciaire/Préboréal dans le Bassin-versant de la Beuvronne

La transition Tardiglaciaire/Préboréal se marque par un changement important de la dynamique fluviatile. Suite à l'exhaussement des lits dans toutes les sections du bassin-versant de la Beuvronne, on repère une incision bien nette des formations détritiques du Dryas récent (Fig. 37).

Dans le transect de Villeneuve-sous-Dammartin, l'incision préboréale est antérieure à 9515 ± 45 BP (9122 à 8651 BC). Elle dégage une grande partie des formations sableuses du Dryas récent qui n'a été traversée qu'entre les sondages T9 et T7 et elle atteint les cailloutis pléniglaciaires. Il semble, au vu de l'épaisseur du Dryas récent conservé

que la valeur de l'incision ait pu être d'un mètre au minimum. Il est difficile d'évaluer la largeur du chenal (Fig. 37).

À Nantouillet, l'érosion a décapé les formations antérieures à 8350 ± 285 BP (Fig. 37). Aussi, les enregistrements de la transition Dryas récent/Préboréal n'ont-ils pas été rencontrés dans les sondages.

Cette phase d'incision qui se situerait durant la Préboréal est aussi attestée dans la carotte COM C1 à Compans (Figs. 37 et 15). Elle y est antérieure à 9190 ± 70 BP (10545 à 12215 Cal BP) et 8855 ± 45 BP (8208 à 7817 BC). Le tuf du Dryas récent, unité stratigraphique 3c, est surmonté par un lit de sables calcaires et de graviers provenant du démantèlement de cette formation et de la remobilisation de dépôts grossiers antérieurs. Cette attribution au Préboréal est confirmée par la malacologie (Fig. 30). Toutefois, à Compans, la morphologie du chenal est moins bien exprimée qu'à Claye-Souilly: le dispositif stratigraphique laisse à penser que le chenal, bien que moins profond, était plus large.

À Claye-Souilly, la transition du Tardiglaciaire à l'Holocène se caractérise par une incision de la nappe du Dryas récent et par une diminution de la largeur du chenal d'écoulement antérieures à 8840 ± 70 BP (10 180 à 9660 Cal BP). Le chenal du début de l'Holocène a une profondeur de 160 cm et une largeur supérieure à 20 mètres (Fig. 37).

À Annet-sur-Marne, l'incision est antérieure à 9300 ± 100 BP date à laquelle débute la sédimentation organique qui va se poursuivre durant la première moitié de l'Holocène (Fig. 37). L'incision qui dégage les formations du Tardiglaciaire est importante dans le sondage T7. En effet, elle atteint la grave pléniglaciaire et érode près de 300 cm de sables du Tardiglaciaire.

Il est probable que la soudaine amélioration climatique qui marque la fin du Tardiglaciaire engendre une augmentation du ruissellement superficiel liée à une augmentation des précipitations et l'arrêt de la gélivation. Il faut évoquer aussi la contribution de la fonte d'un pergélisol formé au cours du Dryas récent bien que l'existence d'un pergélisol continu ne soit pas prouvée au Dryas récent (Isarin et Bohncke, 1998 ; Isarin et al., 1999). Le développement de la végétation et la structuration des horizons superficiels par des processus pédologiques entraînent une stabilisation des versants en corrélation avec l'amélioration bio-climatique. Les transferts détritiques latéraux diminuent. Le seul stock sédimentaire facilement disponible est confiné dans les fonds de vallée.

Cette baisse de l'activité morphodynamique est corroborée à Compans par les malacofaunes qui colonisent les fonds de vallée au Préboréal (Fig. 30). La malacozone C4 individualise des assemblages beaucoup plus riches et diversifiés qu'au Dryas récent. Les mollusques aquatiques restent dominants mais ils indiquent un milieu d'eau pérenne riche en végétation. Le développement de la fraction terrestre des associations témoigne de la régularisation du cours d'eau dont les crues beaucoup moins fréquentes laissent des possibilités d'installation d'une faune de berge. Cette dernière est dominée par des mollusques de milieu humide. Toutefois, l'apparition de plusieurs taxons moins hygrophiles rend compte du développement de biotopes herbeux (*Carychium tridentatum*, *Punctum pygmaeum*, *Perpolita hammonis*, *Cochlicopa*, *Vitrea contracta*, *Vallonia costata*) voire forestiers (*Discus rotundatus*, *Aegopinella nitidula*, *Vertigo angustior*, *Acanthinula aculeata*) (Limondin-Lozouet in Orth, 2003).

Du Préboréal (transects de Compans, Villeneuve-sous-Dammartin et Annet-sur-Marne) au Boréal (transects de Nantouillet et Claye-Souilly), les fonds de vallée du bassin-versant de la Beuvronne sont donc profondément incisés jusqu'à la grave pléniglaciaire (Figs. 37 et 46).

Ce schéma est une constante dans le Bassin parisien et dans la France du Nord-Ouest. Dans les bassins-versants de la Marne et de l'Oise, le creusement du début de l'Holocène est aussi bien mis en évidence dans les grandes vallées (Marne, Oise, Seine) que dans les petites (Pastre et al., 1997, 2000, 2002a et b, 2003a et b). Il apparaît que le creusement y atteint le cailloutis weichsélien et que l'essentiel de l'incision est réalisé vers 9600 BP (Pastre et al., 2002a et b). Dans les chenaux secondaires, la tourbification bénéficie d'une chute importante des flux détritiques dès la première partie de cette biozone et se poursuit ensuite (Leroyer, 1997 ; Pastre et al., 2002a et b). Dans le bassin de la Somme et dans le bassin de la Seine, l'incision se produit entre 10 000 BP et 9800 BP (Fagnart, 1993 ; Antoine, 1997 ; Antoine et al., 1998, 2000). En Europe du Nord, les données montrent une similitude des réponses morphosédimentaires (Haesaerts, 1984a et b ; Vandenberghe et al., 1987, 1994).
Une soudaine amélioration climatique est toujours évoquée par ces auteurs pour expliquer l'incision des plaines alluviales. Toutefois, cette phase d'érosion verticale est évoquée comme un épisode de courte durée. Or, dans le bassin versant de la Beuvronne, la brièveté de cette phase d'incision n'est pas non plus claire. Elle se place entre 9400 et 8350 BP, soit près de 900 ans avant que les premiers dépôts organiques n'apparaissent.

3.1.2 : La sédimentation organique du Préboréal à la fin de l'Atlantique

La sédimentation organique se généralise ensuite dans le bassin-versant de la Beuvronne. Elle colonise d'abord le chenal du Préboréal puis s'étend à l'ensemble des lits majeurs (Figs. 37 et 47). Cette sédimentation débute durant la deuxième moitié du Préboréal, à partir de 9515 ± 45 BP (9122 à 8651 BC) à Villeneuve-sous-Dammartin, de 9300 ± 100 BP à Annet-sur-Marne. À Claye-Souilly et à Nantouillet, les dates de cette colonisation sont respectivement de 8840 ± 70 BP (10 180 à 9660 Cal BP) et 8350 ± 285 BP. Seuls trois sites sont présentés. Ils sont représentatifs de l'évolution générale du bassin-versant de la Beuvronne.

3.1.2.1 : La première moitié de l'Holocène à Compans

À Compans, les premiers dépôts organiques holocènes se mettent en place à partir de 9190 ± 70 BP (10545 à 12215 Cal BP) et 8845 ± 70 BP (8208 à 7817 BC). Ils s'étalent sur toute la largeur de la vallée. Vers 7570 ± 60 BP (8625 à 8210 Cal BP), la totalité de la vallée est déjà occupée par ce type de dépôt. Cette sédimentation organo-tufacée va perdurer jusqu'au Subboréal (Figs. 37 et 40).
À Compans, l'ensemble sédimentaire 3 ne contient pas de quartz. L'extinction du quartz débute paradoxalement dès le début du Dryas récent, après 11 410 ± 140 BP (13 825 à 13 010 Cal BP). La première moitié de l'Holocène dont le Préboréal est toutefois absent présente la même absence de quartz dans les sédiments (Fig. 40). En revanche, les taux de matière organique qui étaient très faibles peuvent atteindre 80 % dans les niveaux les plus tourbeux. Cette signature sédimentaire, corrélative de conditions biostasiques, correspond, en fait, à l'arrêt d'apports détritiques dans le chenal. Les deux premiers tiers de l'ensemble sédimentaire 3 illustrent parfaitement la stabilisation des versants et la régularisation du régime hydrologique. C'est seulement à partir de 6000 ± 60 BP (5040 à 4727 BC) que la sédimentation enregistre les premiers apports détritiques de l'Holocène (Fig 40).

La stabilisation des versants par le développement d'une couverture de la végétation est attestée par les données polliniques (Figs. 27 et 28). Avec le début de la sédimentation organique tourbeuse de la vallée à partir de la palynozone ComC1-5, se met en place une dynamique forestière. À partir de ComC1-5, tant les fréquences que les concentrations du pollen arboréen sont supérieures à celles du pollen herbacé. Les spectres indiquent le développement régional de *Corylus* et *Ulmus* tandis que *Quercus* commence à s'étendre. Comme cela avait été remarqué dans d'autres vallées (Gauthier, 1995a, Leroyer, 1997), *Corylus* et *Ulmus* connaissent leur plein essor (fréquences et des concentrations les plus fortes) avant celui de *Quercus*. Le développement des Filicales semble plus correspondre à leur envahissement dans le fond de vallon (Planchais, 1970; Jolly, 1991) qu'à des ruissellements (Peñalba Garmendia, 1989).
La progression de *Quercus* (ComC1-6) se poursuit et se fait aux dépens de *Corylus* et de *Pinus* signalant sa plus

grande proportion dans la forêt de *Corylus*, *Ulmus* et *Pinus* tandis que les zones marécageuses et leurs bordures sont colonisées par les Poaceae, Asteraceae échinulé type, Cyperaceae et Filicales (Anonyme, 1985) associées entre autres à *Populus* et *Betula*. Cette zone est très pauvre en diversité taxonomique en raison de la prépondérance des *Corylus* et Filicales oblitérant les autres apports polliniques.

Les valeurs maximales (fréquences et concentrations) de *Quercus* (zone ComC1-7) témoignent de l'essor régional d'une chênaie diversifiée dans laquelle *Corylus* et *Ulmus* ont encore une part importante, *Hedera* est bien développé et *Tilia* et *Alnus* commencent à apparaître (quelques occurrences). Le fond du vallon montre toujours l'importance des Asteraceae échinulé type, Cyperaceae, Filicales et Poaceae tandis que se développe une végétation aquatique à *Sparganium-Typha* dominants associés à des Lythraceae, Nymphaea et *Typha latifolia*.

Le développement de *Tilia* et celui moindre de *Fraxinus* supplantent progressivement *Ulmus* au sein de la chênaie au cours de ComC1-8 tandis que *Alnus* continue sa progression régionale autour de 6000 ± 60 BP (5040 à 4727 BC). La végétation bordière reste formée des composants précédents auxquels s'ajoute *Filipendula*. Au sommet de la zone (ComC1-8b), le recul du couvert arboré (principalement *Quercus* et *Corylus*) est concomitant d'une augmentation des Poaceae, des seules mentions de *Calystegia*, d'une augmentation (nette sur le diagramme des concentrations) des Asteraceae fenestré-type, *Artemisia*, *Plantago*, Rubiaceae. Ces variations peuvent, avec réserve, être mises en relation avec une action anthropique probablement un déboisement pour pratiques pastorales (Figs. 42 et 43). Mais la réponse morphosédimentaire ne traduit pas cette éventuelle modification de la couverture végétale. Les pollens de *Calystegia*, l'augmentation des Asteraceae fenestré type, d'*Artemisia*, de *Plantago* et de Rubiaceae sont contenus dans une tourbe tufacée datée à 6000 BP. Or, dans le bassin aval de la Marne, vers 6000 BP, Leroyer a mis en évidence des activités humaines ayant un impact sur le milieu (Leroyer, 1997). Les premiers signes sensibles d'activités agro-pastorales sont datés de 6150 ± 115 BP à 5720 ± 75 BP (Leroyer, 1997).

3.1.2.2 : La première moitié de l'Holocène à Nantouillet

À Nantouillet, à partir de 8350 ± 285 BP, les teneurs en quartz dans l'ensemble sédimentaire 3 diminuent (Fig. 40). À la base, le quartz représente encore 60 % de la fraction minérale. À partir de 550 cm de profondeur, les apports de quartz cessent. Les versants semblent stabilisés par le développement de la couverture végétale comme à Compans situé à moins de 4 km des sondages de Nantouillet. L'arrêt ou le ralentissement du ruissellement

superficiel favorise la formation de tufs et de tourbes tufacées. Cette sédimentation organique se poursuit pendant la plus grande partie de l'Holocène. Toutefois, la sédimentation organique est polluée par des apports de quartz à partir de 2830 ± 70 BP (3150 à 2780 Cal BP) (Figs. 40 et 20). Si ces apports restent peu importants, ils traduisent bien une reprise des processus érosifs sur les versants ou une érosion régressive dans les têtes de vallée qui mobilisent la couverture superficielle.

3.1.2.3 : La première moitié de l'Holocène à Claye-Souilly

À Claye-Souilly, l'enregistrement sédimentaire de la première moitié de l'Holocène, de 8840 ± 70 BP (10 180 à 9660 Cal BP) à 3950 ± 60 BP (4540 à 4240 Cal BP), ne contient donc pas de tourbe véritable (Figs. 22 et 23). Les pics de matière organique ne culminent qu'à 22 %. Il s'agit d'unités limono-argilo-sableuses plus ou moins humifères interstratifiées avec des tufs calcaires. Les teneurs en quartz ne sont pas nulles. Entre 250 cm et 200 cm de profondeur, un pic de quartz atteignant 23 % de la fraction minéralogique exprime bien un apport d'origine détritique. On remarque d'ailleurs que les courbes de quartz et de matière organique sont parallèles mais légèrement décalées (Fig. 23). L'augmentation de la matière organique s'amorce plus précocement que celle du quartz. En revanche, leurs extinctions se font de façon synchrone.

3.1.2.4 : Synthèse des résultats et discussion

Dans le bassin-versant de la Beuvronne, entre 9300 BP et 4550 BP, soit du Préboréal/Boréal au Subboréal, la plupart des enregistrements attestent bien d'écoulements peu chargés corrélatifs de versants plus ou moins stabilisés par une végétation arborée (Figs. 27 et 46). La sédimentation organique de la première moitié de l'Holocène s'accompagne du développement de la couverture végétale et d'un net ralentissement des transferts sédimentaires détritiques tant longitudinaux que latéraux (Fig. 37). Les conditions d'écoulements ne favorisent pas la migration de la charge détritique. La puissance des écoulements n'est pas suffisante pour assurer le transport des particules solides. Ces dernières se déposent rapidement ou sont piégées dans les niveaux tourbeux qui agissent comme des filtres.

Les transports de matière dissoute, c'est-à-dire les carbonates provenant de la dissolution des assises tertiaires, prédominent et donnent lieu à l'édification de tufs. L'essentiel de la sédimentation consiste alors en une accumulation de tourbe et de tufs. Cette accumulation semble plus rapide dans les sections moyennes et plus particulièrement entre Villeneuve-sous-Dammartin et Compans, dans la vallée de la Beuvronne. Cette dynamique sédimentaire va se poursuivre sans grand changement jusqu'à la fin de

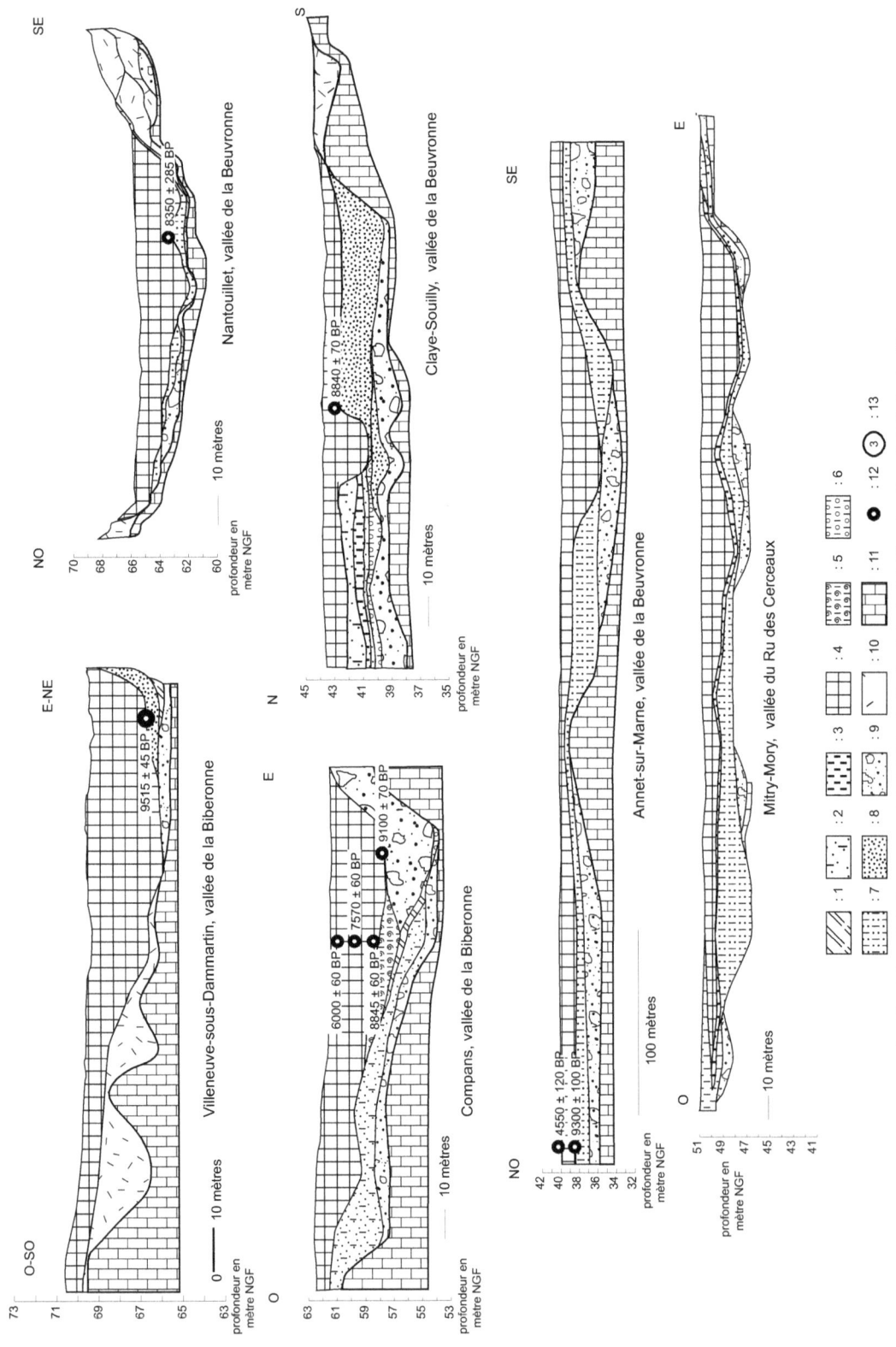

Figure 37 : Evolution morphostratigraphique des fonds de vallée dans le bassin-versant de la Beuvronne entre 9500 BP et 4500/4000 BP

1 : paléosol 2 : argile 3 : limon organo-minéral 4 : interstratification de tourbe/tuf et limon humifère 5 : tuf 6 : tourbe et tuf
7 : sable limoneux 8 : sable 9 : argile-sable et gravier 10 : loess 11 : substrat tertiaire 12 : datation 13 : unité stratigraphique

84

l'Atlantique.

À partir de la deuxième moitié du Préboréal, la sédimentation se caractérise donc par une alternance de lits tourbeux, de tufs calcaires et de limons organiques (Figs. 37 et 46). La colonisation du chenal d'écoulement de la première moitié de l'Holocène par des complexes organotufacés s'accompagne d'une diminution des écoulements et d'une hausse du toit de la nappe phréatique. La présence de niveaux tufacés suggère également des écoulements peu turbides. Il y a donc une coexistence d'écoulements diffus, lents et hypodermiques au sein des tourbes et d'édification de complexes tufacés suite à une éventuelle hausse du toit de la nappe phréatique (Goudie et al., 1993). Mais les changements verticaux et latéraux de faciès au sein des enregistrements sédimentaires sont rapides. La sédimentation, dans chaque transect, ne semble pas continue. Il apparaît que les chenaux ont migré au cours de la période considérée et/ou que les battements des nappes phréatiques ont aussi modifié la dynamique sédimentaire organique. En effet, certains lits tourbeux contiennent une tourbe bien humifiée. Le degré d'humification plus ou moins poussé de la tourbe indique bien des exondations plus ou moins prolongées qui peuvent être saisonnières voire plus longues (Aaby, 1986). Dans tous les transects, le ou les chenaux d'écoulements sont très mal discernables. Il est très difficile de les identifier clairement en stratigraphie.

Après 6000 BP, à Compans, des apports détritiques, encore peu importants mais perceptibles, polluent les niveaux organiques (Orth, 2003 ; Orth et al., 2004). Les taux de quartz passent de moins de 1 à 2-3 % entre 6000 BP et 4000 BP (Fig. 40). Ces apports détritiques accompagnent le recul du couvert arboré (principalement *Quercus* et *Corylus*) (Figs. 27 et 28) qui est concomitant d'une augmentation des Poaceae, des seules mentions de *Calystegia* et d'une augmentation des Asteraceae fenestré type, *Artemisia*, *Plantago*, Rubiaceae (ComC1-8b) (Gauthier in Orth, 2003 ; Orth et al., 2004). Ces variations peuvent signer d'éventuels déboisements attribués aux groupes du Néolithique ancien et moyen dont la présence est confirmée dans le bassin-versant de la Beuvronne (Figs. 42, 43 et 44)(Brunet, communication personnelle ; Orth et al., 2004).

Dans certaines vallées du Bassin parisien, les enregistrements morphosédimentaires montrent une évolution plus contrastée. Ainsi, la transition Boréal/Atlantique supérieure y est marquée par un regain de l'activité hydrodynamique comme dans l'Oise et dans la Marne (Leroyer, 1997 ; Pastre et al., 2002a et b). Des modifications dans le système fluvial de la Seine entre 8020 ± 100 BP et 7960 ± 100 BP (Krier, 1988 ; Marinval-Vigne et al., 1989), dans l'Aube entre 8230 ± 95 BP et 8040 ± 105 BP (Pastre et al., 2002 ; Pastre et Antoine, inédit) ou une sédimentation plus détritique à Fresnes-sur-Marne entre 8170 ± 80 BP et 7780 ± 80 BP (Pastre et al., 2002a et b) renvoient aux observations faites en Europe du Nord-Ouest vers 8000 BP (Starkel, 1991). Les vallées de la Vistule (Starkel, 1984, 1991) et de la Mark (Bohncke, 1984) connaissent aussi un regain de l'activité fluviatile sans que ces données puissent être corrélées au signal climatique de 8200 cal. BP (Dansgaard et al., 1987 ; Grip project, 1993) parce qu'antérieures. De l'Atlantique ancien à l'Atlantique récent, les rivières et fleuves du Bassin parisien connaissent une relative phase de stabilité marquée par une sédimentation organique malgré quelques reprises locales d'une activité fluviatile plus dynamique. (Pastre et al., 2002 a et b).

3.2 : L'instabilité des fonds de vallée de la Beuvronne au Subboréal

La période qui s'étend entre 4500 BP et 2500 BP se caractérise par une reprise des processus érosifs dans le bassin-versant à laquelle fait suite une nouvelle phase de tourbification (Fig. 38). Les enregistrements morphosédimentaires révèlent une bipartition du Subboréal. La plupart des sections sondées dans les vallées du bassin-versant de la Beuvronne enregistrent une phase d'incision des dépôts de la première partie de l'Holocène due à des écoulements plus turbides. Cet épisode de forte activité fluviatile qui fait suite à la modération des écoulements de l'Atlantique provoque le dépôt de niveaux limono-argileux sondés dans toutes les sections de la Beuvronne. Cette phase détritique au Subboréal s'amortit et précède la formation de niveaux organiques, tourbeux, qui colonisent à nouveau les fonds de vallée. Dans le détail, les réponses morphosédimentaires présentent quelques variations.

3.2.1 : Le Subboréal à Compans

À Compans, l'ensemble sédimentaire de la première moitié de l'Holocène ne présente pas d'incision. En revanche, une modification de la dynamique morphosédimentaire est enregistrée vers 4130 ± 90 BP (4860 à 4420 Cal BP). Suite aux premiers apports détritiques, datés à 6000 ± 60 BP (5040 à 4727 BC), le dépôt de l'unité 4a met fin à l'organogenèse de la première moitié de l'Holocène (Figs. 38, 40 et 16). Cette unité est observée entre les sondages T1 et T6 (Figs. 38 et 14). Les sédiments sont limoneux et limono-argileux et les pourcentages de quartz augmentent progressivement. Ils passent de moins de 2 % à près de 22 % (Fig. 40). Les premiers décimètres de limons sont carbonatés et s'enrichissent en quartz. Ce premier pic de quartz indique des apports détritiques de plus en plus importants. Les processus érosifs sont renforcés dans cette section de la vallée de la Beuvronne. On assiste à une accentuation de la déstabilisation de la couverture limoneuse.

Une nouvelle phase de tourbification succède à l'épisode

érosif de la première moitié du Subboréal. Ce niveau tourbeux occupe toute la largeur de la vallée et a livré des dates de 3500 ± 60 BP (3915 à 3630 Cal BP) dans la carotte COM C1, et de 3590 ± 70 BP (4085 à 3695 Cal BP) dans la carotte COM C3 (Fig. 38).

Après 3500 BP, ces tourbes sont progressivement polluées par des apports détritiques qui, dans un premier temps, n'altèrent pas l'organogenèse (Figs. 40 et 16). Ils amorcent la sédimentation limoneuse terminale de cette section. Mais, à partir de 150 cm de profondeur, le faciès des sédiments change. Les apports limoneux mettent sous scellés les tourbes et semblent continus jusqu'à nos jours.

3.2.2 : Le Subboréal à Claye-Souilly

À Claye-Souilly, les enregistrements morphosédimentaires montrent la même séquence (Fig. 38). Un léger ravinement met fin aux dépôts alternés de limons tourbeux et de tufs de la première moitié de l'Holocène qui affectaient toute la largeur de la vallée. La valeur de l'incision est relativement faible (40 à 50 cm) et le chenal a 50 à 60 mètres de largeur. Cette légère incision est suivie par une accumulation limono-argileuse humifère. La rupture morphosédimentaire est confirmée par les analyses minéralogiques (Fig. 40). C'est au sein de l'unité stratigraphique 4 que les courbes de quartz et de calcite deviennent parallèles (Fig. 23). L'augmentation des teneurs en quartz est symétrique à celle des teneurs en calcite. Ce parallélisme renvoie, en plus de la présence de quartz, à des apports d'origine détritique. Le pic de quartz n'atteint que 18 %. Les processus morphodynamiques semblent modérés mais ils traduisent bien une reprise de l'activité fluviatile et une charge solide plus importante que durant l'Atlantique.
Ce premier niveau détritique subboréal a été daté à 3950 ± 60 BP (4540 à 4240 Cal BP). L'incision lui est antérieure.

Cet épisode d'alluvionnement est suivi d'une reconquête tourbeuse dans toute la vallée (Fig. 38). Le développement d'un horizon pédologique hydromorphe et d'un horizon tourbeux aboutit à la formation de l'unité stratigraphique 3c. Cette phase de tourbification s'amortit vers 2390 ± 70 BP (2730 à 2320 Cal BP) et elle est suivie par une reprise de l'alluvionnement.

3.2.3 : Le Subboréal à Annet-sur-Marne

À Annet-sur-Marne, à l'aval, la stratigraphie révèle une phase d'incision qui affecte l'ensemble sédimentaire 4 de la première moitié de l'Holocène (Fig. 38). Dans ce transect, l'incision est postérieure à 4550 ± 120 BP, date livrée par une tourbe située au sommet de l'ensemble

sédimentaire 4. La morphologie du chenal incisé est beaucoup moins marquée qu'à Claye-Souilly. L'incision verticale est faible. Sa valeur est de quelques décimètres. Le chenal est ensuite colmaté par un dépôt argilo-humifère qui déborde sur toute la largeur de la vallée et qui forme l'unité stratigraphique 4a.
Une reconquête tourbeuse s'amorce rapidement et elle indique une période d'accalmie dans le régime hydrologique ainsi qu'une diminution des apports détritiques. Elle s'achève vers 2370 ± 70 BP.

3.2.4 : Le Subboréal à Villeneuve-sous-Dammartin et Nantouillet

À l'amont, dans le transect de Villeneuve-sous-Dammartin, deux chenaux sont morphologiquement bien exprimés (Fig. 38). Ils ravinent l'unité 5 attribuée à la première moitié de l'Holocène. Ils se situent entre les sondages T2 et T5 et entre les sondages T6 et T8 (Figs. 13 et 38). La valeur de l'incision est supérieure à 250 cm. Ces chenaux ont une largeur approximative de 30 mètres. Ils sont ensuite comblés par des sédiments argilo-limoneux relativement humifères. Ils forment l'unité stratigraphique 6 qui s'étend en rive droite jusqu'au sondage T11. Il est difficile de caler la durée du comblement de ces chenaux. Une tourbe se forme après et colonise toute la largeur de la vallée (unité 7). Le sommet de cette unité tourbeuse a été daté à 1545 ± 30 BP (430 à 599 AD) L'attribution de l'incision et du comblement au Subboréal reste donc sujette à caution.
Toutefois, les réponses morphosédimentaires des sections de Compans, de Claye-Souilly et d'Annet-sur-Marne, ainsi que dans les grandes et moyennes vallées du Bassin parisien montrent un parallélisme assez remarquable (Pastre et al., 2000, 2002a et b, 2003 a et b). Il est vraisemblable que cette section de la vallée de la Beuvronne réagit simultanément aux grandes modifications hydrodynamiques enregistrées dans la région.

À Nantouillet, la similitude de l'enregistrement stratigraphique est frappante avec les données stratigraphiques des sites précédemment décrits (Figs. 38 et 40).
Entre les sondages T1 et T7, une incision est clairement attestée. Elle se fait au détriment du complexe sédimentaire de la première moitié de l'Holocène. La valeur de l'incision est moins grande qu'à Villeneuve-sous-Dammartin mais elle atteint presque le mètre. La largeur du chenal entre les sondages T1 et T6 atteint 50 mètres. Comme dans les autres transects, il est comblé par un sédiment argilo-humifère qui forme l'unité stratigraphique 4a. Un limon tourbeux (unité stratigraphique 4 b) se met en place suite à cet épisode érosif. Nous ne disposons pas de date pour caler chronologiquement les incisions des transects de Nantouillet et de Villeneuve-sous-Dammartin mais en corrélant les données stratigraphi-

ques, les analogies permettent d'attribuer les phases d'incision enregistrées dans ces sites à cette même période. Toutefois, à Nantouillet, les analyses sédimentologiques indiquent une reprise des processus érosifs qui débute seulement vers 2830 ± 70 BP (3150 à 2780 Cal BP).

3.2.5 : Synthèse du Subboréal dans le bassin-versant de la Beuvronne et discussion

Ces données offrent une vision relativement cohérente des modifications fluviales enregistrées dans les fonds de vallée du bassin-versant de la Beuvronne. En synthétisant les données, il apparaît qu'à partir de 4550 ± 120 BP, les niveaux de la première moitié de l'Holocène sont tous incisés par un ou des chenaux qui signent une reprise des écoulements concentrés (Figs. 38 et 46). Dans les sections amont, à Villeneuve-sous-Dammartin et Nantouillet, cette incision est assez importante et aboutit, à Villeneuve-sous-Dammartin, à la formation de chenaux bien distincts et profonds. Dans les autres sections, l'incision est plus faible. Il semble que la valeur de l'érosion verticale diminue selon un gradient amont-aval. Le réajustement de la pente longitudinale se fait surtout dans les sections amont. La valeur de la pente longitudinale diminue. Mais la largeur des chenaux augmente inversement. Elle devient plus importante dans les sections aval.

Ces chenaux semblent dans un premier temps témoigner d'une augmentation relative des écoulements liquides qui favorisent l'érosion verticale (Schumm, 1977 ; Starkel, 1984 ; Bravard et Petit, 1997). Leur comblement intervient suite à une augmentation de la turbidité des écoulements. La charge solide augmente. Elle s'enrichit en éléments d'origine détritique comme l'atteste l'augmentation des pourcentages de quartz à Compans et à Claye-Souilly. Le profil longitudinal redevient plus tendu, ajustement systémique à l'augmentation des débits solides. À Villeneuve-sous-Dammartin, et dans les sections aval, l'extension de ces niveaux hors des limites des chenaux suggère la récurrence de crues accompagnées de dépôts de débordement.

Le ou les chenaux sont rapidement colmatés par des apports latéraux issus d'une érosion pelliculaire des formations de versants (Fig. 46). Il semble que seule la tranche superficielle des limons de couverture soit mobilisée par cette reprise des processus érosifs. Les données minéralogiques de Compans et de Claye-Souilly montrent bien que les sédiments sont argilo-limoneux et qu'ils sont encore humifères (Figs. 16, 23 et 40). De plus, en comparant le cortège minéralogique de ces niveaux à celui des limons supérieurs subatlantiques, on remarque que les pourcentages de quartz sont deux fois moindres alors que les quantités de calcite sont plus importantes. 50 % des minéraux n'ont pas été quantifiés. Ils correspondent à des argiles. Leurs caractéristiques correspondraient bien à la reprise de formations superficielles pédogenéisées. Ainsi,

l'épisode d'incision et de remblaiement minéralo-organique des chenaux de la première moitié du Subboréal se situe entre 4550 ± 120 BP et 3590 ± 70 BP (4085 à 3695 Cal BP). À Compans, la mise en place des limons argileux a été datée à 4130 ± 90 BP (4860 à 4420 Cal BP) et à Claye-Souilly, elle est datée à 3950 ± 60 BP (4540 à 4240 Cal BP).

Le développement de tourbières ou de niveaux très organiques vers 3500 BP, à Compans et autour de 2500 BP à Claye-Souilly et Annet-sur-Marne, indique une accalmie dans le régime hydrologique du bassin-versant de la Beuvronne. Les apports détritiques diminuent rapidement comme l'indique la baisse des pourcentages de quartz à Compans et à Claye-Souilly (Fig. 40). La fin des écoulements chargés en quartz signe une reconquête des fonds de vallée par une végétation palustre (Fig. 27). Mais en amont, ce répit est de courte durée. Après 3500 ± 60 BP (3915 à 3630 Cal BP), les courbes minéralogiques montrent une augmentation progressive de la teneur en quartz (Fig. 40). La transition est graduelle entre un système palustre dominé par des tourbes et un système d'écoulements chargés en quartz qui aboutit à l'édification d'une plaine alluviale limoneuse. Les tourbes sont polluées par des apports de quartz de plus en plus importants au point qu'elles se substituent au profit de tourbes limoneuses, puis de limons tourbeux et enfin de limons plus ou moins humifères. Cette transition est bien caractérisée à Nantouillet où la recharge en quartz des niveaux organiques devient de plus en plus importante à partir de 2830 ± 70 BP (3150 à 2780 Cal BP). À l'aval, en revanche, la reprise des écoulements turbides à charge quartzeuse qui freinent et finalement inhibent le développement des horizons hydromorphes n'apparaît qu'à partir de 2390 ± 70 BP (2730 à 2320 Cal BP), à Claye-Souilly, et à partir de 2370 ± 70 BP, à Annet-sur-Marne. La transition entre un système palustre et un système d'alluvionnement semble plus rapide qu'en amont.

La modification du système fluvial s'accompagne d'une modification de la couverture végétale (Figs . 27 et 46). À Compans, l'unité stratigraphique 4b et une grande partie de l'unité stratigraphique 4c correspondent à la palynozone COM C1-9. Elle indique le développement d'une aulnaie sur les sols mal drainés du fond de vallée, se faisant aux dépens de la végétation herbacée aquatique et de celle des zones marécageuses (Figs. 27 et 28). Cet essor de l'aulnaie amoindrit la perception de la chênaie diversifiée qui reste toutefois importante régionalement et surtout celle de *Pinus. Fagus* et *Acer* sont régulièrement enregistrés et *Taxus* est perçu à la base de la zone pollinique. L'optimum d'*Alnus* est souvent interprété comme l'indication d'une océanification du climat, bien que le lien ne soit pas exclusif (David, 1993) et que les conditions édaphiques jouent également un rôle important (van Zeist et van der Spoel-Walvius, 1980). Cependant, la diffusion régionale de *Fagus* semble indiquer un changement climatique allant vers des conditions plus humides et plus fraîches.

Ces données corroborent les résultats obtenus dans le bassin aval de la Marne (Leroyer et al., 1994 ; Leroyer, 1997).

Les données disponibles en Europe du Nord-Ouest qui illustrent les modifications fluviales durant le Subboréal sont de plus en plus abondantes. Si cette période reste encore assez mal documentée, les résultats montrent un relativement bon synchronisme des réponses morphosédimentaires des grandes et des moyennes vallées du Bassin parisien. Les signes d'une modification du régime hydrologique au début du Subboréal sont perceptibles dans les vallées de la Marne et de l'Oise. L'ensemble des bassins aval de la Marne et de l'Oise ainsi que les petites vallées secondaires de cet espace réagissent simultanément à une modification des flux liquides et solides (Pastre et al., 1997, 2002a et b, 2003a et b). L'augmentation des apports terrigènes se produit postérieurement à 4750 BP dans la vallée de la Marne, juste au débouché de la Beuvronne, à Annet-sur-Marne (Pastre et al., 1997, 2002a et b). Dans les chenaux secondaires, les tourbes les plus tardives se déposent vers 3800 B.P puis sont recouvertes de limons. (Leroyer et al., 1994 ; Leroyer, 1997 ; Pastre et al., 1997). Le synchronisme des enregistrements du bassin aval de la Marne, de l'Oise et ceux de Compans, de Claye-Souilly et d'Annet-sur-Marne est frappant. Dans les vallées secondaires, comme celle de la Nonette, affluent de l'Oise, le Subboréal enregistre aussi un épisode fluviatile franc qui aboutit à l'érosion des niveaux atlantiques (Pastre et al., 1997). Mais les décalages chronologiques existent. À Vignely, dans la vallée de la Marne, le comblement d'un chenal débute vers 3800 BP et se poursuit jusqu'à 3000 BP (Pastre et al., 2002b). À Longueil-Saint-Marie, dans la vallée de l'Oise, les premiers apports limoneux se déposent vers 4000 BP puis sont incisés avant 3800 BP date à laquelle se met en place un niveau organique. Après 3800 BP, la sédimentation devient à nouveau limoneuse. C'est entre 3500 BP et 3000 BP que la sédimentation limoneuse se généralise dans le Bassin parisien (Pastre et al., 2002a et b, 2003a et b) bien qu'à Claye-Souilly et Annet-sur-Marne, cette sédimentation limoneuse ne se produise qu'après 2500 BP.

Dans la Meuse, Lefèvre (Lefèvre et al., 1993) observe un regain de l'activité fluviale vers 3800 BP. Des dépôts détritiques comblent un chenal qui ravine les niveaux organiques de l'Atlantique. En revanche, dans la région lyonnaise, il semble que la charnière Atlantique récent et final/Subboréal ne soit pas marquée par un alluvionnement important. Les taux de sédimentation sont faibles et les processus de mise en place caractérisent des débordements de crue lents (Bravard et al., 1992).

Par extension, en Europe, cette période semble également

propice à une intensification des écoulements. En Angleterre ainsi qu'aux Pays-Bas, la fréquence des événements hydro-érosifs s'accroît considérablement autour de 4000 BP (Kiden, 1991 ; Macklin, 1999) tandis qu'en Pologne, la transition de l'Atlantique au Subboréal se marque aussi par un regain de l'activité hydrologique (Starkel, 1984, 1991).

Les données disponibles soulèvent la question de l'âge du remplissage des têtes de vallée à Juilly (vallée de la Beuvronne) et à Moussy (vallée de la Biberonne). En nous référant aux résultats obtenus, ils pourraient très probablement débuter vers 4000 BP voire après, vers 3000 BP comme l'indiquerait la reprise des écoulements chargés en quartz à Nantouillet. La sédimentation semble continue depuis son déclenchement. Rien, dans la stratigraphie, ne nous permet d'appréhender des ruptures, des accalmies ou une intensification du rythme de sédimentation dans ces sections de têtes de vallée.

3.3 : Évolution des fonds de vallée depuis la fin du Subboréal dans le bassin-versant de la Beuvronne

Entre 3500 et 2830 BP, des apports limoneux interrompent la tourbification dans les fonds de vallée à l'amont du bassin-versant de la Beuvronne tandis qu'à l'aval, la tourbification se poursuit jusqu'à 2500 BP (Fig. 39). Ces apports limono-quartzeux signent la sédimentation terminale reconnue dans toutes les sections du bassin-versant. Certaines unités plus organiques, voire tourbeuses, interstratifiées dans ces niveaux, indiquent que les apports détritiques n'ont pas été pérennes depuis le Subatlantique (Fig. 39). L'éventail de dates qu'elles délivrent suggère une segmentation fonctionnelle des différentes sections des vallées.

3.3.1 : De la seconde moitié du Subboréal à l'Actuel à Compans

À Compans, le comblement de la vallée de la Biberonne par des apports limoneux débute postérieurement à 3500 BP (Figs. 16 et 40). Le ruissellement de limons dont les signatures sédimentaires découlent sans aucun doute de l'érosion de la couverture superficielle du plateau est ininterrompu jusqu'à nos jours. Mais les apports détritiques sont progressifs. Les changements de faciès sédimentaires ne sont pas francs. Les tourbes qui se développent autour de 3590 ± 70 BP (4085 à 3695 Cal BP) et 3500 ± 60 BP (3915 à 3630 Cal BP) sont progressivement polluées par des apports limono-quartzeux à partir de 120 cm de profondeur. Dans la carotte COM C1 et COM C3, ce n'est qu'à partir de 100 cm de profondeur que les faciès sédimentaires deviennent franchement limoneux et anorganiques (Fig. 15).

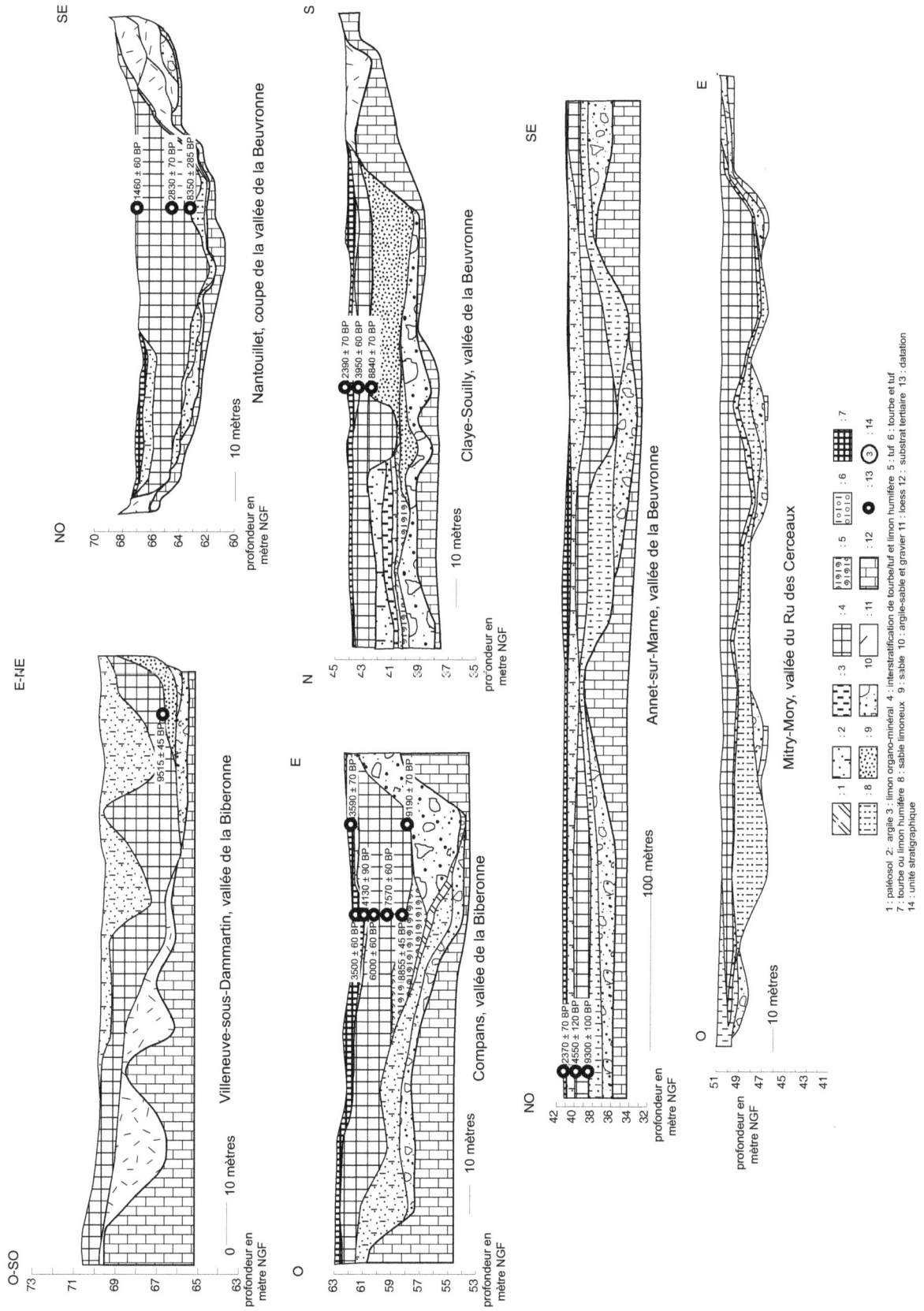

Figure 38 : Morphologie des fonds de vallée du bassin-versant de la Beuvronne à la fin du Subboréal

1 : paléosol 2 : argile 3 : limon organo-minéral 4 : interstratification de tourbe/tuf et limon humifère 5 : tuf 6 : tourbe et tuf
7 : tourbe ou limon humifère 8 : sable limoneux 9 : sable 10 : argile-sable et gravier 11 : argile-sable et gravier 12 : loess 13 : substrat tertiaire 13 : datation
14 : unité stratigraphique

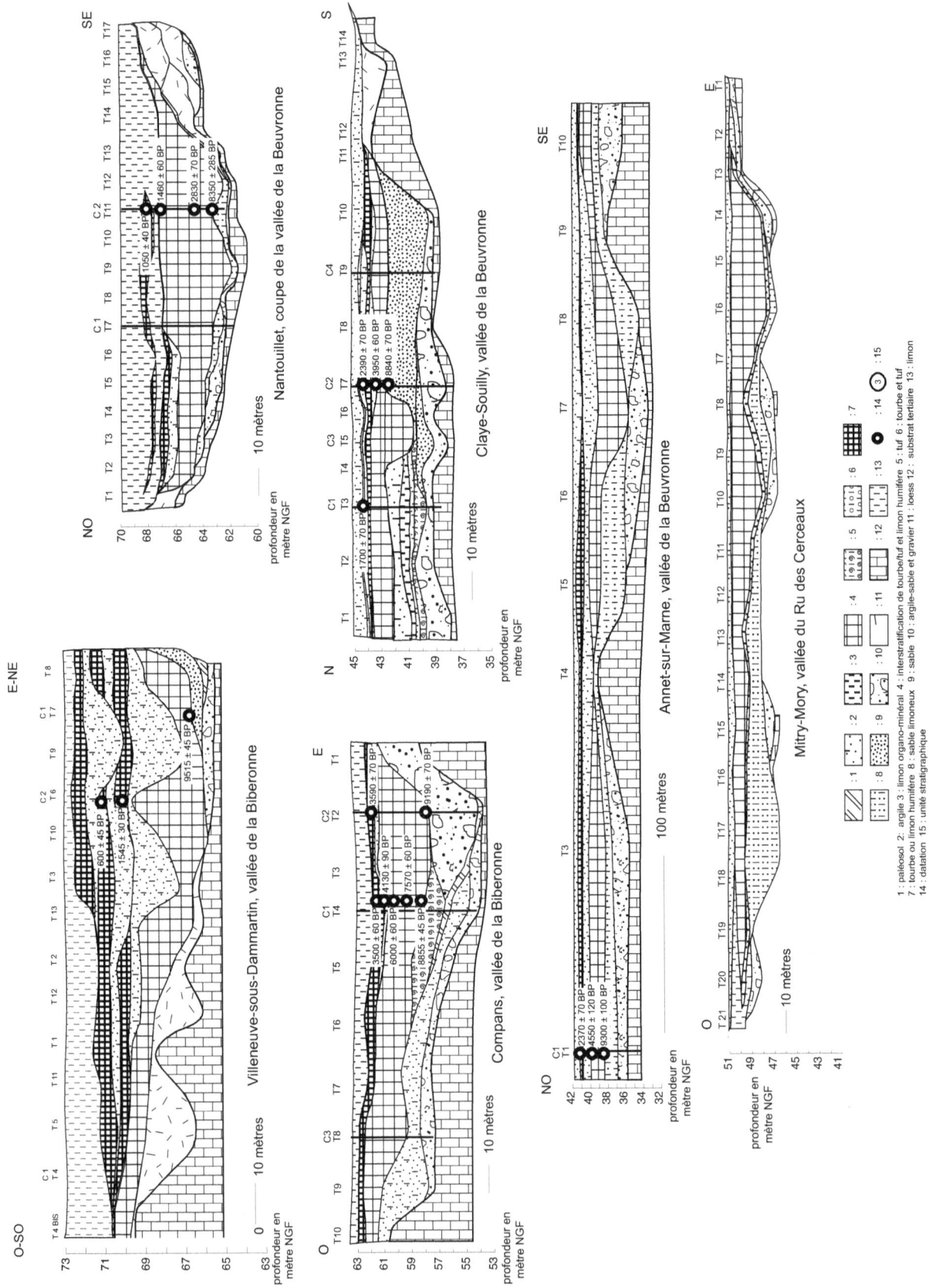

Figure 39 : Morphologie actuelle des fonds de vallée du bassin-versant de la Beuvronne

1 : paléosol 2 : argile 3 : limon organo-minéral 4 : interstratification de tourbe/tuf et limon humifère 5 : tourbe 6 : tourbe et tuf
7 : tourbe ou limon humifère 8 : sable limoneux 9 : sable 10 : argile-sable et gravier 11 : loess 12 : substrat tertiaire 13 : limon
14 : datation 15 : unité stratigraphique

90

De la base au sommet de ce niveau, ils s'enrichissent en limons (Fig. 16). Les taux de limons passent de 40 à 60 %. Les pourcentages d'argiles baissent de 45 à 30 %. Cette évolution granulométrique s'accompagne d'une augmentation des teneurs en quartz qui atteignent, au sommet de l'enregistrement sédimentaire, 60 % du cortège minéralogique. Les taux de calcite ne dépassent pas 3 %.

Cette transition signe bien l'absence d'incision et le colmatage progressif de la vallée à partir de la période considérée.

3.3.2 : Le Subatlantique à Claye-Souilly et à Annet-sur-Marne

À l'aval, le colmatage limono-argileux se produit à partir de 2390 ± 70 BP (2730 à 2320 Cal BP), à Claye-Souilly et à partir de 2370 ± 70 BP à Annet-sur-Marne (Fig. 39). Le changement morphodynamique qui préside au passage d'un système palustre à un régime hydrodynamique caractérisé par des crues chargées en éléments détritiques, est net. À Claye-Souilly, les tourbes de l'unité stratigraphique 5 ne sont pas polluées par des apports progressifs de limons quartzeux comme à Compans (Fig. 23).

L'épaisseur de cette accumulation détritique est plus faible qu'à l'amont. À Claye-Souilly, la puissance du colmatage est de 100 cm. En revanche, à Annet-sur-Marne, elle est légèrement inférieure à 100 cm. Ces niveaux s'emboîtent latéralement, en continuité, dans les formations de versants (Fig. 39).

Ces deux sections se différencient également par leur morphostratigraphie. À Annet-sur-Marne, la sédimentation est homogène. En revanche, à Claye-Souilly, les apports de limons argileux, composés d'un mélange de quartz et de calcite sont interrompus par le dépôt d'un niveau plus humifère. Ce niveau a livré une date de 1700 ± 60 (1730 à 1500 Cal BP). Il signe une accalmie de l'activité hydrologique. Mais cette accalmie est de courte durée. Les apports détritiques reprennent ensuite rapidement jusqu'au colmatage actuel de la vallée (Fig. 39).

La mise en parallèle de ces données et des diagrammes polliniques réalisés par Leroyer (Leroyer, 1997) montre que la mise en place des niveaux limoneux sommitaux s'effectue de façon synchrone avec l'ouverture du milieu comme à Compans mais 600 ans plus tard environ (Figs. 42 et 43).

3.3.3 : Le Subatlantique à Villeneuve-sous-Dammartin

En amont, à Villeneuve-sous-Dammartin, le comblement limoneux de la vallée est avéré à partir de 1545 ± 30 BP (430 à 599 AD). L'organogenèse est d'abord interrompue par un épisode d'incision qui signe un regain de l'activité fluviale (Fig. 39). Entre les sondages T5 et T9, la géomé-

trie du chenal est clairement observable (Fig. 12). Il est colmaté par des dépôts limono-argileux. Ces apports détritiques cessent et permettent une nouvelle phase de tourbification.

Une tourbe colonise ensuite toute la largeur de la vallée (Fig. 39). Dans la carotte DAM C2, elle a été datée à 600 ± 45 BP (1296 à 1419 AD). Cette unité tourbeuse est elle-même ravinée entre les sondages T2 et T5. Le chenal ainsi créé est aussi colmaté par des sédiments argilo-limoneux. La reprise de ces apports détritiques conditionne la physionomie actuelle de la plaine alluviale.

Toutefois, de part et d'autre du chenal actuel, la sédimentation est à nouveau dominée par la tourbification. Les dernières tourbes sommitales livrent une date moderne.

L'absence d'enregistrements détritiques datés et antérieurs à 1545 ± 30 BP (430 à 599 AD) soulève la question du synchronisme de la déstabilisation des couvertures superficielles dans la vallée de la Biberonne. Les données disponibles incitent à penser que la déstabilisation des couvertures limoneuses et les dépôts corrélatifs de limons en fond de vallée sont enregistrés plus précocement à Compans et à Nantouillet. De plus, si la mise en place des limons à Moussy est contemporaine de celle des limons de Compans, comment interpréter l'absence de ces limons à Villeneuve-sous-Dammartin ?

3.3.4 : Le Subatlantique à Nantouillet

Dans la vallée de la Beuvronne, à Nantouillet, l'accumulation limoneuse est importante (Figs. 39 et 40). Ces apports, rappelons le, sont progressifs et débutent vers 2830 ± 70 BP (3150 à 2780 Cal BP)(Fig. 40). Ce n'est qu'à partir de 1460 ± 70 BP (1500 à 1280 Cal BP) que les faciès sédimentaires deviennent franchement limoneux. Dès lors, 3 mètres de limons plus ou moins argileux comblent la vallée. Ces limons forment les unités stratigraphiques 5. Elles s'emboîtent latéralement dans les formations de versants colluvionnées (Fig. 39). Cet enregistrement morphosédimentaire signe une importante phase d'érosion des versants qui est responsable de la morphologie actuelle du fond de la vallée. Les faciès des sédiments deviennent de plus en plus limono-lœssiques. Les proportions de quartz augmentent tandis que les taux de calcite diminuent. La matière organique est très faiblement représentée. Ces faciès sont typiques de la couverture limoneuse du plateau. Ils sont très similaires à ceux sondés à Moussy-le-Vieux (Figs. 6 et 15).

Cette importante sédimentation détritique connaît quelques répits durant lesquels les processus morphogéniques s'atténuent. En effet, au sein de ce complexe sédimentaire, l'unité stratigraphique 5b s'individualise par une teneur en matière organique plus importante qui correspond à des faciès plus humifères (Fig. 40). Elle a été datée à 1050 ± 70 BP. La dynamique sédimentaire, essentiellement détritique, enregistre alors une accalmie au Bas Moyen Âge. Puis elle s'intensifie jusqu'au comblement actuel de la vallée.

Postérieurement à 1050 ± 70 BP, l'origine des limons de l'unité stratigraphique 5c est bien attestée. Il ne fait guère de doute que la source sédimentaire corresponde à celle des limons de couverture. Ces limons argileux sont essentiellement quartzeux. Mais les teneurs en calcite sont toutefois importantes. Si la quantité de calcite diminue de 20 %, elle reste supérieure à 20 %, en moyenne, du total minéralogique au sommet du colmatage (Fig. 20).

3.3.5: Synthèse des réponses morphosédimentaires depuis la seconde moitié du Subboréal dans le bassin-versant de la Beuvronne et discussion

À partir de 3000 BP, toutes les sections du bassin-versant de la Beuvronne sont marquées par une sédimentation détritique. Cette sédimentation n'est pourtant pas uniforme ni pérenne (Figs. 39 et 46).

Dans les têtes de vallon, à Moussy et Juilly, ou à Compans, les apports détritiques semblent continus (bien que les rythmes d'accumulations ne puissent pas être pris en considération) et les vallées sont colmatées par un épais remplissage. À Claye-Souilly, à Nantouillet et à Villeneuve-sous-Dammartin, les réponses morphosédimentaires sont plus complexes. Les apports détritiques se ralentissent et cessent vers 1545 BP à Villeneuve-sous-Dammartin et vers 1700 BP à Claye-Souilly. À Nantouillet, une accalmie dans le régime hydrique est perceptible vers 1050 BP. Enfin, à Villeneuve-sous-Dammartin, la dernière phase de tourbification est datée à 600 BP.

Les limons terminaux ne forment donc pas une nappe homogène et continue (Figs. 39, 47 et 48) mais plutôt un emboîtement de niveaux dominés par une fraction limono-argileuse et dans lequel sont interstratifiés des niveaux organiques. Ces derniers témoignent des interactions locales dans le système fluvial de la Beuvronne. Il convient de prendre désormais en compte la dynamique de la végétation sur les versants et/ou dans les fonds de vallée en fonction des secteurs étudiés. Par exemple à Compans, la permanence d'apports détritiques dans la vallée depuis 3500 BP s'accompagne d'une baisse du pourcentage de pollens non-arborés (Fig. 28). Aucune augmentation des pollens arborés à représentation régionale ou locale n'est enregistrée depuis 3500 BP. On peut supposer que la zone autour de Compans reste dominée par un paysage ouvert. En revanche, à Villeneuve-sous-Dammartin par exemple, les niveaux organiques qui se développent à 1600 BP et 600 BP pourraient accompagner une reconquête végétale dans les fonds de la vallée voire sur les versants qui dominent cette section du corridor fluvial.

Il conviendrait aussi de prendre en considération les impacts des aménagements anthropiques dans les vallées de la Beuvronne et de la Biberonne à partir des temps historiques.

La déstabilisation des versants et le développement des apports détritiques qui entraînent le colmatage des vallées dans le Bassin parisien sont partout bien reconnus. Cette évolution caractérise le fonctionnement général des bassins-versants du Bassin parisien depuis le Subatlantique (Pastre et al., 1997 ; 2002a et b, 2003a et b). Toutefois, dans les grandes vallées comme celles de la Seine, de la Marne et de l'Oise, les éléments de datation et l'uniformité de la couverture limoneuse gênent la lecture diachronique des différents apports détritiques (Pastre et al., 2002a et b). Cette ubiquité des réponses morphosédimentaires est avérée après 3000 BP (Pastre et al., 2002a et b). C'est donc les petits bassins-versants qui livrent une information plus précise. Les données disponibles concernant ces petits-bassins montrent pourtant des réponses morphosédimentaires différentes et parfois décalées dans le temps. Ainsi, dans la vallée du Crould, à Goussainville distant d'une dizaine de kilomètres de Claye-Souilly, un nouvel épisode tourbeux débute vers 2480 ± 50 BP (Pastre et al., 2002a et b), date à laquelle, les dernières tourbes en aval de la Beuvronne, à Claye-Souilly et Annet-sur-Marne, disparaissent.

Dans le Bassin rhodanien, c'est à la transition du Bronze final et de l'Âge de Fer que sont enregistrées les métamorphoses fluviales caractérisées par des divagations latérales qui traduisent une augmentation de la charge solide dans les cours d'eau (Bravard et al., 1992).

Dans le bassin-versant de la Beuvronne, à Claye-Souilly, à l'aval, il faut attendre 1700 ± 60 (1730 à 1500 Cal BP) pour que la sédimentation redevienne tourbeuse. À Villeneuve-sous-Dammartin, en amont de la Beuvronne, c'est au Bas-Empire, vers 1545 ± 30 BP (430 à 599 AD), qu'une tourbe colonise à nouveau la vallée de la Beuvronne. Ces données qui font état d'un ralentissement de l'activité fluviatile renvoient aux faciès sédimentaires tourbeux ou gleyfiés sondés dans les bassins des vallées de l'Esches et de la Serre (Pastre et al., 2002a et b) et qui correspondent à la même période historique. En revanche, à Nantouillet, l'épisode organique daté à 1050 BP n'a pas d'équivalent connu, ni dans le bassin de la Beuvronne, ni, par extension, dans la Bassin parisien. Le synchronisme des réponses morphosédimentaires se retrouve vers 600 BP. Autour de cette date, le dernier épisode tourbeux est enregistré dans les petites vallées. À Goussainville, dans la vallée du Crould, la dernière tourbe est datée à 570 ± 70 BP (Pastre et al., 2002). Elle est contemporaine de la tourbe sondée à Villeneuve-sous-Dammartin, datée à 600 ± 45 BP (1296 à 1419 AD).

3.4 : Discussion : les facteurs de causalités aux réponses morphosédimentaires du bassin-versant de la Beuvronne à l'Holocène

Les résultats obtenus dans le bassin-versant de la Beuvronne mettent en évidence la variabilité spatiale et temporelle des réponses morphosédimentaires. Une

nent perceptibles (Figs. 42 et 43).

L'une des questions essentielles portant sur l'évolution des paysages est la détermination du moment à partir duquel les activités anthropiques deviennent vraiment déterminantes dans le fonctionnement des hydrosystèmes. Quelles sont les modalités de cette évolution ? En effet, les manifestations de l'érosion anthropique sont connues : elles aboutissent, d'une façon générale dans le

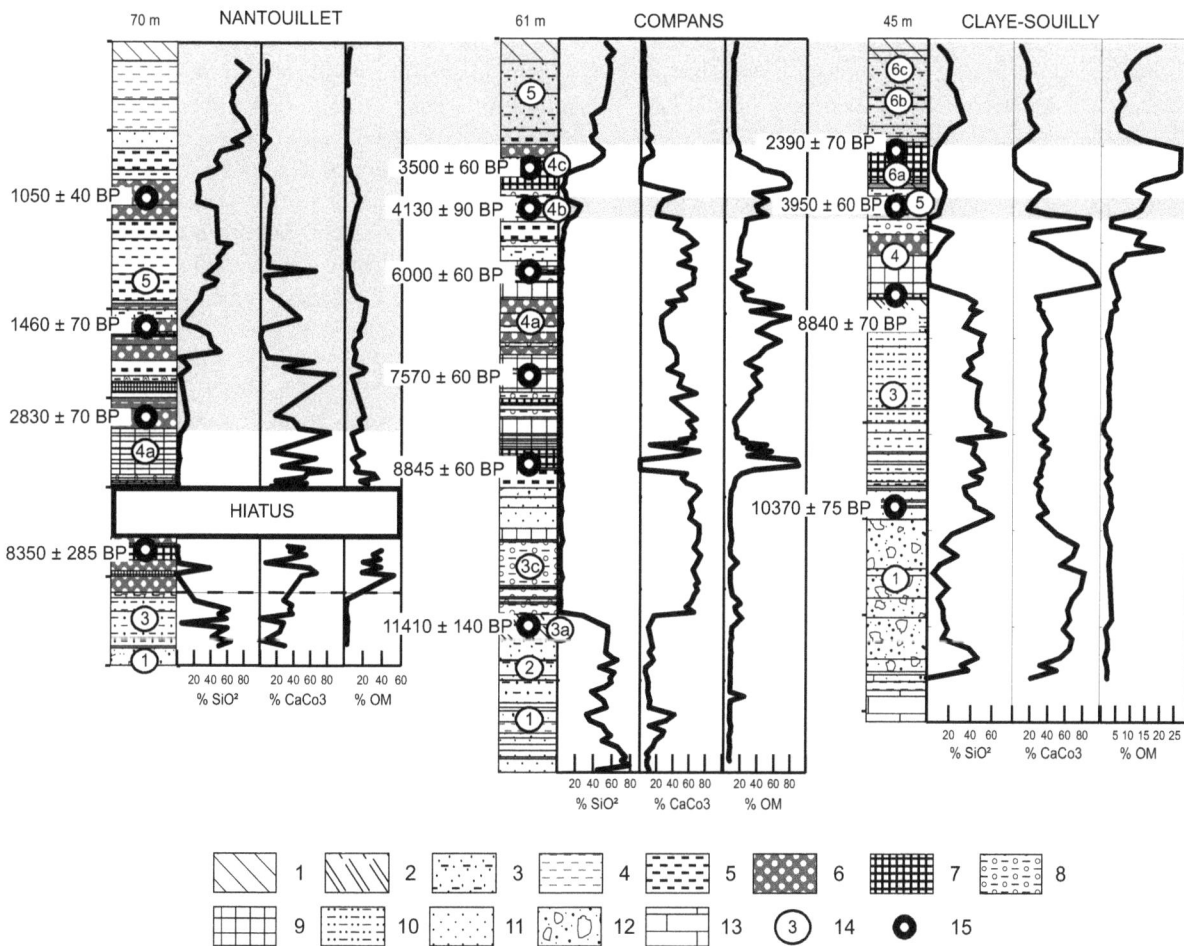

1 : sol actuel 2 : paléosol 3 : argile limoneuse 4 : limon 5 : limon organo-minéral 6 : limon tourbeux 7 : tourbe 8 : tuf 9 : interstratification de limon-tourbe-tuf 10 : sable limoneux 11 : sable 12 : gravier avec argile et sable 13 : substrat tertiaire 14 : unité stratigraphique 15 : datation

Figure 40 : Comparaison des enregistrements morphosédimentaires du bassin-versant de la Beuvronne à l'Holocène

importante rupture dans le fonctionnement de l'hydrosystème est marquée au Subboréal (Fig. 46)(Orth, 2003 ; Orth et al., 2004). La sédimentation devient beaucoup plus limoneuse au détriment d'une sédimentation dominée par l'organogenèse (Figs. 38 et 39). Cette rupture soulève le problème des causes qui engendrent les modifications fluviales qui affectent la Beuvronne et la Biberonne. En effet, aux fluctuations climatiques s'ajoute, depuis le Néolithique, le poids des activités humaines dont les impacts sur l'environnement devien-

Bassin parisien, à l'exhaussement des lits fluviaux par des apports limoneux importants. Or, ces apports limoneux sont polyphasés dans un même sondage et ne sont pas synchrones d'un sondage à l'autre. En quoi ces archives sédimentaires nous renseignent-elles sur les liens de causalité entre le climat, l'homme et le fonctionnement des hydrosystèmes de la Beuvronne et de la Biberonne ? Ces causes peuvent être discernées grâce aux marqueurs d'anthropisation tels que nous les livrent la palynologie, l'archéologie ou aux reconstitutions climatiques globales et/ou régionales.

3.4.1 : L'amélioration climatique de la première moitié de l'Holocène

Du Préboréal/Boréal au Subboréal, la sédimentation du bassin-versant de la Beuvronne est dominée par l'organogenèse et la formation de tufs (Fig. 46). Seuls deux transects, en amont à Nantouillet et à l'aval à Claye-Souilly semblent témoigner de l'existence d'événements hydroérosifs qui interrompent épisodiquement cette évolution sédimentaire. Au contraire, à Compans, l'absence de quartz dans le complexe sédimentaire de la première moitié de l'Holocène plaide en faveur d'une absence d'apports détritiques (Fig. 40). Cette stabilisation du milieu se retrouve aussi dans les enregistrements morphosédimentaires à Nantouillet. Là, c'est après 8300 BP que les apports de quartz cessent. La sédimentation est alors tourbeuse et tufacée. Cette période s'ouvre avec l'augmentation des températures au Préboréal. Régionalement, cette amélioration climatique renvoie à une reconquête végétale qui provoque une densification du couvert arboré et qui favorise la stabilité des sols en cours de restructuration (Figs. 27 et 28). La situation correspond de fait à une période de biostasie. Les transferts de sédiments sont interrompus dans le chenal et des versants au chenal au moins jusqu'aux alentours de 6000 BP (Orth et al., 2004).

Si, globalement l'augmentation des températures est avérée, les oscillations climatiques durant l'Holocène existent et ont été bien mises en évidence tant dans les variations isotopiques de l'oxygène que dans les teneurs en 14C atmosphérique corrélées aux variations de l'activité solaire et aux variations de la répartition du radiocarbone dans les différents réservoirs (Stuiver et Braziunas, 1993 ; Magny, 1995).

Les enregistrements paléoclimatiques les plus complets et les plus proches du Bassin parisien sont situés dans les lacs jurassiens (Fig. 41) (Magny, 1992, 1995, 1997). Ces enregistrements sont corrélés avec d'autres indicateurs climatiques alpins comme la remontée ou l'abaissement de la timberline ainsi qu'avec les fluctuations des fronts glaciaires (Patzelt, 1973). Ces données paléoclimatiques montrent un bon parallélisme entre les phases de transgressions et les pics de 14C atmosphérique dans les carottes groenlandaises (Fig. 41).

Dans le bassin-versant de la Beuvronne, la comparaison des résultats obtenus avec les données paléo-climatiques délivrées par les lacs jurassiens, les glaciers alpins et les fluctuations de la timberline n'est pas évidente. Pour la première moitié de l'Holocène, seule l'amélioration climatique du Préboréal est simultanément enregistrée dans les lacs jurassiens (Fig. 41)(Magny, 1995 ; Guiot et Magny, 2002) et dans le bassin-versant de la Beuvronne comme dans les vallées de l'Europe du Nord-Ouest

(Vandenberghe et al., 1987). Elle est responsable de l'abaissement des plans d'eau dans les cuvettes lacustres (Magny, 1995 ; Guiot et Magny, 2002) et de phases d'incision marquées dans les corridors fluviaux. Après cette phase d'incision au Préboréal, aucune des fluctuations paléoclimatiques décelées dans le Jura et dans les Alpes ne peut être corrélée avec les enregistrements morphosédimentaires du bassin-versant de la Beuvronne (Fig. 41).

Une modification suffisante des conditions climatiques qui altérerait le fonctionnement du bassin-versant de la Beuvronne devrait provoquer une ubiquité des réponses morphosédimentaires dans l'ensemble du bassin-versant de la Beuvronne comme au Tardiglaciaire par exemple. Or force est de constater que tel n'est pas le cas. Le refroidissement de la seconde partie du Boréal, attesté dans les Alpes et dans les régions avoisinantes (Patzelt, 1973 ; Magny, 1992, 1995) et la crise climatique de 8200 cal. BP (Dansgaard, 1987 ; GRIP project members, 1993 ; Alley et al., 1997) ainsi que les transgressions lacustres jurassiennes (Magny, 1992,1995) vers 9600 BP, (phase de Remoray), 8500 BP (phase de Joux) puis vers 6500 BP (phase de Cerin), 5200 BP (phase de Grand Maclu) ou 4500 (Phase de Chalain) n'ont visiblement pas affecté simultanément les réponses morphosédimentaires de la Beuvronne et de la Biberonne (Fig. 41). Durant cette période qui couvre le Boréal jusqu'à l'Atlantique, la juxtaposition des courbes minéralogiques de Compans, de Nantouillet et de Claye-Souilly livre une information qui, si elle traduit une évolution générale vers une diminution des apports détritiques, renvoie aussi à une dynamique sédimentaire dépendante d'un contexte géomorphologique local. À Compans, les apports détritiques sont très faibles jusqu'au Subboréal tandis qu'à Claye-Souilly, seul un pic de quartz atteste d'une activité érosive durant la première moitié de l'Holocène (Figs. 40 et 41). Les grandes vallées de l'Oise et de la Marne ont été plus réactives durant ces différentes phases. Le regain de l'activité fluviatile de ces vallées vers 8000 BP (Pastre et al., 2002a et b) est à corréler avec celui retrouvé dans les vallées de l'Europe du Nord-Ouest (Brown et al., 1994 ; Starkel, 1984, 1991, 1999).

Le bassin-versant de la Beuvronne s'affranchit des forçages climatiques de courte durée et d'intensité plus ou moins forte durant la première moitié de l'Holocène jusqu'au Subboréal pour des raisons géographiques à savoir la faiblesse de l'altitude et un climat influencé par l'océan. Ces deux facteurs pondèrent l'expression des modifications du climat. Mais surtout, il faut prendre en compte le rôle de la végétation. À ces altitudes et latitudes, les fluctuations climatiques de l'Holocène n'ont pas une ampleur suffisante pour dégrader la couverture végétale qui recouvre la région.

Cette moindre perception des fluctuations climatiques s'explique aussi par l'inertie de la végétation. Aucune des

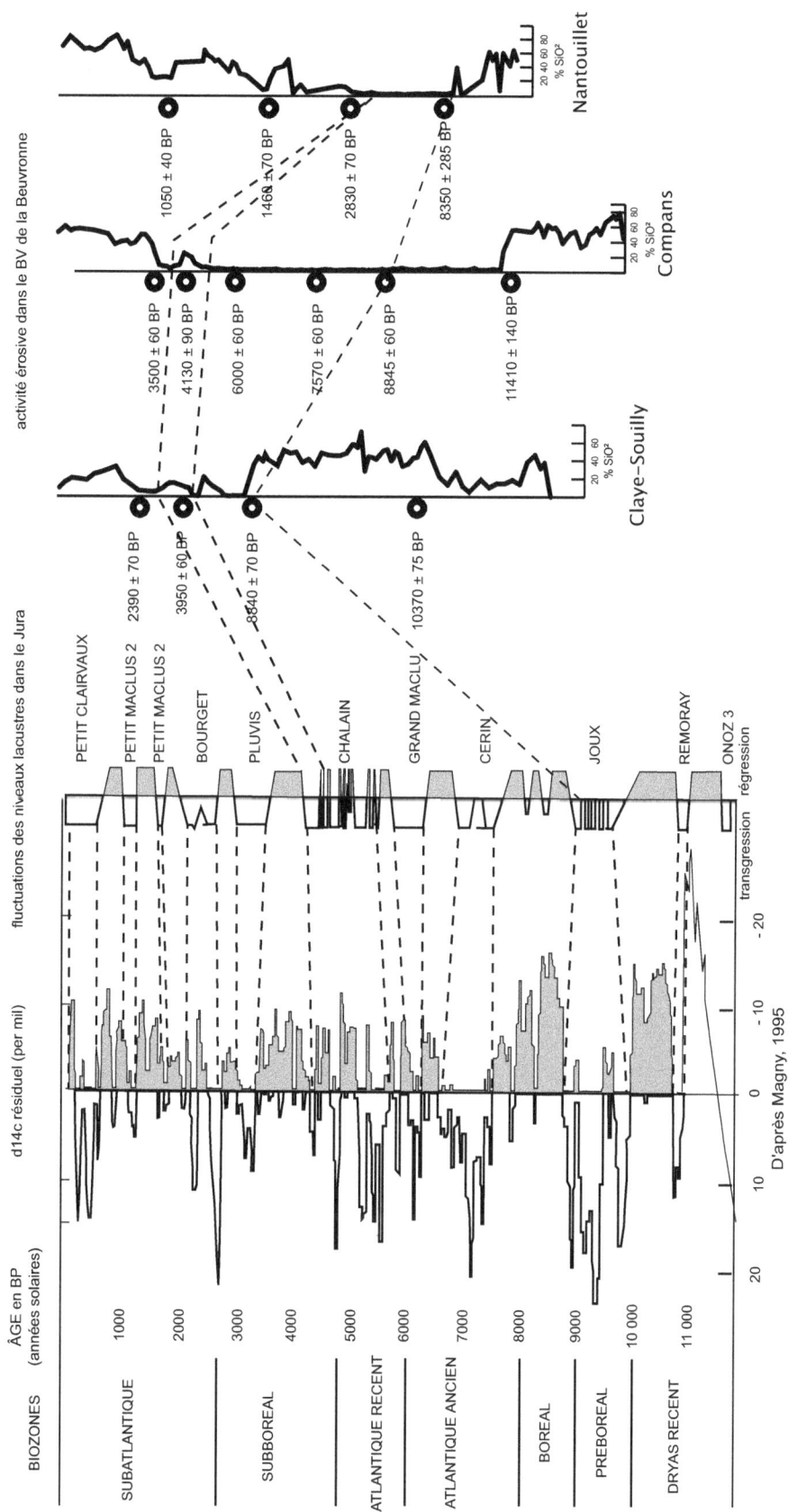

Figure 41 : Comparaison entre les enregistrements climatiques du Jura et les enregistrements morphosédimentaires du bassin-versant de la Beuvronne à l'Holocène

95

fluctuations climatiques invoquées durant cette période n'a d'incidence perceptible sur la couverture végétale telle que nous la livrent les données polliniques de Compans (Fig. 27) et d'Annet-sur-Marne (Leroyer, 1997).

Après 6000 BP, à Compans, des apports détritiques, encore peu importants mais perceptibles, polluent les niveaux organiques. Les taux de quartz passent de moins de 1 à 2-3 % entre 6000 BP et 4000 BP (Fig. 40). Ces apports détritiques accompagnent le recul du couvert arboré (principalement *Quercus* et *Corylus*) (Figs. 27 et

28) qui est concomitant d'une augmentation des Poaceae, des seules mentions de *Calystegia* et d'une augmentation des Asteraceae fenestré type, *Artemisia*, *Plantago*, Rubiaceae (ComC1-8b) (Gauthier in Orth, 2003 ; Orth et al., 2004). Ces variations peuvent signer d'éventuels déboisements attribués aux groupes du Néolithique ancien et moyen dont la présence est confirmée dans le bassin-versant de la Beuvronne et dans celui du Crould, adjacent, à l'ouest, du bassin-versant de la Beuvronne (Figs. 43 et 44)(Orth et al., 2004) ainsi que dans le bassin de la Marne

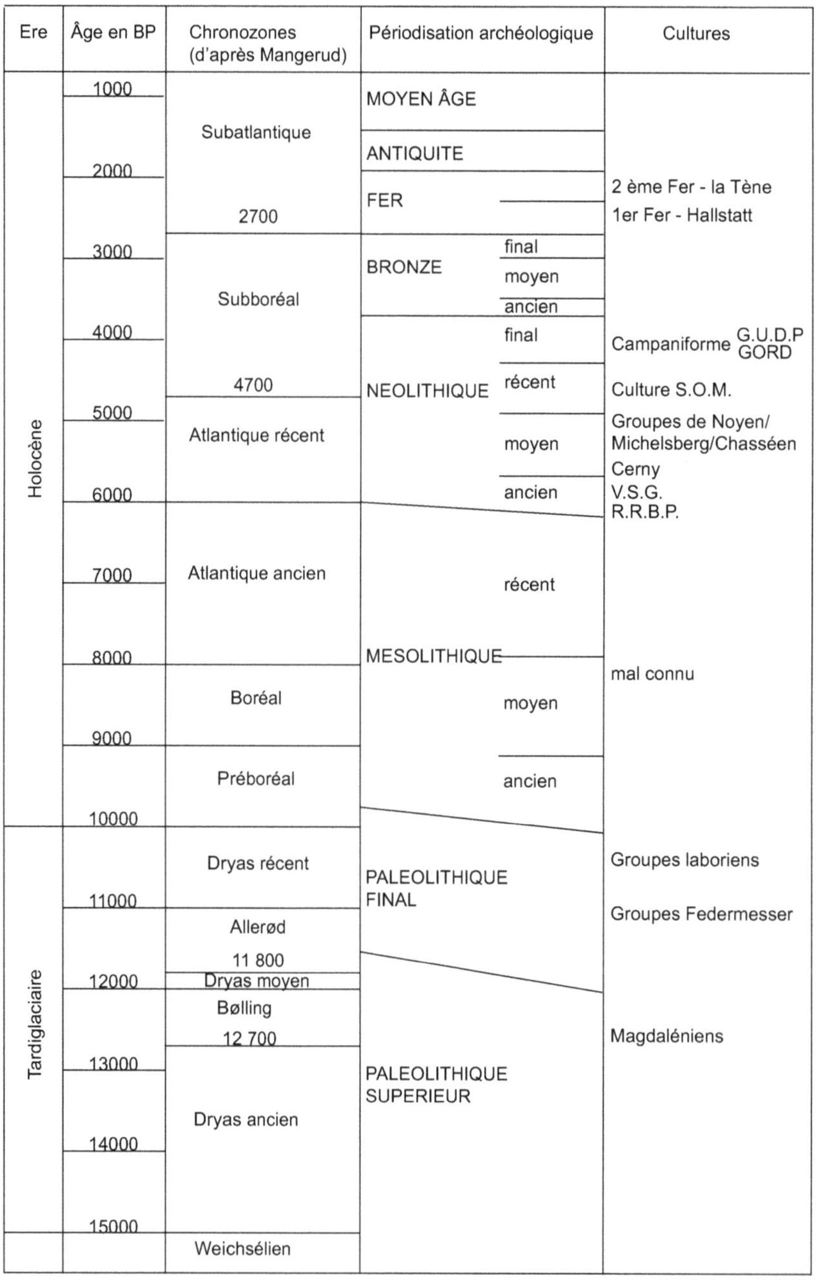

Ere	Âge en BP	Chronozones (d'après Mangerud)	Périodisation archéologique		Cultures
Holocène	1000	Subatlantique	MOYEN ÂGE		
	2000		ANTIQUITE		
		2700	FER		2 ème Fer - la Tène 1er Fer - Hallstatt
	3000	Subboréal	BRONZE	final	
				moyen	
				ancien	
	4000		NEOLITHIQUE	final	Campaniforme G.U.D.P GORD
		4700		récent	Culture S.O.M.
	5000	Atlantique récent		moyen	Groupes de Noyen/ Michelsberg/Chasséen Cerny
	6000			ancien	V.S.G. R.R.B.P.
	7000	Atlantique ancien	MESOLITHIQUE	récent	
	8000				mal connu
		Boréal		moyen	
	9000				
		Préboréal		ancien	
	10000				
Tardiglaciaire	11000	Dryas récent	PALEOLITHIQUE FINAL		Groupes laboriens Groupes Federmesser
		Allerød 11 800			
	12000	Dryas moyen Bølling 12 700			Magdaléniens
	13000	Dryas ancien	PALEOLITHIQUE SUPERIEUR		
	14000				
	15000	Weichsélien			

Figure 42 : Chronologie des différentes occupations humaines dans le Bassin aval de la Marne

vers 6150 ± 115 BP et 5720 ± 75 BP (Leroyer, 1997). La réactivation d'une dynamique hydro-érosive dans le bassin-versant pourrait être due à une déstabilisation des couvertures superficielles liées aux déboisements sur les interfluves et à une augmentation de l'efficacité du ruissellement. Toutefois, les apports détritiques ne sont pas encore assez importants pour inhiber l'organogenèse. Ainsi, à Compans, si les enregistrements font état d'apports détritiques qui surviennent 6000 BP, ils semblent plutôt corrélés à un signal anthropique.

Ainsi, dans le bassin-versant de la Beuvronne, la première moitié de l'Holocène se laisse donc définir comme une période de calme relatif durant laquelle les processus érosifs sont sous la contrainte de phénomènes strictement locaux (Fig. 46). Quant à l'impact anthropique, il n'est que faiblement enregistré à Compans vers 6000 BP. Les impacts d'activités agro-pastorales dans l'ensemble du bassin-versant restent mal perceptibles. La dynamique forestière n'est que légèrement affectée par une mise en valeur de terroirs dont la géographie reste à découvrir. Elle ne semble guère plus affectée par les péjorations climatiques de la première moitié de l'Holocène qui passent aussi inaperçues dans les enregistrements morphosédimentaires de ce bassin-versant.

3.4.2 : Dégradation anthropique ou ajustement morpho-climatique d'un écosystème vers 4000 BP ?

Entre 4550 et 3950 BP, les différentes sections du bassin-versant de la Beuvronne enregistrent simultanément une reprise des apports terrigènes en fonds de vallée et l'arrêt momentané de l'organogenèse (Figs 38 et 40). C'est précisément en raison du synchronisme et de la diffusion spatiale de ce type de dépôt que l'on peut émettre l'hypothèse d'un ajustement du bassin-versant à un forçage externe climatique.

À partir de 4000 Cal BP, à l'échelle de l'Europe du Nord-ouest, les manifestations d'une modification climatique au début du Subboréal commencent à être bien attestées. En effet, le rafraîchissement global des températures est avéré à partir de 4000 Cal BP grâce aux isotopes de l'oxygène contenus dans la carotte groenlandaise GRIP (Johnsen et al., 2001) ainsi qu'aux teneurs atmosphériques du 14C piégé dans différents réservoirs (Stuiver et al., 1991 ; Stuiver et Brazuinas, 1993). Ce rafraîchissement des températures et/ou une humification du climat sont aussi reconnus dans les îles britanniques à partir de 4000/3900 Cal BP (Macklin, 1999; Coulthard et Macklin, 2001). Cette tendance générale au refroidissement est régulière jusqu'aux alentours de 2000 Cal BP avec quelques fluctuations plus ou moins importantes (Stuiver et al., 1991 ; Dansgaard et al, 1993 ; Stuiver et Brazuinas, 1993 ; Johnsen et al., 2001). Le regain de l'activité fluviatile dans le bassin-versant de la Beuvronne peut être associée à la

phase transgressive de Chalain (5700-4500 BP) qui marque aussi une dégradation des conditions climatiques enregistrée dans le massif du Jura (Fig. 41)(Magny, 1992, 1995). Dans le bassin-versant de la Beuvronne, l'optimum d'Alnus peut être interprété avec prudence comme l'indication d'une océanification du climat (van Zeist et van der Spoel-Walvius, 1980 ; David, 1993). La diffusion régionale de Fagus semblerait aussi indiquer un changement climatique allant vers des conditions plus humides et plus fraîches.

Ainsi, la réactivation des processus érosifs enregistrée à Compans vers 4130 ± 90 BP (4860 à 4420 Cal BP) et à Claye-Souilly, à 3950 ± 60 BP (4540 à 4240 Cal BP), peut être une réponse légèrement différée à la dégradation climatique associée à la phase du Chalain (Fig. 41)(Magny, 1993, 1995, 1998). Pour autant, cette modification de la dynamique fluviale s'exprime dans un contexte de plus en plus anthropisé. La crise érosive dans le bassin-versant de la Beuvronne vers 4000 BP est contemporaine du Néolithique final de type Gord qui est bien documenté (Fig. 42)(Talon., 1991 ; Pastre et al., 1997, 2003a et b). Dans le bassin aval de la Marne, l'occurrence des céréales accompagnées de rudérales est attestée de 4580 ± 100 BP à 3740 ± 90 BP (Fig. 42)(Leroyer, 1997). Dans les grandes vallées, la présence de nombreux micro-charbons évoque la pratique de brûlis et d'éventuels paléo-incendies (Pastre et al., 2002a et b, 2003a et b). Ces pratiques pourraient être responsables de la baisse enregistrée d'Alnus, de Corylus et de Quercus dans l'unité 5 de Compans sans pour autant signer de défrichement massif. Postérieurement à la baisse de ces taxons, vers 4000 BP, une occurrence isolée de Cerealia type et des notations régulières de Mercurialis et de Rumex peuvent être l'indication d'activités agropastorales peu développées dans un contexte climatique ou édaphique légèrement différent (Fig. 27). Dans le Bassin parisien, les premiers signes d'une modification des réponses morphosédimentaires par rapport à l'Atlantique sont enregistrés ponctuellement vers 4700 BP dans l'Oise et dans la Marne. Le regain de l'activité fluviatile aboutit à l'exhaussement de lits par des apports argilo-limoneux culmine vers 4000 BP (Pastre et al., 2002a et b).

Dans toutes les sections du bassin-versant de la Beuvronne, la géométrie des dépôts qui se mettent en place vers 4000 BP et leurs caractéristiques sédimentologiques évoquent sans aucun doute des dépôts de débordement liés à une récurrence des crues (Figs 39 et 46). Les crues sont d'autant plus marquées que les zones humides sont saturées et étendues (Cosandey et Robinson, 2000). C'est donc l'hypothèse d'une hausse des toits des nappes phréatiques qu'il faut invoquer pour expliquer la recrudescence des évènements hydro-érosifs qui affectent le bassin-versant de la Beuvronne vers 4000 BP. Une modification du régime pluviométrique sans baisse des températures aboutissant à une humidification du climat pourrait engendrer les conditions nécessaires à une reprise du ruissellement. L'extension des zones saturées et les remontées des nappes phréatiques provoqueraient une érosion des têtes de vallon et un ravinement probable des versants. Ainsi s'expliqueraient la turbidité des écoulements et les dépôts de crue sondés dans toutes les sections des vallées. Par ailleurs, il a été constaté que sans dégradation préalable de la couverture végétale, le ruissellement direct sur des versants végétalisés était presque inexistant dans les régions tempérées à caractère océanique et au relief

se poursuit jusque vers 2870 ± 70 BP (3150 à 2780 Cal BP). À Claye-Souilly, la tourbification dure jusqu'à 2390 ± 70 BP (2730 à 2320 Cal BP)(Fig. 39). L'organogenèse est corrélative d'une baisse de la turbidité des écoulements : tant à Compans qu'à l'aval, les taux de quartz chutent (Fig. 40). Cette accalmie dans le régime hydro-érosif pourrait correspondre à un contexte climatique moins agressif qui correspondrait à la phase de régression lacustre encadrée par les phases de Chalain et de Pluvis dans le Jura (Fig. 41)(Magny, 1998). Elle affecte un nombre supé-

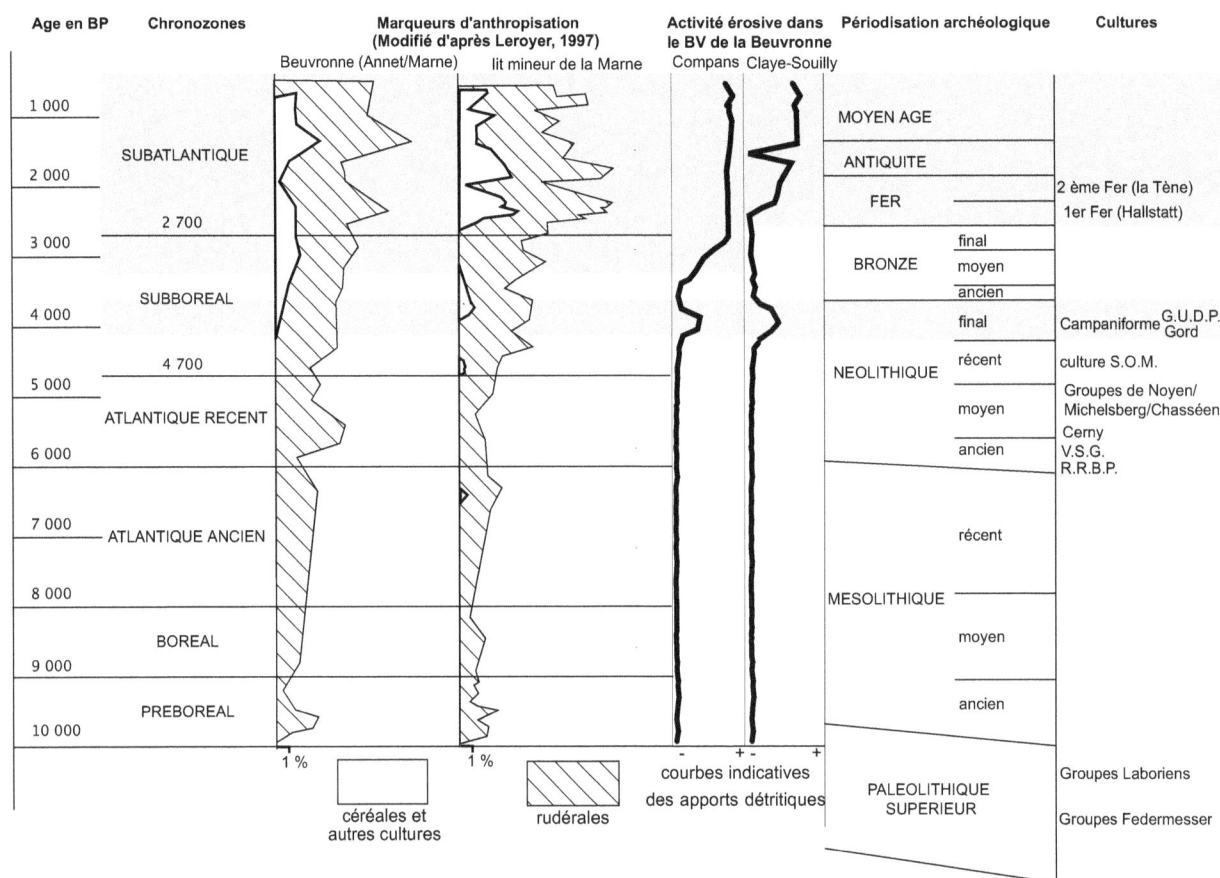

Figure 43 : Comparaison entre les marqueurs d'anthropisation et l'activité érosive dans le bassin-versant de la Beuvronne

modeste (Cosandey et Robinson, 2000). De plus, l'absence d'apports détritiques à Nantouillet avant 2800 BP infirme partiellement ces hypothèses (Fig. 40).

3.4.3 : Les reconquêtes tourbeuses entre 4000 et 3000/2400 BP

Dans le bassin-versant de la Beuvronne, l'épisode de 4000 BP est suivi par un répit dans l'activité fluviatile (Figs. 39 et 46). À Compans, vers 3500 BP, une tourbe colonise le fond de vallée. À Nantouillet, la sédimentation organique

rieur de lacs que les phases régressives précédentes. Elle est mise en corrélation avec un retrait important des glaciers jurassiens, alpins et suisses ainsi qu'avec une élévation de la limite supérieure des forêts dans ces massifs (Patzelt, 1973 ; Magny, 1995). Cette phase transgressive correspond aussi à une oscillation tempérée mise en évidence par Dansgaard (Dansgaard et al., 1993) Toutes ces indications suggèrent plutôt une amélioration des conditions climatiques par rapport à celles qui présidaient à la phase du Chalain. Cet épisode de tourbification est identifié aussi dans les grandes vallées du Bassin parisien. À Vignely, dans la vallée de la Marne, un niveau organique qui s'est développé dans un chenal subboréal a livré une date de 3800 BP (Pastre et al., 2000, 2002a et b) À Annet-sur-Marne et à Claye-Souilly, la reconquête tourbeuse, initialisée postérieurement à 3950 BP, est interrompue vers 2400 BP par l'arrivée de limons argileux.

Mais cette reconquête tourbeuse coïncide aussi avec le Bronze ancien et moyen mal documenté dans le Bassin

3.4.4 : Le contrôle anthropique grandissant depuis 3000/2400 BP

À partir de 2830 ± 70 BP (3150 à 2780 Cal BP), à Nantouillet, la sédimentation organique est polluée par des apports détritiques. Ils sont aussi enregistrés à Compans après 3500 BP. Ils signent le début de la sédimentation ter-

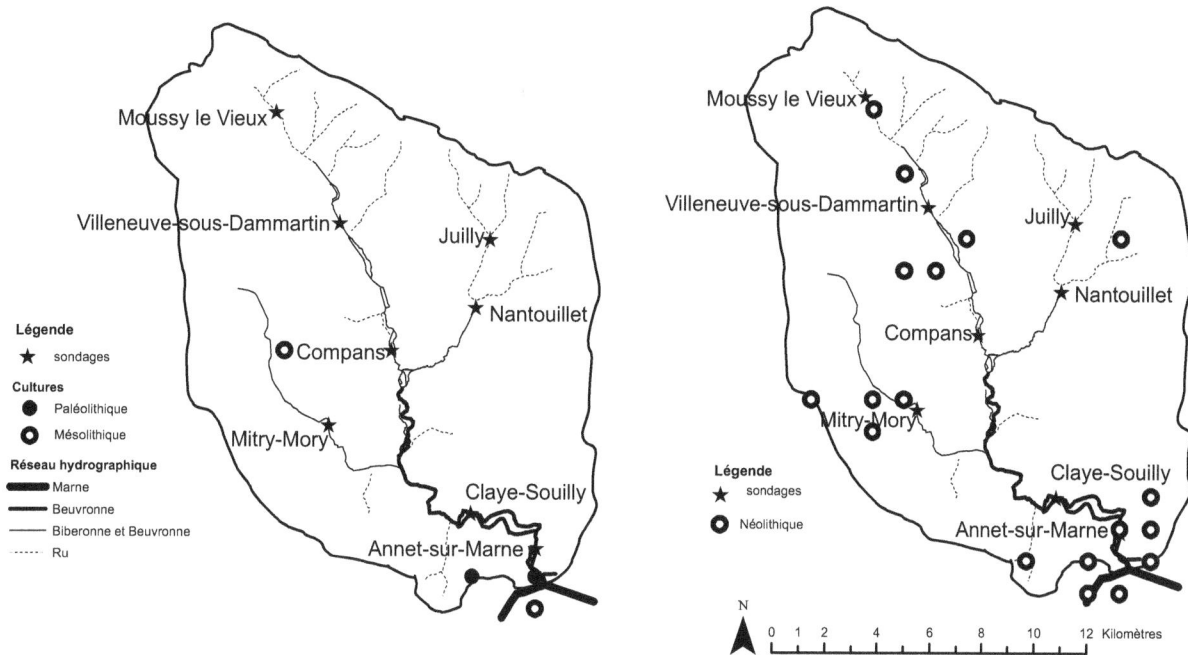

Figure 44 : Cartes des inventaires archéologiques du Paléolithique au Néolithique dans le bassin-versant de la Beuvronne

parisien (Blanchet, 1989 ; Billard et al., 1996). Dans le bassin aval de la Marne, l'impact anthropique des communautés du Bronze ancien est relié à des défrichements attenants aux sites archéologiques (Leroyer, 1997). Cette période caractérise un déclin de l'activité agropastorale (Pastre et al., 1997, 2002a et b, 2003) voire un allégement de la pression anthropique (Fig. 43). Dans le bassin aval de la Marne, les défrichements semblent donc locaux (Leroyer et al. 1994 ; Leroyer, 1997). Entre 4000 BP et 3700 BP, les marqueurs d'anthropisation (Fig. 43) indiquent bien une présence humaine moins importante (Leroyer et al, 1994 ; Leroyer, 1997 ; Pastre et al., 1997). Les pourcentages de rudérales et de céréales diminuent fortement. Les inventaires archéologiques des bassins-versants du Crould et de la Beuvronne montrent aussi une raréfaction des sites du Bronze (Figs. 42 et 43).

À Compans, le niveau tourbeux est pollué par des apports quartzeux à partir de 3500 BP qui amorcent le comblement des vallées du bassin-versant de la Beuvronne par le décapage des couvertures limoneuses.

minale enregistrée dans toutes les sections du bassin-versant de la Beuvronne.

Si la tendance au refroidissement amorcée au Subboréal se poursuit jusqu'à 2000 BP (Stuiver et al., 1991 ; Stuiver et Brazuinas, 1993 ; Johnsen et al., 2001), les données minéralogiques qui signent une déstabilisation des versants et des apports détritiques à Compans vers 3500 ± 60 BP (3915 à 3630 Cal BP) ne se calquent pas sur les phases régressives ou transgressives des lacs du Jura (Fig. 41)(Magny, 1992, 1993, 1995). En revanche, elles sont en accord avec les observations qui ont été faites en Angleterre. Dans les îles britanniques, la péjoration climatique la plus importante de l'Holocène qui aboutit à des conditions plus humides et/ou plus fraîches a lieu vers 2050 Cal BC, c'est-à-dire vers 3300 BP. Elle est associée à une augmentation significative d'événements hydro-érosifs dans de nombreux bassins-versants ayant présidé à une sédimentation importante (Macklin, 1999 ; Coulthard et Macklin, 2001). En Angleterre, l'étroite corrélation entre les données morphosédimentaires et bio-stratigraphiques dans plusieurs bassins-versants impute au climat

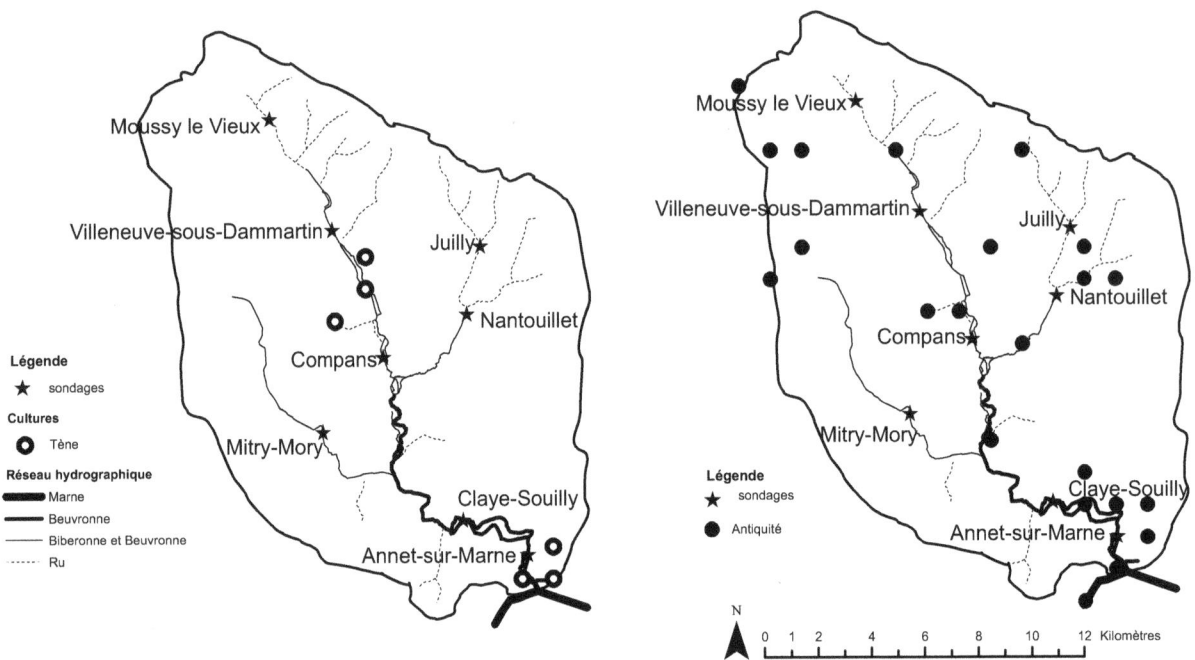

Figure 45 : Cartes des inventaires archéologiques de la Tène et de l'Antiquité dans le bassin-versant de la Beuvronne

un contrôle prépondérant dans la reprise de l'activité fluviale vers 3300 BP et semblent minorer l'impact anthropique (Coulthard et Macklin, 2001).

L'oscillation froide qui culmine vers 2700 BP (Dansgaard et al., 1993) et qui semble être globale (Killian et al., 1995 ; Magny, 1995 ; Van Geel et al., 1996 ; Van Geel et Renssen, 1998 ; Macklin, 1999 ; Coulthard et Macklin, 2001) est contemporaine d'une phase de tourbification à l'aval du bassin-versant de la Beuvronne alors que la section amont de Compans est déjà dominée par une sédimentation détritique.

À Compans, l'augmentation des teneurs en quartz, signe d'une déstabilisation de la couverture limoneuse des plateaux et de l'amorce du comblement limoneux des vallées, correspond à l'abaissement du rapport PA/PNA daté à 3500 ± 60 BP (3915 à 3630 Cal BP) (Fig. 28). En effet, à Compans, dans les deux dernières zones polliniques ComC1-10 et ComC1-11, le couvert forestier diminue très fortement, *Ulmus*, *Tilia* et *Fraxinus* dans un premier temps, suivis par l'effondrement des fréquences de *Quercus*, *Corylus* et *Alnus* (Figs. 27 et 28). Cette ouverture du couvert forestier permet alors une meilleure perception des apports lointains expliquant la hausse des taux de *Pinus*. Cette déforestation semble avoir une origine anthropique puisqu'elle est concomitante de la hausse des Asteraceae fenestré type, *Plantago* operculé. Les notations des mousses *Anthoceros laevis* type et *Anthoceros punctatus* type peuvent signaler des activités agricoles, certaines espèces apparaissant comme pionniers sur les sols arables riches (Koelbloed et Kroeze, 1965 ; van Geel,

1986). Le développement des Asteraceae fenestré type concomitant de la baisse des concentrations polliniques est la conséquence d'une moins bonne conservation des cortèges polliniques en raison d'une altération des sédiments entraînant une surreprésentation de ces grains (Bottema, 1975 ; Havinga, 1964 et 1984).

Dans le bassin aval de la Marne, à partir de 3740 ± 90 BP, les défrichements sont également signés par une augmentation importante des rudérales et des céréales (Fig. 43) tandis que les espèces forestières, aulne, chêne et orme, reculent (Leroyer et al., 1994 ; Leroyer, 1997).

Le Bronze final dont le début est daté vers 3600 BP est bien mieux connu que le Bronze ancien et moyen (Fig. 42). La multiplicité des sites suggère une réaffirmation spatiale des communautés agropastorales à partir de 3600 BP comme l'attestent les séquences polliniques dans lesquelles les marqueurs d'anthropisation (céréales, rudérales et baisse du rapport PA/NPA) sont fortement exprimées (Fig. 43)(Leroyer et al., 1994 ; Leroyer, 1997). Cette pression anthropique provoque l'ouverture de la couverture arborée et le regain de l'activité fluviatile à partir de 3500 BP.

On peut difficilement attribuer la baisse du rapport PA/PNA à une péjoration climatique. Toutefois, l'ouverture du milieu par des défrichements au Bronze final a augmenté l'efficacité du ruissellement et la déstabilisation complète des couvertures limoneuses du bassin-versant. L'atteinte du couvert forestier semble telle que le contrôle de cette crise érosive apparaît largement anthropique même si son impact est amplifié par une ou des péjora-

Figure 46 table — synthèse de l'évolution environnementale du bassin-versant de la Beuvronne depuis 15 000 ans

Âge en BP	Chronozones (d'après Mangerud)	Sédimentation	Evolution géodynamique	Marqueurs biostratigraphiques	Périodisation archéologique		Cultures
1000	SUBATLANTIQUE	organogenèse / incision/aggradation (+ / −)	Colmatage limoneux sommital dans toutes les sections. Formation locale d'horizon tourbeux peu épais	Forte présence des rudérales et large ouverture du milieu	MOYEN ÂGE		
2000	(2700)				ANTIQUITE		2 ème Fer (la Tène)
3000	SUBBOREAL		Tourbification dans les sections moyennes et aval, dépôts limoneux en amont	Ouverture du couvert végétal	FER	final	1er Fer (Hallstatt)
4000	(4700)		Faible incision et amorce de l'alluvionnement limoneux	Développement de l'aulnaie et dispersion régionale de Fagus	BRONZE	moyen ancien final	Campaniforme G.U.D.P. Gord culture S.O.M.
5000	ATLANTIQUE RECENT		Absence de chenal stable. Sédimentation organique tufacée et tourbeuse. Quelques rares interstratifications limono-organiques à faciès plus fluviatile. Pédogenèse dans les têtes de vallée ?	Essor régional d'une chênaie diversifiée et apparition de l'aulnaie	NEOLITHIQUE	récent moyen ancien	Groupes de Noyen / Michelsberg/Chasséen Cerny V.S.G. R.R.B.P.
6000	ATLANTIQUE ANCIEN						
7000							
8000	BOREAL			Optimum de la Corylaie	MESOLITHIQUE	récent moyen	mal connu
9000							
10 000	PREBOREAL		Incision d'un chenal unique. Premiers dépôts organiques holocènes	Peu d'indication palynologique. Occurence des espèces malacologiques forestières et de Cochlicopa nitens		ancien	
11 000	DRYAS RECENT		Chenal unique, dépôts détritiques hétérogènes sauf dans les têtes de vallée	Essor des formations steppiques à Artemisia, Juniperus, Betula, Hippophae rhamoïdes et Salix	PALEOLITHIQUE FINAL		Groupes Laboriens
12 000	ALLERØD 11 800 / DRYAS MOYEN		Pédogenèse en rive et tourbification dans le chenal	Développement des Bétulaies avec une bonne représentation des Poacées. Malaco : Vertigo Genesii			Groupes Federmesser
13 000	BØLLING 12 700		Dépôts à l'aval de limons. Incision et méandrage / tourbification	Milieu toujours ouvert (Cochlicopa nitens, Vertigo Geyeri)			
14 000	DRYAS ANCIEN		Chenaux en tresses charge alluviale caillouteuse et sableuse	Milieu ouvert à formations steppiques dominées par les Poaceae et Pinus. Puis, augmentation de Juniperus, Salix. Faune malacologique peu diversifiée à Succinella oblonga et Pupilla muscorum	PALEOLITHIQUE SUPERIEUR		Magdaléniens
15 000	PLENIGLACIAIRE FINAL						

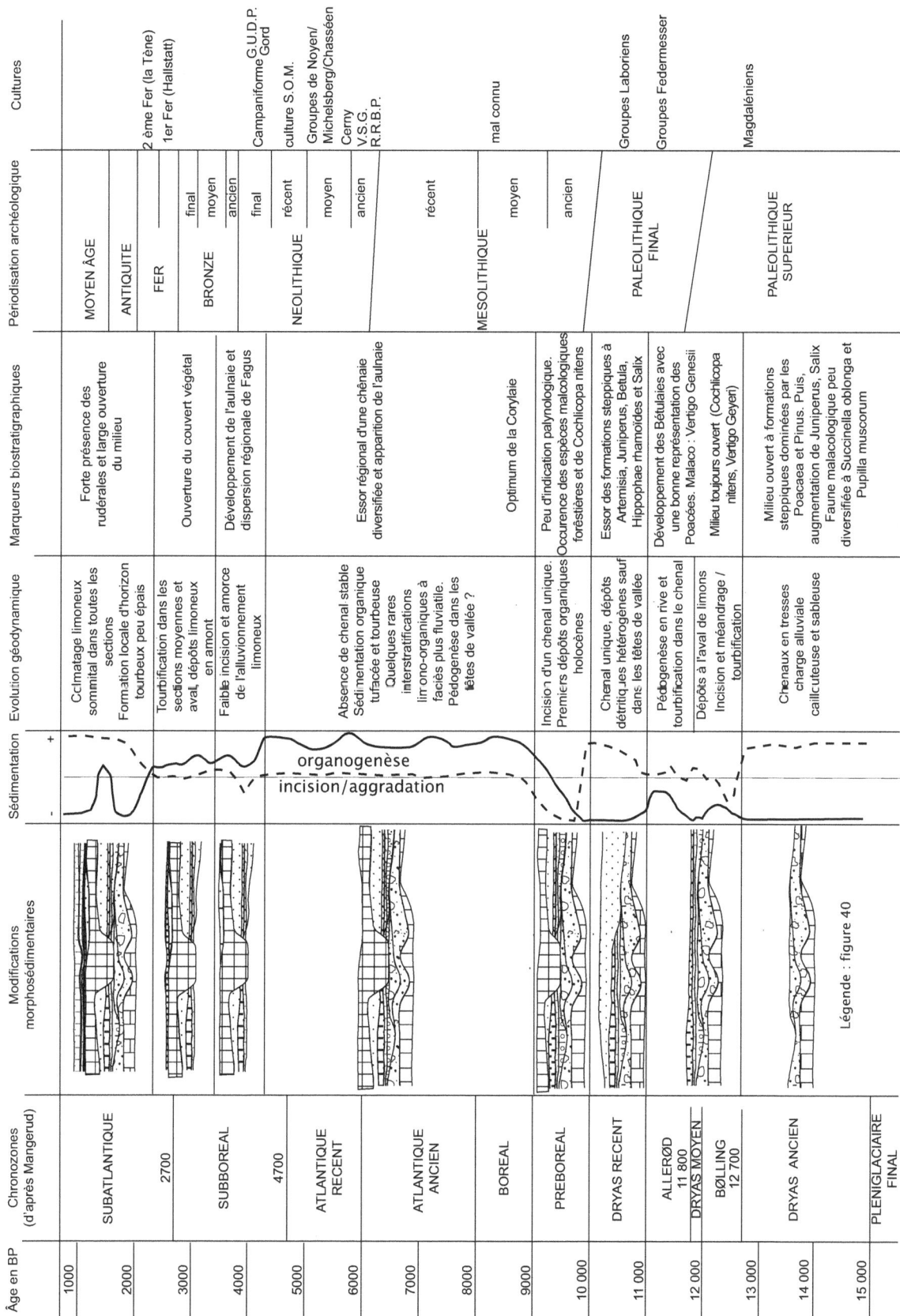

Colonne « Modifications morphosédimentaires » — Légende : figure 40

Figure 46 : synthèse de l'évolution environnementale du bassin-versant de la Beuvronne depuis 15 000 ans

tions climatiques (Fig. 41). La fin de la tourbification dans les sections de Claye-Souilly et d'Annet-sur-Marne 600 ans environ après les premiers apports détritiques enregistrés à Compans ne signe pas la cinétique de la masse sédimentaire en transit dans les vallées mais bien l'emprise des cultures de l'Halstatt et de la Tène (Fig. 43, 44 et 45). À ce titre, la séquence de Nantouillet illustre très bien cette emprise grandissante de l'Homme sur le milieu. Les apports détritiques augmentent de 2830 ± 70 BP (3150 à 2780 Cal BP) à 1460 ± 60 BP (1500 à 1280 Cal BP) date à laquelle la sédimentation devient franchement limoneuse (Fig. 40).

Les diagrammes polliniques attestent bien de défrichements massifs dans le bassin aval de la Marne vers 2350 BP (Leroyer, 1997). Les marqueurs d'anthropisation (Fig. 43), dans le bassin aval de la Marne montrent bien l'extension des pratiques agricoles centrées sur la céréaliculture (Leroyer, 1997). À Annet-sur-Marne, cette emprise grandissante de l'homme sur le milieu se traduit aussi par une chute importante du rapport PA/PNA vers 2370 BP (Leroyer, 1997).

Le maintien d'une forte pression anthropique se poursuit durant l'Âge du Fer, l'Antiquité et le Moyen Âge (Figs. 44 et 45).

Il semble que depuis la Tène, le paysage de la Beuvronne soit largement ouvert sur les interfluves carbonatés. La disparition de l'essentiel de la couverture végétale et des pratiques agricoles relativement intensives entraîne une déstabilisation des formations limoneuses du bassin-versant de la Beuvronne. Pendant l'Antiquité, la densité de peuplement devient forte et les vestiges de l'occupation gallo-romaine sont nombreux (Fig. 45).

On remarquera que la majorité des époques durant lesquelles la pression anthropique s'allège semble avoir une incidence sur les réponses morphosédimentaires caractérisées par le dépôt de niveaux plus organiques.

Les phases de reconquête tourbeuse tant à Villeneuve-sous-Dammartin et à Claye-Souilly, datées à 1548 ± 60 BP et 1700 ± 60 (1730 à 1500 Cal BP) pourraient être significatives de la décadence de l'empire romain dans la Pars Occidentalis au IVe et Ve siècle ap. J.-C. Cette hypothèse est toutefois démentie par le faciès franchement détritique de la sédimentation à Nantouillet à 1460 ± 60 BP (1500 à 1280 Cal BP). Il conviendrait plutôt d'évoquer des réponses morphosédimentaires corrélatives de modifications locales de l'environnement. D'ailleurs, l'effondrement des structures gallo-romaines et l'abandon généralisé des finages accompagné d'une rétraction des activités autour de centres urbains ne sont pas bien perçus dans les enregistrements sédimentaires et polliniques du Bassin parisien. Ils semblent surtout marquer la substitution d'une activité céréaliculture à des pratiques plus pastorales durant le Haut Moyen Âge sans grande déprise humaine (Pastre et al., 2002). À Annet-sur-Marne, ainsi que dans le bassin aval de la Marne, la courbe des marqueurs d'anthropisation (Fig. 43) montre une extinction des taxons céréaliers (Leroyer, 1997).

Postérieurement à 1548 ± 60 BP et 1700 ± 60 (1730 à 1500 Cal BP), les apports limoneux reprennent là où ils s'étaient ralenti (Villeneuve-sous-Dammartin et Claye-Souilly). Cette reprise est interprétée comme le retour de la céréaliculture en tant que mode dominant de l'activité agricole. Cette pratique agricole est perceptible dès le XIe et s'affirme au XIIe siècle dans le bassin aval de la Marne (Pastre et al., 2002a et b).

Les niveaux organiques de Villeneuve-sous-Dammartin à 600 ± 45 BP (1296 à 1419 AD) (dont on retrouve l'équivalent à Goussainville à 570 ± 50 BP) traduiraient éventuellement les grandes périodes noires du XIVe siècle durant lequel les effectifs de population ont diminué et la densité de population aurait baissé. Pourtant, la trame villageoise du bassin-versant de la Beuvronne est déjà dessinée. La plupart des localités forment le réseau de l'habitat rural dans cette région (Guadagnin, 1988). Ces niveaux organiques sont les derniers à indiquer un possible ralentissement de la dynamique morphosédimentaire.

À l'époque moderne, toutes les sections du bassin-versant de la Beuvronne enregistrent des apports terrigènes et les archives fluviatiles deviennent monotones.

4 : Transferts sédimentaires et quantification de l'érosion

4.1 : Les transferts sédimentaires dans le bassin-versant de la Beuvronne

La date de la mise en place du remplissage limoneux sommital diffère dans les différentes sections analysées. Les dates les plus anciennes, dans le bassin-versant de la Beuvronne, indiquent un dépôt postérieur à 3500 BP (Compans). À l'aval, à Claye-Souilly et à Annet-sur-Marne, les dépôts sommitaux se mettent en place vers 2400 BP. Nous avons supposé que les têtes de vallons commençaient à s'engorger vers 4000 BP. Ces données font apparaître à nouveau un gradient amont-aval qui marquerait une plus grande sensibilité ou réactivité du binôme versant/lit fluvial en amont qu'en aval. La précocité de l'enregistrement de l'érosion en amont par rapport à l'aval, postérieurement à 3500 BP, soulève des questions importantes. Comment le transit des sédiments fonctionne-t-il dans le bassin-versant de la Beuvronne. En effet, si il ne fait aucun doute qu'à Moussy-le-Vieux et à Juilly, l'accumulation en fond de vallée est sous le contrôle direct des transferts latéraux du versant au lit fluvial, qu'en est-il à l'aval ?

Si on calcule le cubage des limons par mètre linéaire à chaque transect analysé, on remarque que les quantités de limons stockés vers l'aval augmentent. Les volumes stockés dans les différentes sections sont plus ou moins importants. Dans les têtes de vallée, le colmatage limo-

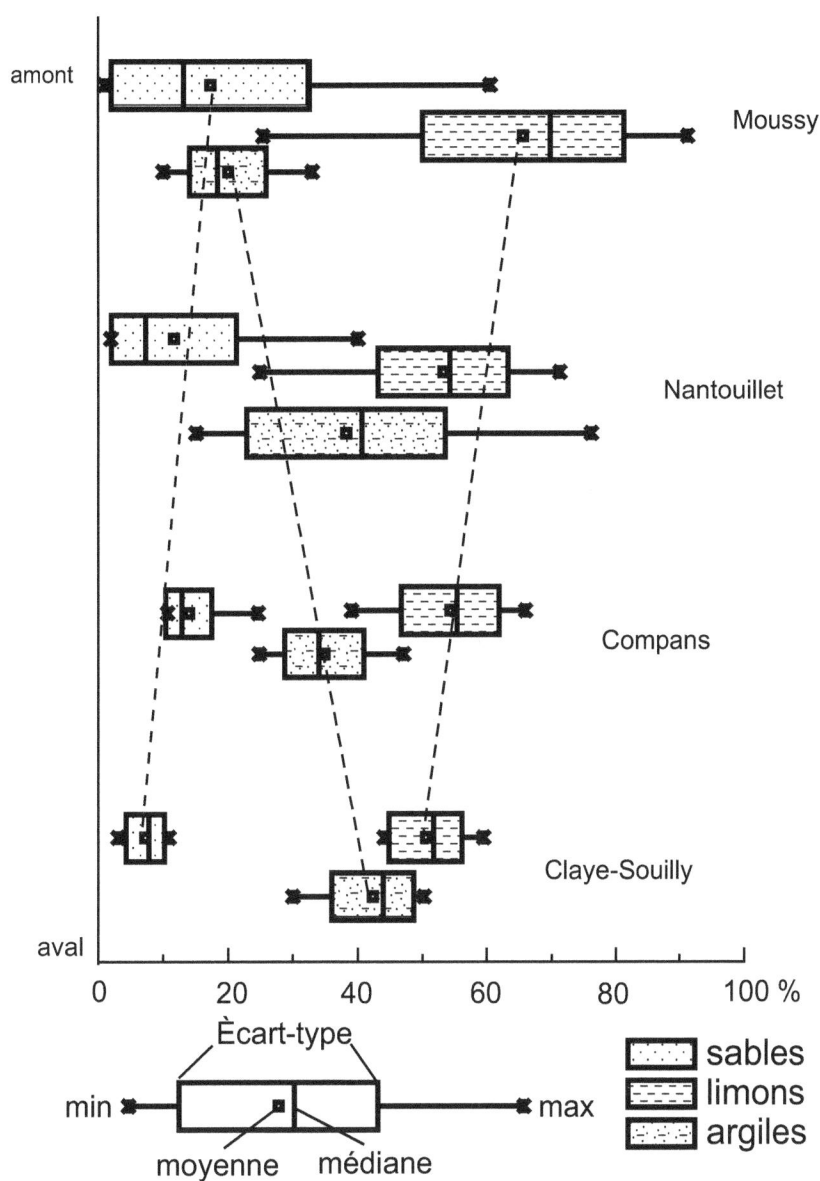

Figure 47 : Comparaison amont-aval du spectre granulométrique des limons supérieurs

neux représente approximativement un volume de 115 m³ (± 20 %), à Moussy, contre 75 m³ (± 20 %) à Juilly. À Compans et à Nantouillet, les volumes stockés sont de 160 m³ (± 20 %) environ. En revanche, dans les sections aval à Claye-Souilly et à Annet-sur-Marne, les stocks représentent un volume approximativement identique de 210 m³ (± 20 %).

L'engorgement des vallées en amont et surtout dans les têtes de vallon s'explique par des capacités de stockage moindres. Nous sommes proches des zones de départ. Des interfluves aux fonds de vallée, les distances sont plus courtes qu'à l'aval et surtout les pentes sont plus fortes. Ces paramètres jouent sur la vitesse de transfert latéral. Les transits sédimentaires des versants au lit fluvial sont

plus rapides. Dans ces sections amont, les capacités de transport de la rivière sont inférieures aux apports latéraux. Ces paramètres expliquent l'importance de l'engorgement de ces sections et la faiblesse du destockage. À l'aval, en revanche, les transferts sédimentaires sont plus complexes à appréhender car les données sédimentologiques indiquent que les sédiments n'y sont pas identiques. Ils présentent un faciès plus argileux et moins riche en quartz.

L'analyse sédimentologique des limons supérieurs montre qu'au décalage chronologique amont-aval s'ajoute un gradient granulométrique. De Moussy à Claye-Souilly, les teneurs moyennes en sables des niveaux limoneux diminuent. Elles passent de 18 % à 7 %. Les teneurs en limons passent de 65 à 50 %. En revanche, les teneurs en argiles augmentent. Elles passent de 20 à 42 % (Figs. 47 et 48). De plus, la dispersion des valeurs de chaque classe granulométrique diminue également vers l'aval (Fig. 48). Cette baisse du taux de sable s'accompagne d'un appauvrissement des teneurs en quartz ce qui est parfaitement cohérent puisque le quartz se trouve en grande partie sous forme de sable.

Cette évolution granulométrique suggère une migration préférentielle des fines au détriment des fractions limoneuses et sableuses. Le temps de transport lié au mode de déplacement des différentes classes granulométriques explique en partie la surreprésentation des fines dans les sections aval et la composante plus sableuse des sédiments dans les sections amont. À cela s'ajoute la plus faible capacité de transport de la Beuvronne ou de la Biberonne dans les sections amont. Ces dernières sont engorgées et seules les fines peuvent être majoritairement exportées vers l'aval.

Ainsi, la distance parcourue par une particule serait inversement proportionnelle à sa taille. Ce processus de tri granulométrique renvoie ainsi au mode de transport de chacune des classes granulométriques et à la capacité de transport des drains. L'édification de la plaine alluviale, d'amont en aval, se fait grâce à une migration préférentielle des fines au détriment des sables. L'hétérogénéité de la composition sédimentaire de la nappe détritique sommitale renvoie directement aux conditions hydrologiques qui président à la migration de la charge solide. Il faut aussi rappeler le rôle de filtre exercé par les tourbes qui agissent comme des filtres et piègent une partie de la charge solide. On remarque qu'à Claye-Souilly et à Annet-sur-Marne, c'est seulement suite à la dégradation de la couverture arborée et surtout de l'aulnaie (Leroyer, 1997) vers 2400 BP que les apports limono-argileux deviennent significatifs et fossilisent les tourbes. Il reste toutefois difficile de préciser dans quelles mesures ces apports proviennent de l'amont ou des versants proximaux aux sites sondés. Dans les sections aval, la largeur de la vallée et la diminution de la valeur des pentes des versants favorisent les processus de stockage intermédiaire. Une partie de la fourniture sédimentaire érodée sur les versants resterait piégée soit en pied de versant, soit dans la plaine alluviale. On ne peut toutefois exclure la contribution d'apports proximaux latéraux à Claye-Souilly sur la base de la seule granulométrie et minéralogie des alluvions. En effet, on constate qu'à Nantouillet, c'est-à-dire à l'amont, certains lits contiennent une importante fraction argileuse pauvre en quartz. Pour accroître la difficulté, il faut se souvenir que les rythmes de mise en place des niveaux sommitaux ne sont pas identiques d'un transect sur l'autre et que bien souvent, à partir de 2400 BP, chaque section réagit à des paramètres locaux qui échappent à notre investigation.

4.2 : Quantification de l'érosion depuis la fin du Subboréal

À partir des volumes stockés en fonds de vallée, une tentative de quantification de l'érosion depuis 3000 BP a été réalisée. Cette tentative souffre du caractère ponctuel des méthodes de prélèvement. À partir des données obtenues par sondage, il est possible d'estimer le cubage des limons sommitaux sur un mètre linéaire de vallée. Cette estimation est ensuite reportée à la longueur du corridor fluvial qui draine un sous-bassin. Cette extrapolation est ensuite rapportée à l'aire drainée par la portion de vallée concernée. Cette donnée est rapportée au temps qui a présidé à la mise en place de la nappe sommitale. Nous utilisons les dates de mise en place avancées dans les parties précédentes. Pour obtenir un tonnage, nous avons mesuré la densité

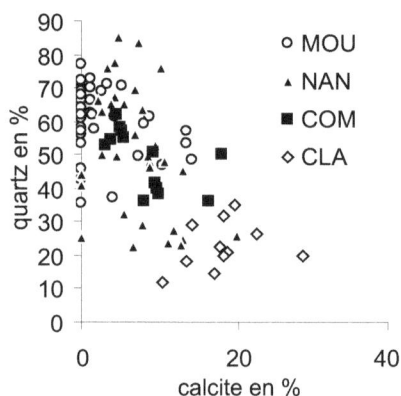

Figure 48 : Composition minéralogique des limons supérieurs du bassin-versant de la Beuvronne

des sédiments limoneux et argilo-limoneux des unités terminales de chaque transect. Les densités moyennes de ces sédiments sont de 2 environ. Par souci d'honnêteté, nous avons estimé une marge d'érreur qui correspond au pourcentage cumulé d'erreur sur la mesure. La marge d'erreur varie entre 15 et 20 %. Elle indique bien quelle est la limite de cette tentative. Néanmoins, les résultats obtenus ne sont pas incohérents.

Dans la Biberonne, on remarque que les taux d'accumulation sont assez cohérents. À Moussy-le-Vieux, l'accumulation en fond de vallée représente 36.8 T/km^2/an par mètre linéaire de vallée depuis 4000 ans environ. À volume constant par mètre linéaire de vallée, l'accumulation serait, dans toute cette section de 23,82 T/km^2/an soit un taux de dégradation spécifique sur les interfluves de 23,82 μm/an (1 T/km^2/an équivaut à l'ablation d'1μm/an soit un Bubnoff).

À Villeneuve-sous-Dammartin, les taux d'accumulation en fond de vallée sont de 10,18 T/km^2/an par mètre linéaire de vallée depuis 1600 ans environ. À volume constant par mètre linéaire de vallée, dans toute cette section, l'accumulation serait de 29,12 T/km^2/an soit un taux de dégradation spécifique sur les interfluves de 29,12 µm/an.

À Compans, en revanche, les résultats sont différents. Le taux d'accumulation en fond de vallée est de 10,98 T/km^2/an par mètre linéaire de vallée depuis 3500 BP. À volume constant par mètre linéaire de vallée, dans toute cette section, l'accumulation serait de 15 T/km^2/an soit un taux de dégradation spécifique sur les interfluves de 15 µm/an.

Dans la vallée de la Beuvronne, les mesures d'accumulation en fond de vallée à Juilly et à Nantouillet sont similaires.

En tête de vallon, le taux d'accumulation est de 16,21 T/km^2/an par mètre linéaire de vallée depuis 4000 ans. À volume constant par mètre linéaire de vallée, dans toute cette section, l'accumulation serait de 9,9 T/km^2/an soit un taux de dégradation spécifique sur les interfluves de 9,9 µm/an.

À Nantouillet, ce taux atteint 12 T/km^2/an depuis 1400 ans. À volume constant par mètre linéaire de vallée, dans toute cette section, l'accumulation serait de 26,33 T/km^2/an soit un taux de dégradation spécifique sur les interfluves de 26,33 µm/an.

En revanche, à Claye-Souilly, les données obtenues livrent un taux d'accumulation de 7,6 T/km^2/an par mètre linéaire de vallée depuis 2400 ans. À volume constant par mètre linéaire de vallée, dans toute cette section, l'accumulation serait de 46,77 T/km^2/an. Le taux de dégradation spécifique correspondant à la dénudation des interfluves est de 46,77 µm/an.

Dans cette estimation, manquent la part des sédiments qui ont été exportés hors des limites du bassin-versant et surtout les stockages sur les versants. Toutefois, ces valeurs sont nettement inférieures aux valeurs fournies pour ce type de milieu durant cette période (Macaire et al., 2002). Ainsi, depuis le Subboréal, si l'on considère que l'essentiel de l'érosion est anthropique, on mesure mieux l'impact des activités agro-pastorales en termes de dégradation spécifique. Il reste somme toute limité.

Conclusion

Les enregistrements morphosédimentaires de la Beuvronne s'intègrent bien dans le corpus de données portant sur les réponses des systèmes fluviaux aux modifications de l'environnement du Bassin parisien depuis 15 000 ans. La qualité des enregistrements sédimentaires et la prospection systématique des têtes de vallon jusqu'à l'aval apportent des éléments de comparaison qui mettent en évidence le poids des facteurs locaux et la variabilité intrinsèque du fonctionnement de ce bassin-versant. Certaines périodes charnières encore mal documentées bénéficient de l'apport de nouvelles données qui soulignent la complexité d'une reconstitution régionale.

Au Tardiglaciaire, l'étroite liaison entre les réponses morphosédimentaires de la Beuvronne et les fluctuations climatiques est bien avérée. Les interactions entre le climat et les systèmes fluviaux sont fortes. Les niveaux attribués au Bølling forment un nouveau jalon dans le Bassin parisien sur cette période. Les interstades du Bølling et de l'Allerød sont relativement bien documentés. Le réchauffement climatique entraîne une stabilisation des versants corrélative d'une fermeture progressive des milieux. Cette situation est favorable à l'incision et à la création d'un chenal unique. Mais les faciès sédimentaires de chaque interstade sont différents. Au Bølling, des tourbes tufacées colmatent le chenal. En revanche, à l'Allerød, c'est la formation d'un sol sur les berges, comme à Villeneuve-sous-Dammartin ou à Compans qui marque cette période de calme hydro-érosif.

Les stades froids du Tardiglaciaire, notamment le Dryas récent, sont bien documentés dans les parties aval du bassin versant de la Beuvronne. La sédimentation détritique présente des faciès sédimentaires limono-sableux similaires à ceux des grandes vallées. Dans les sections amont comme à Compans, le Tardiglaciaire est marqué par une évolution plus atypique avec une bipartition de l'enregistrement sédimentaire. Cette séquence est à ce titre remarquable tant par la formation d'un tuf pendant un stade froid que par la très bonne caractérisation de la végétation dans cette région. La construction de ce tuf se réalise dans un milieu largement steppique. Les pourcentages d'*Artemisia* sont très élevés, proche de 40 %, valeur rarement atteinte pour ce taxon dans le Bassin parisien.

À l'Holocène, Le contrôle climatique sur le système hydro-sédimentaire devient moins évident. Seuls des changements de forte ampleur sont perceptibles comme la transition Dryas récent/Préboréal. Il semble que les fluctuations climatiques holocènes enregistrées dans les lacs jurassiens n'aient que très peu d'incidence sur le binôme versant/lit fluvial. Les réponses morphosédimentaires montrent bien l'absence de crise sédimentaire jusqu'à 6000 BP. Cette région de faible altitude et de relief peu marqué apparaît moins sensible que des régions montagneuses.

L'évolution des fonds de vallée de la Beuvronne est marquée par trois grandes phases. Du Préboréal à l'Atlantique inclus, une importante incision creuse un chenal dans les sédiments du Tardiglaciaire et peut atteindre le lit rocheux comme dans les sections amont de Nantouillet de Villeneuve-sous-Dammartin. Le début du colmatage organique de ces chenaux est différé. Il s'étend de 9400 BP à Annet-sur-Marne jusqu'à 8350 BP à Nantouillet. Les fonds de vallée enregistrent une organogenèse dominée par une interstratification de tourbes et de tufs. Les écoulements sont lents et réguliers. À Compans, à Nantouillet et à Claye-Souilly, l'absence de quartz dans ces niveaux confirme la stabilisation presque complète des versants par une végétation arborée.

Si le caractère biostasique de la première moitié de l'Holocène est confirmé, les fluctuations climatiques qui rythment la première moitié de cette période telle la crise de 8200 Cal BP sont peu perceptibles. En revanche, la bonne réactivité du bassin-versant aux modifications de l'environnement pendant la deuxième moitié de l'Holocène permet de préciser des observations jusqu'alors fragmentées ou disparates dans le Bassin parisien entre 6000 BP et 2400 BP. Le bassin-versant de la Beuvronne pourrait constituer un référent régional.

D'autre part, ces enregistrements éclairent le rôle prépondérant joué par le climat dans le contrôle des dynamiques morphosédimentaires en fonds de vallée tant au Tardiglaciaire qu'au début de l'Holocène. Mais il est frappant de constater la simultanéité des indices d'anthropisation du milieu et la perception des apports détritiques dans les formations de fonds de vallée à partir de 6000 BP. Ces données permettent d'apporter un élément de réponse au débat qui oppose encore trop souvent des visions binaires sur les causalités des « crises » érosives dans cette région. Dans le bassin-versant de la Beuvronne, il apparaît clairement qu'entre 6000 BP et 3000 BP, des effets de seuil sont reconnaissables. En effet, les mises en valeur agro-pastorales entre 6000 BP et 4000 BP n'engendrent pas de dégradation majeure de la couverture végétale même si, comme à Compans, de faibles apports détritiques sont localement perceptibles. À défaut d'une augmentation de la pression anthropique, comme cela semble être le cas au Néolithique récent et final, seule une péjoration climatique ayant lieu dans un environnement préalablement dégradé semble capable de générer un effet de seuil et déclencher une modification de la dynamique morphosédimentaire. À Contrario, vers 3500 BP, au Bronze ancien et moyen, un éventuel allégement de la pression anthropique associé à une amélioration climatique favoriserait un retour à des conditions d'écoulement plus propices à l'organogenèse.

À partir de 3000 BP, le contrôle anthropique sur la dynamique morphosédimentaire dans ce bassin-versant devient prépondérant au vu des spectres polliniques. Les aménagements anthropiques vont petit à petit modifier le fonctionnement de ce bassin-versant et interférer sur les conditions de transfert tant liquides que solides.

À Claye-Souilly et à Annet-sur-Marne, C'est seulement à partir de 2400 BP que les apports détritiques redeviennent importants. Ce colmatage terminal des fonds de vallée de la Beuvronne n'est pas homogène ni régulier. Quelques périodes d'accalmie dans le régime hydrologique sont attestées autour de 1600 BP, 1050 BP et 600 BP. Mais ces données historiques sont ponctuelles et nécessitent une prospection plus ciblée du remplissage terminal pour obtenir une information pertinente.

La confrontation des données obtenues avec les résultats du Bassin parisien montre tout l'intérêt de multiplier les études dans les petits bassins-versants. Ils forment des sites-ateliers dans lesquels l'appréciation des facteurs locaux est plus aisée que dans les grands corridors fluviaux. Ces derniers reflètent des évolutions à long terme qui ont une valeur régionale. Ils fonctionnent comme de puissants intégrateurs de modifications environnementales régionales. Aussi, la multiplication des analyses à plus petite échelle, couplée à celles des grands corridors fluviaux permettrait d'obtenir une vision beaucoup plus nuancée. La prise en compte des réponses morphosédimentaires des grands corridors fluviaux devrait logiquement refléter l'ensemble des réponses morphosédimentaires des petits bassins-versants contributaires. Nous retrouvons là un des problèmes récurrents de la géographie : l'emboîtement d'échelle et seule une prospection systématique et la multiplication des analyses permet de passer du local au global.

Bibliographie

Aaby B. (1986) - Palaeoecological studies of mires. *In* B.E. BERGLUND (ed) *Handbook of Holocene Palaeocology and Palaeohydrology*, John Wiley and sons Ltd, 753 p.

Alley R.B., Schuman C.A., Meese D.A., Gow A.J., Taylor K.C., Cuffey K.M., Fitzpatrick J.J., Grootes P.M., Zielenski G.A., Ram M., Spinelli G. & Elder B. (1997) - Visual-stratigraphic dating of the GISP2 ice core: basic reproducibility, and apllication. Journal of Geophysical Research, 102, 26 367-26 381.
Anonyme (1985) - *Plantes du bord de l'eau et des prairies*. Ed. Gründ, Paris, 223 p.

Antoine P. (1990) - Chronostratigraphie et environnement du Paléolithique dans le bassin de la Somme. Publication Du Centre d'Etudes et de Recherches Préhistoriques, Univ. Lille (CERP), 2, 231 p.

Antoine P. (1997a) - Modifications des systèmes fluviatiles à la transition Pléniglaciaire-Tardiglaciaire et à l'Holocène : l'exemple du bassin de la Somme (Nord de la France). *Géographie Physique et Quaternaire*, 51, (1), 93-106.

Antoine P. (1997b) - Evolution Tardiglaciaire et début de l'Holocène des vallées de la France septentrionale : nouveaux résultats. *Comptes Rendus de l'Acaémie des. Scences de Paris, Sciences de la Terre et des Planètes*, 325, 35-42.

Antoine P. (1997c) - Evolution Tardiglaciaire et début Holocène de la moyenne vallée de la Somme (France). *In* J. FAGNART et A. THÉVENIN (dir.), *Le Tardiglaciaire en Europe du Nord-Ouest*, Actes du 119è Congr. nat. So. Hist. Scient., Amiens 1994, éd. C. T. H. S., 13-26.

Antoine P., Lautridou J.-P., Sommé J., Auguste P., Auffret J.-P., Baize S., Clet-Pellerin M., Coutard J.-P., Dewolf Y., Dugu O., Joly F., Laignel B., Laurent M., Lavollé M., Lebret P., Lécolle F., Lefèbvre D., Limondin-Lozouet N., Munaut A.-V., Ozouf J.-C., Quesnel F. & Rousseau D.-D. (1998) - Le Quaternaire de la France du Nord-Ouest : limites et corrélations. *Quaternaire*, 9, pp. 227-241.

Antoine P., Fagnart J.-P., Limondin-Lozouet N. & Munaut A.-V. (2000) - Le Tardiglaciaire du bassin de la Somme : éléments de synthèse et nouvelles données. *Quaternaire*, 11, (2), 85-98.

Audric T. (1973) - Etudes géologique et géotechnique des limons de plateaux de région parisienne. *Bulletin of the international Association of Engineering geology*, London, 8, 49-59.

Audric T. (1974) - *Contribution à l'étude géologique et géotechnique des limons de plateaux de la région parisienne*, Thèse de docteur-ingénieur, Orsay, 240 p.

Audric T. & Bouquier L. (1976) - Collapsing behaviour of some lœss soils from Normandy. *Quaterly Journal of Engineering Geology*, 9, 3, 265-277.

Bahain J. J. & Drwila G. (1996) - Les gisements pléistocènes de Villiers-Adam (Val d'Oise). *Rapport de diagnostic archéologique*, Rapport interne, SRA Ile-de-France, 42 p.

Barthelemy L. (1985) - Réflexions sur la répartition du pollen. Conséquences pour l'archéologie. *Palynologie archéologique*, C.N.R.S., Paris, 53-86.

Beaulieu J.-L. de, (1977) - *Contribution pollenanalytique à l'histoire tardiglaciaire et holocène de la végétation des Alpes méridionales françaises*, Thèse, Univ. d'Aix-Marseille III, 358 p.

Belgrand E. (1883) - *La Seine : le Bassin parisien aux âges anté-historiques*, Paris, Imprimerie nationale, 2 vol., 286 p.

Billard C., Blanchet J.-C. & Talon M. (1996) - Origine et composantes de l'âge du Bronze ancien dans le Nord-Ouest de la France. *In actes du 113è congrès national des Sociétés Historiques et Scientifiques, Clermont-Ferrand, 1992, Pré et Protohistoire*, 579-601.

Blanchet J.-C., (1989) - L'Age de Bronze dans le Bassin parisien et le Nord de la France. *In : Le Temps de la Préhistoire*,

1, 413-415.

Blondeau A., Cavalier C.-L. & Pomerol C. (1965) - Néotectonique du Pays de Bray (Bassin Parisien). *Géographie Physique et Géologie Dynamique*, 7-3, 197-204.

Bohncke S., Vandenberghe J., Coope R. & Reiling R. (1987) - Geomorphology and palaeoecology of the Mark valley (southern Netherlands) : Palaeoecology, palaeohydrology and climate during the Weichselian Lateglacial, *Boreas*, 16, 69-85.

Bohncke S. & Vandenberghe J. (1991) - Palaeohydrological development in the southern Netherlands during the last 15 000 years. *In* L. STARKEL, K.J. GREGORY, J.B. THORNES (eds), *Temperate palaeohydrology*, John Wiley, Chichester, 253-281.

Bottema S. (1975) - The Interpretation of pollen spectra from prehistoric settlements (with special attention to Liguliflorae). *Palaeohistoria, XVII*, 18-35.

Bournerias M. (1979) - *Guide des groupements végétaux de la région parisienne*, 3è ed., Sedes-Masson, Paris, 483 p.

Bravard J. P., Vérot A. & Salvador P.-G. (1992) - Le climat d'après les informations fournies par les enregistrements sédimentaires fluviatiles étudiés sur les sites archéologiques. *Les nouvelles de l'Archéologie*, 50, 7-14.

Bravard J.P. & Petit F. (1997) - *Les cours d'eau - Dynamique du système fluvial*, Armand Colin, Paris, 221 p. ill.

Brown A.G., Keough M.K., Rice R.J., (1994) - Foodplain evolution in the East Midlands, United Kingdom: the Lateglacial and Flandrian alluvial records from the Soar and Nene valleys. *Philosophical Transactions of the Royal Society London,* Series A 348, 261-293.

Burin P. J. & Jones D. K .C. (1991) - Environmental processes and fluvial responses in a small temperate zone catchment : a case study of the Sussex Ouse valley, Southern England. *In* L. STARKEL, K. J. GREGORY & J. B. THORNES (eds.), *Temperate palaeohydrology*, John Wiley, Chichester, 217-252.

Cavalier C. & Damiani L. (1969) - Les limons du district parisien dans l'industrie des tuiles et briques. *Memoires hors série Société Ggéologique de France,* Paris, 5, 117-121.

Cambon G. (1997) - Modern pollen deposition in the Rhône delta area (lagoonal and marine sediments), France. *Grana*, vol. 36, n°2, 105-113.

Chateauneuf J.-J. (1974) - Eléments de palynologie. Applications géologiques. *Cours de 3ème cycle en Sciences de la Terre donné au Laboratoire de Paléontologie de l'Université de Genève*, 345 p.

Cosandey C. & Robinson M. (2000) - *Hydrologie continentale*. Armand Colin, Paris, 359 p.
Coste H. (1983) - *Flore descriptive et illustrée de la France, de la Corse et des contrées limitrophes,* Ed. A. Blanchard, Tome III, 807 p.

Coulthard T.J. & Macklin G. (2001) - How sensitive are river systems to climate and land-use changes ? A model-based evaluation. *Journal of Quaternary Science*, 16, (4), 347-351.

Dansgaard W. (1987) - Ice-core evidence of abrupt climatic changes. *In* W.J. BERGER, L. LABEYRIE (eds.), *Abrupt climatic change : evidence and implications*. Reidel, Dordrecht, 223-233.

Dansgaard W., Johnsen S.J., Clausen H. N., dahl-Jensen D., Gundestrup N., Hammer C.U., Hvidberg C.S., Steffensen J. P., Sveinbjornsdottir A.E., Jouzel J. & Bond G. (1993) - Evidence for general instability of past climate from a 250-kyr ice-record. *Nature*, 364, 218-220.

David F. (1993) - Développement des aulnes dans les Alpes françaises du Nord. *C. R. Acad. Sci. Paris*, t. 316, Série II,

p. 1815-1822.

Duchaufour Ph. (1977) - *Pédogenèse et classification. In* Ph. DUCHAUFOUR & B. SOUCHIER (Dir.*), Pédologie*, Tome 1, Masson, Paris, 477 p.

Délibrias G. (1985) - Le carbone 14. *In* : B. ROTH & B. POTY (eds), *Datations par les phénomènes nucléaires naturels. Application*, Masson, Paris, 421-458.

Diffre & Pomerol C. (1979) - *Guide géologique régional du Bassin parisien*, Masson, Paris, 174 p.

Dollfus G.-F. (1879) - Les dépôts quaternaires de la seine ; *Bulletin de la Société Géologique Française*, 3, 7, 318-346.

Emontspohl A.F. & Vermeesch D. (1991) - Premier exemple d'une succession Bølling-Dryas II-Allerød en Picardie (Famechon-Somme). *Quaternaire*, 2, p. 17-25.

Elhaï H. (1968) - *Biogéographie*, Ed. A. Colin, 406 p.

Fagnart J.P. (1993) - *Le Paléolithique supérieur récent et final du Nord de la France dans son cadre paléoclimatique.* Thèse de doctorat, Université des Sciences et Techniques de Lille, 2 vol., 567 p.

Fagnart J. P. & Coudret P. (1995) - Le gisement paléolithique final du marais de Conty (Somme). *Notae praehistoricae*, 15, 155-170.

Farmer V.C. (1974) - *The infrared spectra of minerals*. Ed. by Farmer, Mineralogical society, London, 527 p.

Fournier P. (1977) - *Les Quatre flores de France*. Edition Lechevalier, Paris, T.I : texte, 1105 p., T.II : atlas, 308 p.

Fröhlich F. (1993) - Principes de la détermination et de la quantification par spectrométrie IR des minéraux et mélanges naturels. Applications minéralogiques et géologiques. *Spectrométrie infrarouge et Analyse minéralogique quantitative des roches*, Orstom, Paris.

Gauthier A. (1995a) - Résultats palynologiques de séquences holocènes du Bassin parisien : histoire de la végétation et action de l'homme. *Palynosciences*, 3, 3-17.

Gauthier A. (1995b) - Résultats de l'analyse pollinique d'un sondage carotté dans la «Vallée des Caves d'Amont» (commune de Vallères, Indre-et-Loire). *Rapport SRA Orléans*, 30 p.

Gauthier A. (1998) - Les sondages carottés SC1 et SC2 dans la vallée du Ru du Rhin (Val-d'Oise) : étude palynologique préliminaire de SC2 et description lithostratigraphique de SC1. *Rapport AFAN*, 24 p.

Gauthier A. (2000) - Paléoenvironnement holocène du site de Maisons-Alfort Zac Alfort II (Val-de-Marne). Histoire de la végétation et action anthropique d'après les analyses polliniques. *In* RODRIGUEZ *et al.*, *Etude paléoenvironnementale sur la Zac d'Alfort II à Maisons-Alfort (Val-de-Marne)*, Laboratoire central hydraulique, Rapport LDA 94 et Conseil Général Val-de-Marne, p. 61.

Geel van B. (1986) - Application of fungal and algal remains and other microfossils in palynological analyses. *In* E. BERGLUND (ed), *Handbook of Holocene Palaeoecology and Palaeohydrology*, 497-505.

Geel van B. & Renssen H. (1998) - Abrupt climate change around 2650 BP in the North-West Europe: evidence for teleconnections and a tentative explanation. *In* : A. ISSAR & N. BROWN (eds), *Water, environment and Society in times of climatic change*, Kluvwer Dordrecht, 21-41.

Geel van B., Buurman J. & Waterbolk H.T. (1996) - Archaeological and palaeoécological indications of an abrupt climate change in The Neederlands, and evidence for teleconnections around 2650 BP. *Journal of Quaternary Science*, 11, 451-460.

Gittenberger E. (1998) - De Nederlandse zoetwatermollusken", *Nederlandse Fauna 2, European invertebrate survey*, 288 p.

Goudie A., Viles H.A. & Pentecrost A. (1993) - The late-Holocene tufa decline in Europe. *The Holocene*, 3, (2), 181-186.

Guadagnin R. (1988) - Archéologie de l'habitat au Haut Moyen Age. *In La villa carolingienne dans l'ancien Pays de France, In : Un village au temps de Charlemagne. Moines et paysans de l'abbaye de Saint-Denis du VIIe siècle à l'An Mil* : exposition du musée national des arts et traditions populaires, 29 nov.-30 avr. 1989. Paris, Réunions des Musées nationaux, 142-144.

Guiot J. & Magny M. (2002) - Reconstitution quantitative des oscillations du climat pendant le Dryas récent et la première moitié de l'Holocène au Locle, Jura Suisse, sur la base de données polliniques et paléohydrologiques. *In J.P. BRAVARD & M. MAGNY (eds), Les fleuves ont une histoire*, Edition Errance, 143-153.

GRIP Projects members, (1993) - Climate instability of the last interglacial revealed in the Greenland Summit Ice-record. *Nature*, 364, 203-207.

Grootes P.M., Stuiver M., White J.V.C., Johnsen S. & Jouzel (1993) - Comparison of oxygen isotope records from the GISP2 and GRIP Greenlan ice cores. *Nature*, 366, 552-554

Gruas-Cavagnetto C. (1968) - Etude palynologique des divers gisements du Sparnacien du Bassin Parisien. *Mém. Soc. Géol. France*, NS, T. XLVII, 4, Mém. n°110, 144 p.

Gruas-Cavagnetto C. (1977) - Etude palynologique de l'Eocène du bassin anglo-parisien. *Mém. Soc. Géol. France*, NS, T. LVI, Mém. n°131, 64 p.

Haesaert P. (1984a) - Aspect de l'évolution du paysage et de l'environnement en Belgique au Quaternaire. *In CAHEN D. et HAESAERT P., (Eds.), Peuples chasseurs de la Belgique dans leur cadre naturel*, Institut royal des Sciences naturelles de Belgique, Bruxelles, 28-39.

Haesaert P. (1984b) - Les formations fluviatiles pléistocènes du Bassin de la Haine (Belgique). *Bulletin de l'Association française pour l'étude du Quaternaire*, 21, 19-26.

Hammen T. van der, Wijmstra T.A. & Zagwijn H. (1971) - The Floral record of the late Cenozoïc of Europe. *In The Late Cenozoïc glacial ages*, Ed. K.K. Turekian, New Haven and London, Yale University Press, 391-424.

Havinga A.J. (1964) - Investigation into the differential corrosion susceptibility of pollen and spores. *Pollen et Spores*, Vol. VI, n°2, 621-635.

Havinga A.J. (1984) - A 20-year experimental investigation into the differential corrosion susceptibility of pollen and spores in various soil types. *Pollen et Spores*, Vol. XXVI, n°3-4, 541-558.

Heim J. (1970) - *Les Relations entre les spectres polliniques récents et la végétation actuelle en Europe occidentale*, Ed. Derouaux, Liège, 200 p.

Hoek W.Z. (2001) - Vegetation response to the ~ 14.7 and ~ 11.5 ka cal. BP climate transitions : is vegetation lagging climate?. *Global and Planetary Change*, 30, 103-115.

Huetz de Lemps A. (1994) - *Les Paysages végétaux du globe*, Ed. Masson, 182 p.

Huijzer & Vandenberghe J. (1998) - Climatic reconstruction of Weichselian Pleniglacial in the Northwestern and Central Europe. *Journal of Quaternary Science*, 13, (5), 391-417.

Huntley B. & Birks H.J.B (1983) - *An Atlas of past and present pollen maps for Europe : 0-13000 years ago*, Cambridge, University Press.

Isarin R.F.B., Renssen H. & Vandenberghe J. (1998) - The impact of the north Atlantic Ocean on the Younger Dryas climate in northwestern and central Europe. *Journal of Quaternary Science*, 13, (5), 447-453.

Isarin R.F.B. & Bohncke J.P. (1999) - Mean July temperatures during the Younger Dryas in northwestern and central Europe as inferred from climate indicators plants species. *Quaternary Research*, 51, 158-173.

Jahns H.M. (1989) - *Guide des fougères, mousses et lichens d'Europe*, Ed. Delachaux et Niestlé, 258 p.

Johnsen S.J., Dahl-Jensen D., Gundestruo N., Steffensen J.P., Clausen H.N., Miller H., Masson-Delmotte V., Sveinsbjornsdottir A.E. & White J. (2001) - Oxygen isotope and palaeotemperature records from six Greenland ice-core stations : Camp Century, Dye-3, GRIP, GISP2, Renland and NorthGri, *Journal of Quaternary Science*, 16, 4, 299-307.

Jolly M.-C. (1994) - *Variations holocènes de la limite supérieure de la forêt sur les hauts versants du Cantal d'après l'analyse pollinique*. Travaux du Laboratoire de Géographie Physique, Université. Paris 7, 138 p.

Kalicki T. (1991) - The evolution of the Vistula River valley between Cracow and Niepolomice in the Late Vistulian and Holocene Times. *In* L. STARKEL (ed), *Evolution of the Vistula River valley during the last 15 000 years ago*, Polish Academy of Sciences, Wroclaw, 11-37.

Kellerhals R. & Church N. (1989) - The morphology of large rivers; characterization and management. *Canadian Spec. Publ. Fisch. Aquat. Sci.*, 106, 31-48.

Kerney M.P. (1971) - A Middle Weichselian Deposit at Halling, Kent. *Proceedings of the Geologist's Association*, 82, 1-11.

Kerney M.P., Cameron R.A.D. & Jungbluth J.H.(1983) - *Die Landschnecken Nord- und Mitteleuropas*, 384 pp. Paul Parey, Hamburg und Berlin.

Kiden P. (1991) - The Lateglacial and Holocene Evolution of the middle and lower River Scheldt, Belgium. *In* L. STARKEL, K.J. GREGORY, J.B. THORNES (eds), *Temperate Palaeohydrology*. John Wiley, Chichester, 359-366.

Killian M.R., Plicht van der J. & Geel van B. (1995) - ting raised bogs : new aspects of AMS ^{14}C wiggle matching, a climatic change. Qu*aternary Science Reviews*, 14, 959-966.

Koelbloed K.K. & Kroeze J.M. (1965) - Hauwmossen (*Anthoceros*) als cultur begeleiders. *Boor Spade*, 14, 104-109.

Kozarski S. (1991) - Warta, a easy study of a lowland River. *In* L. STARKEL, K.J. GREGORY, J.B. THORNES (eds), *Temperate Palaeohydrology*. John Wiley, Chichester, 189-215.

Lautridou J.P. & Sommé J. (1974) - Les lœss et les provinces climato-sédimentaires du Pléistocène supérieur dans le Nord-Ouest de la France, essai de corrélation entre le Nord et la Normandie. *Bulletin de l'Association Française des Etudes Quaternaires*, 40-41, 237-241.

Lautridou J.P.(1985) - *Le cycle périglaciaire pléistocène en Europe du Nord-Ouest et plus particulièrement en Normandie*. Thèse d'état, Géographie, Université de Caen, CNRS Groupe Seine. 908 p.

Lécolle F. (1989) - *Le cours moyen de la Seine au Pléistocène moyen et supérieur*. Thèse d'Etat, Géographie, Université de Caen, CNRS Groupe Seine, 549 p.

Lebret P. & Halbout H. (1991) - Le Quaternaire dans le Val d'Oise. *Bulletin du Centre géomorphologique de Caen*, 38, 40, 265 p.

Lefèvre D., Heim J., Gilot J. & Mouthon J. (1993) - Evolution des environnements sédimentaires et biologiques à l'Holocène dans la plaine alluviale de la Meuse (Ardennes, France) : premiers résultats. *Quaternaire*, 4, 17-30.

Leroyer C., Pastre J.-F., Fontune M. & Limondin-Lozouet N., (1994) - Le Tardiglaciaire et le début de l'Holocène dans le bassin aval de la Marne (Seine et Marne) : chronostratigraphie et environnement des occupations humaines. *In* 119e congr. nat. Soc. hist. Scient., Amiens, Pré- et Protohistoire, 151 - 164.

Leroyer C. (1997) - *Homme, Climat, Végétation au Tardi-et Postglaciaire dans le Bassin Parisien : Apports de l'étude palynologique des fonds de vallée.* Thèse de doctorat, Paris I, Paris.

Limondin N. (1995) - Late-Glacial and Holocene Malacofaunas from Archaeological Sites in the Somme Valley (North France). *Journal of Archaeological Science*, 22, 683-698.

Limondin-Lozouet N. (1998) - Successions malacologiques du Tardiglaciaire weichsélien : corrélations entre séries du nord de la France et du sud-est de la Grande-Bretagne. *Quaternaire*, 9 : 217-225.

Limondin-Lozouet N. & Antoine P. (2001) - Palaeoenvironmental changes inferred from malacofaunas in the Lateglacial and Early Holocene fluvial sequence at Conty (Northern France). *Boreas*, 30, 148-164.

Limondin-Lozouet N., Bridaudt A., Leroyer C., Ponel P., Antoine P. & Chaussé C. (2002) - Evolution des écosystèmes de fond de vallée en France septentrionale au cours du Tardiglaciaire : l'apport des indicateurs biologiques. In J.P. BRAVARD et M. MAGNY (eds), *Les fleuves ont une histoire*, Errance, 311 p.

Litt T. & Stebich M. (1999) - Bio- and chronostratigraphy of the lateglacial in the Eifel region, Germany. *Quaternary International*, 61, 5-16.

Lowe J.J., Amman, B., Birks H.H., Björks S., Coope G.R., Cwynar L, Beaulieu J.-L. de, Mott R.J., Peteet D.M. & Walker M.J.C. (1994) - Climatic changes in areas adjacent to the North Atlantic during the last glacial-interglacial transition (14-9 ka BP) : a contribution to IGCP-253. *Journal of Quaternary Sciences*, 9, (2), p. 185-198.

Macklin M.G. (1999) - Holocene river environments in prehistoric Britain : human interaction and impact. *Journal of Quaternary Science*, 14, (6), 521-530.

Magny M. (1993) - Holocene fluctuations of lake levels in the French Jura and Subalpine ranges and their implications for past general circulation patterns. *The Holocene*, 3, 306-313.

Magny M. (1995) - *Une histoire du Climat. Des derniers mammouths au siècle de l'automobile.* Errance, Paris, 176 p.

Magny M. (1998) - Reconstruction of Holocene lake-level changes in the Jura (France): methods and results. *In* S.P HARRISON, B. FRENZEL, U. HUCKRIED & M. WEISS (eds), *Palaeohydrology as reflected in lake-level changes as climatic evidence for Holocene times, Paläoklimaforschung*, 25, p. 67-85.

Magny M. (1999) - Lake level fluctuations in the Jura and French subalpine ranges associated with ice-rafting events in the North Atlantic and the polar atmospheric circulation. *Quaternaire*, 10, 61-64.

Meyrick R.A. (2001) - The development of terrestrial mollusc faunas in the 'Rheinland region' (western Germany and Luxembourg) during the Lateglacial and Holocene. *Quaternary Science Reviews*, 20, 1667-1675.

Meyrick R.A. & Preece R.C.(2001) - Molluscan successions from two Holocene tufas near Northampton, English Midlands. *Journal of Biogeography*, 28, 77-93.

Mol J. (1997) - Fluvial respons to Weichselian climate changes in the Niederlausitz (Germany). *Journal of Quaternary Science*, 21, (1), 43-60.

Moss B. (1972) - The Influence of environmental factors on the distribution of freshwater algae : an experimental study. I : Introduction and the influence of calcium concentration. *In :Distribution of freshwater algae*, I, 917-932.

Munaut A.-V. & Defnee A. (1997) - Biostratigraphie et environnement végétal des industries du Tardiglaciaire et du début de l'Holocène dans le bassin de la Somme. *In* J.-P. FAGNART et A. THÉVENIN (eds), *Le Tardiglaciaire en Europe du Nord-Ouest*, Ed. C.T.H.S., 119e congr. nat. soc. hist. scient., Amiens, 1994, Pré- et Protohistoire, 27-37.

Munaut A. (1998) - Synthèse de l'évolution de la végétation au Tardiglaciaire et à l'Holocène. *In* P. ANTOINE (ed), *Le Quaternaire de la vallée de la Somme et du littoral picard*, Livret-guide de l'excursion de l'AFEQ, 84-87.

Ozenda A.P. (1964) - *Biogéographie végétale*, Ed. Doin, 374 p.

Ozenda A.P. (1982) - *Les végétaux dans la biosphère,* Ed. Doin, 431 p.

Orth P. (2003) - *Evolution et variabilité morphosdimentaire d'un bassin-versant élémentaire au Tardi et au Postglaciaire : l'exemple du bassin-versant de la Beuvronne (Bassin parisien).* Thèse de doctorat, Université Paris1-La Sorbonne, 237 p.

Orth P., Pastre J.-F., Gauthier A., Limondin-Lozouet N. & Kunesch S. (2004) - Les enregistrements morphosédimentaires et biostratigraphiques des fonds de vallée de la Beuvronne (Bassin parisien, Seine-et-Marne, France) : perceptions des changements climato-anthropiques à l'Holocène. *Quaternaire*, 15, (3), 285-298.

Paepe R. & Sommé J. (1970) - Les lœss et la stratigraphie du Pléistocène récent dans le nord de la France et en Belgique. *Annales de la société géologique du Nord*, 90, 191-201.

Pastre J.-F., Fontugne M., Kuzucuoglu C., Leroyer C., Limondin-Lozouet N. & Talon M. (1997) - L'évolution tardi- et postglaciaire des lits fluviaux au nord-est de Paris (France). Relations avec les données paléoenvironnementales et l'impact anthropique sur les versants. *Géomorphologie*, 4, 291-312.

Pastre J.-F., Leroyer C., Limondin-Lozouet N., Chaussé C., Fontugne M., Gebhardt A., Hatté C. & Krier V. (2000) - Le Tardiglaciaire des fonds de vallée du Bassin Parisien. *Quaternaire*, 11 (2), 107-122.

Pastre J.-F., Leroyer C., Limondin-Lozouet N., Fontugne M., Hatté C., & Krier V. (2002a) - L'Holocène du Bassin parisien : variations environnementales et réponses géoécologiques des fonds de vallée. In H. Richard et A. Vignot (eds), *Equilibres et Ruptures des ecosystèmes au cours des derniers 20 000 ans en Europe occidentale,* Actes du Colloque international de Besançon, septembre 2000, Presses Universitaires Franc-Comtoises, Annales Littéraires 730, Série - Environnement, sociétés et archéologies, 39-45.

Pastre J.-F., Leroyer C., Limondin-Lozouet N., Orth P., Chaussé C., Fontugne M., Gauthier A., Kunesch S., Le Jeune Y. & Saad M.C. (2002b) - Variations paléoenvironnementales et paléohydrologiques durant les 15 000 derniers millénaires: les réponses morphosédimentaires des vallées du Bassin parisien. In J.P. BRAVARD et M. MAGNY (eds), *Les fleuves ont une histoire*, Archéologie aujourd'hui, éditions errance, 311 p.

Pastre J.-F., Leroyer C., Limondin-Lozouet N., Antoine P., Gauthier A., Le Jeune Y. & Orth P. (2003a) - Quinze mille ans d'environnement dans le Bassin parisien (France) : mémoires sédimentaires des fonds de vallée. In T. MUXART, F.-D. VIVIEN, B. VILLALBA, J. BURNOUF (eds), *Des milieux et des Hommes : fragments d'histoires croisées*, Elsevier, Londres, 43-55.

Pastre J.-F., Limondin-Lozouet N., Leroyer C., Ponel P. & Fontugne M. (2003b) - River system evolution and environmental changes during the Lateglacial in the Paris Basin (France). *Quaternary Sciences Reviews*, 22, 2177-2188.

Patzelt G. (1973) - Die Postglazialen Gletscher und Klimascwankungen in der Venedigergruppe (Hohe Tauen, Ostalpen). *Zeitschrifft für Geomorphologie*, Suppl. 16, 25-72

Penalba Garmendia M.-C. (1989) - *Dynamique de végétation tardiglaciaire et holocène du Centre-Nord de l'Espagne d'après l'analyse pollinique.* Thèse de doctorat, Univ. Aix-Marseille III, 165 p.

Pichard C. & Fröhlich F. (1986) - Analyses IR quantitatives des sédiments. Exemple du dosage du quartz et de la calcite. *Revue I.F.P.*, vol. 41, n° 6, p. 806-819.

Planchais N. (1970) - Tardiglaciaire et Postglaciaire à Mur-de-Sologne (Loir-et-Cher). *Pollen et Spores*, Vol. XII, n°3,

p. 381-428.

Planchais N. (1976a) - La Végétation au Pléistocène supérieur et au début de l'Holocène dans le Bassin de Paris et les plaines de la Loire moyenne. *La Préhistoire Française*, Ed. CNRS, T.I.1, p. 534-538.

Planchais N. (1976b) - La Végétation pendant le Post-Glaciaire : aspects de la végétation holocène dans les plaines françaises. *La Préhistoire française*. Sous la direction de J. Guilaine, Ed. C.N.R.S., Paris, t. II, p. 35-43.

Pomerol C. (1968) - Genèse, datation et remplissage des cavités karstiques dans le tertiaire du Bassin de Paris. *Soc. Geol. Mém. Bretagne*, XIII, 111-130.

Pomerol C & Fougueur L. (1986) - *Bassin de Paris, Ile de France et Pays de Bray. Guides géologiques régionaux*, 3e éd., Masson, Paris. 222 p.

Preece R.C. (1994) - Radiocarbon dates from the "Allerød soil" in Kent. *Proceeding Geologist's Association*, 105, 111-123.

Preece R.C. & Bridgland D.R. (1999) - Holywell Coombe, Folkestone: a 13,000 year history of an English Chalkland Valley. *Quaternary Science Reviews*, 18, 1075-1125.

Pokrovskaia M. (1958) - Analyse pollinique. *Annales du Service d'Information Géologique du B.R.G.M.*, Paris, n°24, 435 p.

Puisségur J.J. (1976) - *Mollusques continentaux quaternaires de Bourgogne,* Doin, Paris, 241 p.

Reille M. (1990) - *Leçons de palynologie et d'analyse pollinique,* Ed. C.N.R.S., Paris, 206 p.

Rosen G. (1981) - Phytoplankton indicators and their relations to certain chemical and physical factors. *Limnologica*, 13, 2, 263-290.

Roublin-Jouve A. (1994) - le milieu physique. *Environnements et habitats magdaléniens dans le centre du Bassin parisien*, Documents de l'Archéologie française, Paris, 190 p.

Roublin-Jouve A. & Rodriguez P. (1997) - Paléogéographie des occupations humaines du centre du Bassin parisien à partir du Tardiglaciaire *In* J. FAGNART et A. THÉVENIN (dir.), *Le Tardiglaciaire en Europe du Nord-Ouest*, Actes du 119è Congr. nat. So. Hist. Scient., Amiens 1994, éd. C. T. H. S., 141-150.

Rousseau D.D. (1989) - Réponses des malacofaunes terrestres quaternaires aux contraintes climatiques en Europe septentrionale. *Palaeogeography, Palaeoclimatology, Palaeoecology*, 69, 113-124.

Rousseau D.D., Puisségur J.J. & Lautridou J.P. (1990) - Biogeography of the Pleistocene pleniglacial malacofaunas in Europe. Stratigraphic and climatic implications. *Palaeogeography, Palaeoclimatology, Palaeoecology*, 80, 7-23.

Ruffaldi P. (1994) - Relationhip between recent pollen spectra and current vegetation around the Cerin peat bog (Ain, France). *Review of Palaeobotany and Palynology*, 82, 97-112.

Schumm S.A. (1977) - *The fluvial system*, New Yorck, John Wiley, 338 p.

Starkel L. (1984) - The reflection of hydrological changes in the fluvial environments of the temperate zone during the last 15 000 years. *In* K.J. GREGORY (ed), *Background to palaeaohydrology*. John Wiley, Chichester, 213-235.

Starkel L. (1991) - Long distance correlation of fluvial events in the temperate zone. *In* L. STARKEL, K.J. GREGORY, J.B. THORNES (eds), *Temperate Palaeohydrology*. John Wiley, Chichester, 473-471.

Starkel L. (1994) - The reflection of the glacial-interglacial cycle in the evolution of the Vistula river basin, Poland. *Terra Nova*, 6, 486-494.

Starkel L. (1999) - 8500-8000 yrs BP humid phase – global or regional ?. *Science reports of the Tohoky University*, 7th Series (Geography), 49, 2, 105-133.

Stuiver M., Brazuinas T.F., Becker B. & Kromer B. (1991) - Climatic, solar, oceanic, and geomagnetic influences on Late-glacial and Holocene atmospheric $^{14}C/^{12}C$ change. *Quaternary research*, 35, 1-24.

Stuiver M. & Brazuinas T.F. (1993) - Sun, climate and atmospheric ^{14}C : an evaluation of causal and spectral relationships. *The Holocene*, 3, (4), 289-305.

Talon M. (1991) - L'âge du Bronze et le premier âge du Fer dans la moyenne vallée de l'Oise. *Les relations entre les continents et les Iles britanniques à l'âge du Bronze*, Actes du colloque de Lille, 22ème Congrès préhistorique de France, 2-7 sept. 1984, Revue archéologique de Picardie, suppl., Ed RAP/SPF, 255-273

Taylor K.C., Lamerey G.W., Doyle G.A., Alley R.B., Grootes P.M., Mayewski P.A., White J.W.C. & Barlow L.K. (1993) - The flickering switch of the late Pleistoncene climate change. *Nature*, 361, 432-436.

Taylor K.C., Mayewski P.A., Alley R.B., Brook J., Gow A.J., Grootes P.M., Meese D.A., Saltzman J.P., Severinghause M.S., Twickler J.W.C., Whitlows S. & Zielinski G.A. (1997) - The Holocene-Younger Dryas transition recorded at Summit Greenland. *Science*, 278, 825-827.

Tricart J. (1950) - *La partie orientale du Bassin de Paris*, Paris, SEDES, t. 2, 474 p.

Vandenberghe J., Bohncke S., Lammers W; Zilverberg L. (1987) - Geomorphology and paleoecology of the Mark valley (southern Netherlands), a geomorphological valley development during the Weichselian and Holocene. *Boreas*, 16, 55-67.

Vandenberghe J., Kasse C., Bohncke S., & Kozarski S. (1994) - Climate related river activity at the Weichselian-Holocene transition: a comparative study of the Warta and Maas rivers. *Terra Nova*, 6, 476-485.

Van Vliet-Lanoê B., Fagnart J.P., Langhor R. & Munaut A .V. (1992) - Importance de la succession de phases écologiques anciennes et actuelles dans la différenciation des sols lessivés de la couverture lœssique d'Europe occidentale : argumentation stratigraphique et archéologique. *Sciences du sol*, 30, 75-93.

Walker M.J.C., Bohncke S.J.P., Coope G.R., O'Connell M., Usinger H. & Verbruggen C. (1994) - The Devensian/Weichselian Late-glacial in the NorthWest Europe (Ireland, Britain, north Belgium, The Netherlands, northwest Germany) : IGCP-253. *Journal of Quaternary Science*, 9, 109-118.

Wyns R. & Monciardini G. (1979) - Carte géologique de la France au 1/50 000, feuille de Méru, XXII-12, BRGM, Orléans.

Zeist W. van & Spoel-Walvius M.R. van der (1980) - A Palynological study of the Late-Glacial and the Postglacial in the Paris basin. *Palaeohistoria*, XXII, 68-109.

Index des figures

www.ingramcontent.com/pod-product-compliance
Lightning Source LLC
Chambersburg PA
CBHW061005030426
42334CB00033B/3366